福建浦城红豆树天然古树群

红豆树夹果及种子

红豆树1年生优质容器苗培育（龙泉市林业科学研究院）

浙江龙泉红豆树人工林培育

浙江杭州理安寺浙江楠种群（金国庆拍摄）

福建南平建阳区保存的闽楠天然种群

大规格浙江楠轻基质容器苗（庆元县实验林场）

福建顺昌杉木林冠下套种闽楠（范辉华拍摄）

福建建瓯赤皮青冈天然古树群

2年生赤皮青冈大规格容器苗培育

庆元县实验林场4年生赤皮青冈人工林

浙江建德赤皮青冈林冠下造林

南方红豆杉1年生轻基质容器苗培育（浙江庆元）

南方红豆杉2年生大规格容器苗（龙泉市林业科学研究院）

马尾松林冠下栽培南方红豆杉幼树（福建明溪）

杉木林冠下培育南方红豆杉幼林（福建明溪）

四种南方珍贵树种培育技术

王　斌　周志春　楚秀丽　　著

中国林业出版社
China Forestry Publishing House

作者简介

王斌，博士，中国林业科学研究院亚热带林业研究所副研究员，中国林学会珍贵树种分会委员，主要从事青冈类树种良种选育、木荷和赤皮青冈等珍贵树种高效培育、马尾松林珍贵化改培和松材线虫病林生态修复等方面研究工作。

周志春，博士，中国林业科学研究院亚热带林业研究所研究员，博士生导师，（浙江省）全省林木育种重点实验室主任，国家林业和草原局马尾松工程技术研究中心主任。长期致力于马尾松、木荷等南方主要速生丰产用材和珍贵树种新品种选育与培育技术研究。作为主要完成人获国家科技进步奖二等奖4项，主持获省部级科学技术奖二等奖3项、梁希林业科学技术奖二等奖2项。

楚秀丽，博士，上海植物园高级工程师，主要从事楠木、红豆树、木荷等珍贵树种容器育苗和人工林高效培育技术，以及宝华玉兰、浙江楠等珍稀濒危树种迁地保育关键技术研究。获省部级科学技术奖1项。

图书在版编目（CIP）数据

四种南方珍贵树种培育技术／王斌，周志春，楚秀
丽著. --北京：中国林业出版社，2024.7. -- ISBN
978-7-5219-2751-1

Ⅰ. S723.1

中国国家版本馆 CIP 数据核字第 2024XN8580 号

策划编辑：刘家玲
责任编辑：葛宝庆
封面设计：北京睿宸弘文文化传播有限公司

————————————

出版发行：中国林业出版社
　　　　（100009，北京市西城区刘海胡同 7 号，电话 83143612）
电子邮箱：cfphzbs@163.com
网址：www.cfph.net
印刷：河北京平诚乾印刷有限公司
版次：2024 年 7 月第 1 版
印次：2024 年 7 月第 1 次印刷
开本：787mm×1092mm　1/16
印张：15.5
插页：4
字数：345 千字
定价：98.00 元

《四种南方珍贵树种培育技术》

著者名单

主要著者

王　斌　中国林业科学研究院亚热带林业研究所副研究员，博士

周志春　中国林业科学研究院亚热带林业研究所研究员，博士研究生导师

楚秀丽　上海植物园高级工程师，博士

参编人员

中国林业科学研究院亚热带林业研究所：

金国庆　张　蕊　张　振　刘青华　刘　彬　曹　森　高　凯　舒金平　肖　遥
杨孟晴　黄盛怡　王　艺

中国林业科学研究院亚热带林业实验中心：

李峰卿　姚甲宝　厉月桥　曾平生　王丽云　徐克芹　罗桂生　黄　辉　孙　韵

浙江省林业科学研究院：

李因刚

福建省林业科学研究院：

范辉华　汤行昊

明溪红豆杉产业研究所：

余能健　余明

三明市林业技术推广中心：

刘森勋

福建省三明市三元区林业科技推广中心：

王生华

江西省林业科技试验中心：

欧阳天林　赖建斌　代丽华　郭昌庆　李文强

抚州市林业科学研究所：

邓章文　罗芊芊　肖德卿

龙泉市林业科学研究院：

冯建国　徐肇友　陈焕伟　肖纪军　沈　斌　陈杏林　周红敏　何必庭　骆先有

庆元县实验林场：

张东北　吴小林　王秀花　瞿思民　苏光浪　吴仁超　陈新峰　徐卫可

建德市林业总场：

邵慰忠　徐永宏　周　燕　刘学松　邓伟平　范建忠　余裕龙　周振琪

淳安县富溪林场：

徐红兵　王月生　宋卫青　吴永强

淳安县千岛湖林场：

王　晖

　　林业发达国家非常重视珍贵树种的资源培育，把人工培育珍贵用材资源作为提高林地产值及减少天然林采伐的重要策略。欧洲和美国的珍贵树种培育，主要是依赖天然林择伐更新的方法，其他地区则主要采用人工造林。欧美国家长期以来充分利用选择育种、杂交育种和生物育种等技术，开展珍贵树种新品种培育，同时加强优良种苗快速规模繁育及在个体抚育基础上的高等级干材目标树培育。我国森林资源质量总体不高，现有森林资源以中幼林为主，其中包括珍贵用材在内的硬阔叶树种仅占中幼林面积的9.6%，蓄积占10.3%，亟须加强珍贵用材战略资源的培育。这不仅是提高林地产出，逐步实现珍贵木材部分自给的重要手段，而且是实现"绿水青山就是金山银山"理念，促进"蓄宝于山，藏富于民"，保障我国木材安全和生态安全以及实现共同富裕的重大举措。

　　我国南方地区蕴藏着丰富的乡土珍贵树种，其中红豆树（*Ormosia hosiei*）、浙江楠（*Phoebe chekiangensis*）、闽楠（*P. bournei*）、赤皮青冈（*Cyclobalanopsis gilva*）和南方红豆杉（*Taxus wallichiana* var. *mairei*）等树种因材质好、用途广、价值高且宜成林，是南方各省优先发展的主栽珍贵树种。红豆树别名鄂西红豆，红木类树种，国家二级保护野生植物，其材质坚重，花纹别致；浙江楠和闽楠，皆为国家二级保护野生植物，主干挺直高大、木材坚韧，结构致密，具有光泽和香气，是楠木类中材质最好的几种；赤皮青冈又名红椆、红槠，是壳斗科中材质最为优异的树种之一，树干通直高大、生长速度较快、适应性强；南方红豆杉为国家一级保护野生植物，天然林生长较慢，但人工栽培时生长较快，材质坚硬，刀斧难入，是上等的珍贵用材。然而，关于这些珍贵树种良种选育和培育技术的研究总体不足，有关种质保育、特异种质发掘利用、容器苗精细化培育和高效栽培等研究较少，缺乏可在生产上适用推广的优良种质材料及高效培育技术，难以有效支撑我国南方珍贵树种产业发展。

　　鉴于红豆树、楠木、赤皮青冈和南方红豆杉等均是我国亚热带地区优先发展的主栽珍贵树种，针对其良种缺乏、育苗育林技术落后和造林成效差等问题，中国林业科学研究院亚热带林业研究所与浙江、福建和江西等省相关科研和生产单位合作，在浙江省农业(林木)新品种选育重大专项课题"珍贵装饰工艺用材树种形质改良与良种扩繁技术"(2016C02056-3)、浙江省农业新品种选育重大科技专项竹木农业新品种选育重点课题"红豆树等珍贵树种新品种选育与示范"(2012C12908-5)、浙江省重大科技专项(优先主题)重点农业项目"珍贵楠木种质资源收集保存和培育关键技术研究"(2010C12009)、浙江省省院合作林业科技重大项目"红豆树和楠木类等珍贵树种种质选育和种苗高效繁育技术研究"(2017SY19)和"赤皮青冈良种繁育和生态修复造林技术研究"(2021SY04)、国家农业成果转化资金项目"楠木等珍贵树种大规格容器苗培育及高效栽培示范"(2013GB24320603)和"4种特色珍贵用材树种现代育林技术示范"(2010GB24320616)等国家和省部级十余项重大重点科研和推广项目的资助下，通过持续近20年的协作攻关，在种质保育、优异种质发掘利用、容器苗精细化培育和高效栽培等方面取得了重大进展和成果，构建了先进的育种技术和高效的培育技术体系，并广泛地应用于生产。取得的主要研究成果如下。

　　①揭示了红豆树、南方红豆杉、闽楠和浙江楠等主要天然居群的遗传多样性及维持机制，为其科学保育提供了重要理论依据。发现了这些树种天然居群存在丰富的遗传多样性，红豆树居群间遗传分化较小，南方红豆杉遗传分化中等，而浙江楠和闽楠遗传分化则较大，明确了应优先加强遗传保育的居群。红豆树和南方红豆杉高度异交，但分别存在一定的双亲自交和近交，提出了相应的科学保育策略。

　　②收集并保存了红豆树和楠木等各类种质上千份，筛选了优良种源、家系和个体100多个，奠定了长期育种坚实物质基础。证实了其幼林生长和形质性状存在显著的种源和家系变异，以及显著的基因型与地点互作效应，为适地适品种造林提供了理论依据。突破了嫁接繁育技术难关，研创实生、无性系和微型杂交等种子园技术，建立了种子园和母树林500亩(1亩=1/15hm^2)以上，审、认定良种6个，实现了这些珍贵树种良种从"0"到"1"的跨跃。

　　③建立了红豆树和楠木等轻基质容器苗精细化培育技术体系，实现了这些珍贵树种种苗质量的重大提升，在国内起到引领作用。研发了基质配比、不同N/P比缓释肥加载、补光和菌根菌接种等1~3年生不同规格容器苗精细化培育

技术，规模化培育的苗木质量较现行省标提高 25%～50%。制定了行业和省级地方标准 4 项，其中制定的浙江省地方标准《主要珍贵树种大规格容器苗培育技术规程》（DB33/T　2213—2019）被认定为第一批浙江省标准，实现了我国重要珍贵树种利用 2 年及以上大规格容器苗造林的重大变革和育苗技术的飞跃。

④研创提出了促进红豆树和楠木等珍贵树种优质干材培育的高效栽培技术，显著提升了这些珍贵树种的培育水平。根据珍贵树种在天然林微生境竞争中的生长习性和要求，分别对红豆树和楠木等珍贵树种提出了相应的采伐迹地和林冠下造林的优化栽培模式，揭示了立地条件、苗木规格、混交、施肥和除萌修枝等对其早期生长的影响，提出了以立地选择、大规格容器苗应用、干形塑造和全周期营养动态管理等为核心的高效培育关键技术，幼林生长提高 20% 以上，郁闭时间提早 2 年以上。

因红豆树、楠木、赤皮青冈和南方红豆杉良种选育和培育技术研究起步晚，这部专著还只是阶段性研究成果，有些还是幼林的研究结果，还有很多技术难关需要研究解决。首先，应加强保存种质的测定和特性分析，发掘生长快、形质优、材色深、心材率高和适应性强等优异家系和个体，并构建用于长期遗传改良的核心育种群体；其次，应加强楠木和赤皮青冈等种子园矮化丰产，以及红豆树和赤皮青冈扦插育苗产业化技术研究，突破组培苗培育技术；再次，应开展红豆树和楠木等特色珍贵树种生长过程研究，发掘材色、心材发生、抗寒抗逆等功能基因，建立分子辅助育种体系；最后，结合次生林改培、松材线虫病修复和杉木人工林更新，加强基于目标树全林经营的优质大径阶干材培育技术研究，突破混交促进通直干材生长、修枝培育无节良材、施肥和密度调控促进径生长等关键技术，以构建更加成熟的大径材高效培育技术体系。

本书主要是利用项目研究团队近 20 年的珍贵树种育种和培育技术研究成果撰写而成，同时为体现专著内容的完整性，还引用了国内外其他相关最新研究成果。中国林业科学研究院亚热带林业研究所王斌负责全书的撰写、统稿和校对，周志春制定全书章节提纲和撰写要求；上海植物园楚秀丽具体负责苗木繁育技术撰写。张蕊、张振、高凯、曹森、刘彬和舒金平分别参加了个别章节的撰写。书稿中未注明作者的图片均为周志春提供，特此致谢。

这是一部理论结合实践，侧重生产应用的科技专著，内容丰富，重点突出，图文结合，资料翔实，对于林业科研、教学和生产管理工作者都有适用的参考价值。本书由于专业性强、知识面广，加之撰写者水平有限，书中难免存在不足疏漏，诚希广大读者和同仁批评指正，不吝赐教。

本书的出版得到浙江省科技计划项目（2021C02038）、浙江省省院合作林业科技项目（2021SY04）和百山祖国家公园科学研究项目（2021ZDLY02）等资助，在此一并致谢。

著 者

2024 年 4 月

前言

资源、分布和用途

我国是一个木材资源严重缺乏的国家，木材对外依存度超过 50%，每年进口原木和锯材 1 亿 m³ 以上，多为大径阶珍贵用材。同时，随着国民经济的快速发展和人民生活水平的显著提高，大径阶珍贵用材年需求量不断增加。珍贵木材是国家的战略资源，然而我国珍贵用材资源总量不足，后备资源严重匮乏。我国现有森林资源以中幼林为主，其中包括珍贵用材的硬阔叶树种仅占中幼林面积的 9.6%，蓄积占 10.3%，亟须加强珍贵用材战略资源的培育。这不仅是提高林地产出，逐步实现珍贵木材部分自给的重要手段，而且是实现"绿水青山就是金山银山"理念，保障我国木材安全和生态安全的重大举措。红豆树（*Ormosia hosiei*）、浙江楠（*Phoebe chekiangensis*）、闽楠（*P. bournei*）、赤皮青冈（*Cyclobalanopsis gilva*）、南方红豆杉（*Taxus wallichiana* var. mairei）等皆是我国南方地区特色稀有的珍贵树种，若大力推广应用，将有力推进我国南方地区主要珍贵树种事业的蓬勃发展和珍贵用材战略资源的培育，不仅可逐步实现珍贵优质木材的部分自给，满足社会对珍贵优质木材日益增长的需求，而且可实现林地增效、林农增收等林业现代化发展目标。

1.1 树种特征

1.1.1 红豆树

红豆树（*Ormosia hosiei*）是豆科红豆树属半常绿或落叶乔木，别名鄂西红豆、花梨木，国家二级保护野生植物，木材经济价值极高，并且具有一定的药用价值。千百年来，红豆树被国人视为"相思"之树。在国产的红豆树属植物中，红豆树（鄂西红豆）、光叶红豆（乌心红豆）、榄绿红豆（胭脂树）、小叶红豆及台湾红豆等均以材纹美丽、致密坚硬而著名，尤其是红豆树这个树种最著名，其在浙江广为种植，同时是浙江龙泉的"市树"（周志春，2019a）。

红豆树高达 20~30m，胸径可达 1m；树皮呈灰绿色，平滑；小枝绿色，幼时有黄褐色细毛，后变光滑；冬芽有褐黄色细毛；奇数羽状复叶，长 12.5~23cm；叶柄长 2~4cm，叶轴长 3.5~7.7cm，叶轴在最上部一对小叶处延长 0.2~2cm 生顶小叶；小叶（1~）2（~4）对，薄革质，卵形或卵状椭圆形，稀近圆形，长 3~10.5cm，宽 1.5~5cm，先端急尖或渐尖，基部圆形或阔楔形，上面深绿色；下面淡绿色，幼叶疏被细毛，老则脱落无毛或仅下面中脉有疏毛，侧脉 8~10 对，和中脉成 60°角，干后侧脉和细脉均明显凸起成网格；小叶柄长 2~6mm，圆形，无凹槽，小叶柄及叶轴疏被毛或无毛；圆锥花序顶生或腋生，长 15~20cm，下垂；花疏，有香气；花梗长 1.5~2cm；花萼钟形，浅裂，萼齿三角形，紫绿色，密被褐色短柔毛；花冠白色或淡紫色，旗瓣倒卵形，长 1.8~2cm，翼瓣与龙骨瓣均为长椭圆形；雄蕊 10 枚，花药黄色；子房光滑无毛，内有胚珠 5~6 粒，花柱紫色，线状，弯曲，柱头斜生；荚果近圆形，扁平，长 3.3~4.8cm，宽 2.3~3.5cm，先端有短喙，果颈长 5~8mm，果瓣近革质，厚 2~3mm，干后褐色，无毛，内壁无隔膜，有种子 1~2 粒；种子近圆形或椭圆形，长 1.5~1.8cm，宽 1.2~1.5cm，厚约 5mm，种皮红色，种脐长 9~10mm，位于长轴一侧。

红豆树喜温暖湿润的气候及雨量充沛、湿度较大的环境。幼年喜湿耐阴，中年以后喜光，较耐寒冷，对土壤肥力要求中等，但对水分要求较高。在土壤肥沃、水分充足的地方生长较快，在干燥山坡与丘陵顶部生长不良。红豆树生长速度中等，主根明显，根系发达，在林分中干形较为通直。在较好立地上 30 年生时平均树高可达 15~20m，胸径可达 25~30cm。

1.1.2 楠木

1.1.2.1 浙江楠

浙江楠（*Phoebe chekiangensis*）是樟科楠木属常绿大乔木，是华东地区特有的珍贵用材树种和优良的景观绿化树种。其木材质地坚硬，具有高度的耐久性和稳定性，是一种重要的建筑和家具材料。其木材纹理美观，颜色多样，具有浓郁的香气，因此在木雕和工艺品制作中也有很高的价值。由于天然野生资源稀少，再加上人为砍伐，现存自然资源接近枯竭。1999 年 8 月 4 日，国务院批准公布的《国家重点保护野生植物名录》（第一批），将浙江楠列为国家二级保护野生植物。2021 年版《国家重点保护野生植物名录》仍将其定为国家二级保护野生植物。

浙江楠树干通直，高达 20m，胸径达 50cm；树皮呈淡褐黄色，薄片状脱落，具有明显的褐色皮孔；小枝有棱，密被黄褐色或灰黑色柔毛或绒毛；叶革质，倒卵状椭圆形或倒卵状披针形，少为披针形，长 7~17cm，宽 3~7cm，通常长 8~13cm，宽 3.5~5cm，先端突渐尖或长渐尖，基部楔形或近圆形，上面初时有毛，后变无毛或完全无毛，下面被灰褐色柔毛；脉上被长柔毛，中、侧脉上面下陷，侧脉每边 8~10 条，横脉及小脉多而密，下面明显；叶柄长 1~1.5cm，密被黄褐色绒毛或柔毛；圆锥花序长 5~10cm，密被黄褐色绒毛；花长约 4mm，花梗长 2~3mm；花被片卵形，两面被毛，第一、二轮花丝疏被灰白色长柔毛，第三轮密被灰白色长柔毛，退化雄蕊箭头形，被毛；子房卵形，无毛，花柱细，直或弯，柱头盘状；果椭圆状卵形，长 1.2~1.5cm，熟时外被白粉；宿存花被片革质，紧贴；种子两侧不等，多胚性。花期 4—5 月，果期 9—10 月。

浙江楠是一种适宜生长在温暖湿润气候条件下的树种，喜土壤肥沃且排水良好的环境，早期生长迅速，并能快速成熟，成材期较短。浙江楠幼时耐荫，喜温暖湿润气候，苗期不耐寒。

1.1.2.2 闽楠

闽楠（*Phoebe bournei*）是樟科楠木属常绿大乔木，国家二级保护野生植物。其木材质地坚硬，具有较高的耐久性和抗腐蚀性。其木材纹理美观，颜色丰富，被广泛应用于建筑、家具、工艺品等领域。闽楠还具有药用和香料的用途，被誉为"南方的黄花梨"。

闽楠高达 30m，胸径达 1.5m，树干通直，分枝少；老的树皮呈灰白色，新的树皮带黄褐色；小枝有毛或近无毛；叶革质或厚革质，披针形或倒披针形，长 7~13（15）cm，宽 2~3（4）cm，先端渐尖或长渐尖，基部渐狭或楔形，上面发亮，下面有短柔毛，脉上被伸展长柔毛，有时具缘毛，中脉上面下陷，侧脉每边 10~14 条，上面平坦或下陷，下面突起，横脉及小脉多而密，在下面结成十分明显的网格状；叶柄长 5~11（20）mm；花序生于新枝中、下部，被毛，长 3~7（10）cm，通常 3~4 个，为紧缩不开展的圆锥花序，最下部分枝长 2~2.5cm；花被片卵形，长约 4mm，宽约 3mm，两面被短柔毛；第一，二轮花丝疏被柔毛，第三轮密被长柔毛，基部的腺体近无柄，退化雄蕊三角形，具柄，有长柔毛；子房近球形，与花柱无毛，或上半部与花柱疏被柔毛，柱头帽状；果椭圆形或长圆形，长 1.1~1.5cm，直径 6~7mm；宿存花被片被毛，紧贴。花期 4 月，果期 10—11 月。

闽楠是一种生长条件较为苛刻的树种，更适合在阴坡或阳坡下部山脚地带生长。土壤条件对于闽楠的生长至关重要，最适宜的土壤类型是排水良好的山洼、山谷冲积地或河边的具有土层深厚、腐殖质含量高、土质疏松、湿润并富含有机质的中性土或微酸壤土或沙壤土。闽楠是一种耐阴性树种，它的根系较深，早期生长较为缓慢，但后期生长非常强劲。此外，与天然林相比，闽楠人工林具有更快的初期生长速度，在 28 年生时就可以达到较高的树高和胸径。在生长条件较好的地方，采用与杉木混交或采用杉木萌芽更新套种的方式培育闽楠大径材，能够更好地促进闽楠的生长并获得更高的产量。

1.1.3 赤皮青冈

赤皮青冈（*Cyclobalanopsis gilva*）是壳斗科青冈属常绿大乔木，生长速度中等，是壳斗科中材质最好的稀有红木类珍贵用材树种，也是优良的景观绿化树种，天然资源存量很少。赤皮青冈是青冈属中最优异的珍贵树种之一，在福建和湖南分别被俗称为红椆和红椆，素以材质优良而闻名，为江南四大名木之一，其价值不低于欧美的橡木和山毛榉木（周志春，2019b）。

赤皮青冈高达 30m，胸径可达 1m，树皮呈暗褐色；小枝密生灰黄色或黄褐色星状绒毛；叶片倒披针形或倒卵状长椭圆形，长 6~12cm，宽 2~2.5cm，顶端渐尖，基部楔形，叶缘中部以上有短芒状锯齿，侧脉在叶面平坦，不明显，每边 11~18 条，叶背被灰黄色星状短绒毛；叶柄长 1~1.5cm，有微柔毛；托叶窄披针形，长约 5mm，被黄褐色绒毛；雌花序长约 1cm，通常有花 2 朵，花序及苞片密被灰黄色绒毛，花柱基部合生；壳斗碗形，包着坚果约 1/4，直径 1.1~1.5cm，高 6~8mm，被灰黄色薄毛；小苞片合生成 6~7 条同心环带，环带全缘或具浅裂；坚果倒卵状椭圆形，直径 1~1.3cm，高 1.5~2cm，顶端有微柔毛，果脐微凸起。花期 5 月，果期 10—11 月（刘沁月，2017）。

赤皮青冈是一种中性的深根木本植物，对温暖湿润的气候和肥沃的土壤适应性强，同时也能耐瘠薄。赤皮青冈是菌根树种，人工生长快且适应性强，在改造次生林和提升森林生态功能方面有很大潜力。赤皮青冈裸根苗生长量较小，须侧根很少，宜用容器苗造林。

1.1.4　南方红豆杉

南方红豆杉（*Taxus wallichiana var. mairei*）是红豆杉科红豆杉属常绿大乔木，为国家一级保护野生植物，是兼具药用、材用和观赏等多种开发价值的树种。南方红豆杉的木材十分坚硬，具有极高的经济价值。它的树皮、根、叶和种子都可以提取有效成分，被广泛用于中医药疗效的研究和生产。从南方红豆杉中提取的紫杉醇，有较好的抗癌效果。

南方红豆杉高达 30m，胸径达 60~100cm；树皮呈灰褐色、红褐色或暗褐色，裂成条片脱落；大枝开展，一年生枝绿色或淡黄绿色，秋季变成绿黄色或淡红褐色，二、三年生枝黄褐色、淡红褐色或灰褐色；冬芽黄褐色、淡褐色或红褐色，有光泽，芽鳞三角状卵形，背部无脊或有纵脊，脱落或少数宿存于小枝的基部（朱慧男，2016）；叶排列成 2 列，条形，微弯或较直，长 1~3cm（多为 1.5~2.2cm），宽 2~4mm（多为 3mm），上部微渐窄，先端常微急尖，稀急尖或渐尖，上面深绿色，有光泽，下面淡黄绿色，有 2 条气孔带，中脉带上有密生均匀而微小的圆形角质乳头状突起点，常与气孔带同色，稀色较浅；雄球花淡黄色，雄蕊 8~14 枚，花药 4~8（多为 5~6）；种子生于杯状红色肉质的假种皮中，间或生于近膜质盘状的种托（未发育成肉质假种皮的珠托）之上，常呈卵圆形，上部渐窄，稀倒卵状，长 5~7mm，径 3.5~5mm，微扁或圆，上部常具二钝棱脊，稀上部三角状具三条钝脊，先端有突起的短钝尖头，种脐近圆形或宽椭圆形，稀三角状圆形。

南方红豆杉是一种偏阴性树种，早期喜欢荫蔽环境，但在过湿的生境中容易染上立枯病。当生长达 7~8 年后，南方红豆杉更喜欢充足的光照，冠层郁闭度在 0.5~0.6 时生长势头最好。南方红豆杉特别喜欢生长在朝北的阴坡上，适宜的土壤条件是土层深厚疏松、含有丰富腐殖质、排水良好的微酸性或中性土壤，其 pH 值应在 5.7~6.2。在天然林条件下，南方红豆杉为生长中等的树种，初期高径生长缓慢，5~30 年为速生期。在人工栽培条件下生长较快，较好立地上 5 年生幼树平均树高可达 2.7m，平均地径可达 3.69cm。通过施肥和修枝等育林措施，南方红豆杉幼年平均年树高生长量可达 60~80cm。

1.2　地理分布

1.2.1　红豆树

红豆树属（*Ormosia*）在我国约有 37 种，该属大部分物种都具有极高的经济价值和开发利用价值，受到人为干扰及采伐较为严重。红豆树是红豆树属在中国的特有种，是国家二级保护野生植物，已被《世界自然保护联盟濒危物种红色名录》列为近危物种。红豆树虽然在我国分布较为广泛，生于海拔400~650m的丘陵、河边或山谷常绿阔叶林中，但种群数量较少，主要分布于江苏、安徽、浙江、江西、福建、湖北、四川、贵州、广东、广西等省区。红豆树具有极高的经济价值、景观价值和药用价值，所以人工盗伐严重，又因其自身繁衍能力和传播扩散能力都较差等，致使其现存野生种群稀少，正逐渐走向衰亡（邱浩杰等，2020）。现存天然资源不多，多以风水林自然保留于村口和寺庙旁等，种群较小，在数株至百株之间。浙江境内红豆树天然种群仅见于龙泉市的锦溪和八都等地（赵颖等，2008）。

1.2.2 楠木

1.2.2.1 浙江楠

浙江楠天然野生资源稀少，再加上人为砍伐，现存自然资源已接近枯竭。1999年8月4日，国务院批准公布的《国家重点保护野生植物名录》（第一批），将浙江楠列为国家二级保护野生植物。通过对浙江楠自然地理分布点的综合统计，其分布局限于华东地区的浙江（22个区县，下同）、安徽（4个）、江西（12个）和福建（12个）4个省；水平分布范围在北纬24°28′~30°25′和东经114°25′~121°43′之间，主要集中在中亚热带地区。浙江楠最南端分布地在福建的南靖县，最北端在浙江的安吉县，最东端在浙江的宁波，最西端在江西的崇义县。从标本记录和实际调查发现，浙江楠野外分布的垂直海拔在20~900m，垂直差近900m。其中分布地较低的在浙江杭州仁寿山、浙江桐庐的桐君山等地，海拔均在100m以下；而浙江泰顺垟溪林场为海拔记录最高地。但浙江楠的垂直分布多数主要在300~700m。因此，浙江楠属中低海拔分布的物种（谢春平等，2020）。

1.2.2.2 闽楠

闽楠常生长于阴湿的沟谷常绿阔叶林中，垂直分布范围为海拔100~1000m，大部分呈散生状态，有时可见小片天然纯林，或在村前屋后，常有闽楠古树生长。受人为砍伐的影响，闽楠现存野生个体数量稀少，天然林资源面临枯竭，已被列入国家二级保护野生植物。闽楠在地理分布上，北自湖北利川，湖南张家界、龙山，江西宜丰、铜鼓，浙江开化、杭州、鄞州区一线起以南，分布西限大致在贵州习水县、榕江县、从江县、印江县、江口县，广西罗城县，湖南龙山县、洪江市一线。在我国福建、浙江、江西、广东、广西、湖南、湖北、贵州8个省区均有分布，跨越了中亚热带、北亚热带、暖温带和寒温带4个气候带，具有范围广阔、间断明显、地形、地貌差异性大等特点（葛永金等，2012）。

1.2.3 赤皮青冈

赤皮青冈是青冈属中东亚广布种，我国浙江、福建、湖南、江西、广东、贵州、重庆和台湾等以及日本皆有天然分布，主要生于海拔300~1500m的山地。其中，湖南省天然资源最多，永顺、资兴、永兴、洞口、绥宁、城步等湘西、湘南及湘西南30多个县（市）都有分布。福建建瓯市龙村乡擎天岩村保存了一处面积较大较完整的赤皮青冈天然群落。浙江的赤皮青冈分布也较广，在岱山、普陀、定海、镇海、宁波鄞州、象山、临海、仙居、庆元、景宁、遂昌、松阳和淳安等地都发现有天然古树，尤其在宁波鄞州有成片的赤皮青冈天然林（欧阳天林等，2020）。江西婺源、贵州天柱、广东南雄和重庆酉阳等地发现有不同大小的天然种群。

1.2.4 南方红豆杉

南方红豆杉适宜栖息地主要分布在北纬18°~36°和东经104°~124°，包括海南、台湾、广东、广西、福建、浙江、江西南部、云南东南部、重庆、四川东部、湖北、湖南南部、河南西南部、陕西南部，安徽、山东、甘肃和西藏也有少量分布，总分布面积约148.13×$10^4 km^2$。南方红豆杉绝大部分适宜栖息地分布在我国亚热带和暖温带地区，在秦岭大巴山以南区域分布数量最多，一般认为该区域是南方红豆杉真正分布的区域。印度、缅甸、马来西亚、印度尼西亚及菲律宾等地也有分布（李艳红等，2021）。

1.3 主要用途

1.3.1 红豆树

红豆树适宜在亚热带地区栽培，是最接近国家标准5属8类33种红木树种中的分布最北、最耐寒的珍贵树种之一。其芯材光滑坚重，结构细，材性均匀，易切削，纹理美丽，不经油漆却形同墨玉，因而与红木齐名，可用于制作高档家具、工艺雕刻、特种装饰和高级地板等。红豆树是浙江、福建等省优先发展的珍贵用材树种之一。如果说浙江龙泉因宝剑而闻名，那么龙泉宝剑因红豆树而增辉。龙泉宝剑的剑壳和剑柄是用红豆树的芯材加工而成。红豆树种子晶莹红亮，久存而不蛀、不坏，色泽依旧，可制作工艺品及装饰品。此外，其根与种子可入药。其根性平，味苦，有小毒。中医用来杀虫、拔毒、排脓，可治疥疮顽癣、痈疽肿毒等。中国学术界还发现红豆树的根有清热解毒之效，可用来医治乳痈、肝炎、咽炎等多种疾病（周志春，2019a）。

红豆树是极为优良的道路绿化和庭院美化树种，孤植、丛植或列植为行道树。红豆树的树形、叶、花、果、种子均具有很高的观赏价值。其树姿优雅清秀，树体高大，浓荫覆地，可长高至数十米，形同巨伞。其叶为奇数羽状复叶，春天嫩叶呈微红色，夏天叶片呈亮绿色，赏心悦目。红豆树3~5年开一次花，结一次果。夏初，蝶形花着生在圆锥花序上，其色或洁白或淡红；秋末，茶色豆荚状如鸡心，剥开便是蚕豆大、心脏形的红豆。

红豆树文化内涵深厚。古代青年男女把红豆树种子作为珍贵聘物相互馈赠，充当爱情的信物，这一文化更因唐代诗人王维写下的著名诗篇《相思》而不断传承和发扬。红豆树寿命长，常形成古树。一些红豆树自然保留于村口和寺庙旁，常被赋予避邪、长寿、福庇与吉祥等寓意。近年来，除大力发展红豆树珍贵用材林及将红豆树大量用于景观绿化外，也有一些地方结合城市公园、特色小镇和名人名树园等发展红豆树文化产业，发掘其文化内涵。

1.3.2 楠木

浙江楠为世界著名的珍贵用材树种，树干通直，木材坚硬致密且不翘、不裂、不易腐朽，削面光滑美观、芳香而有光泽，为建筑、造船、家具、雕刻和制作精密模具的上等用材，在国际市场上为木中珍品，广大丘陵山区将其作为珍贵用材树种育苗造林。由于浙江楠耐阴性强，可与其他阳性树种混交配置，也可营造纯林，以满足国民经济对大量珍贵木材的需求（汤后良等，2007）。浙江楠具有较高的观赏价值，其树体高大通直，端庄美观，枝叶繁茂多姿，宜作庭荫树、行道树或风景树，或在草坪中孤植、丛植，也可在大型建筑物前后配置。浙江楠为常绿阔叶树种，四季常青，在公园绿地中可与其他落叶树种配置使用，秋冬季绿荫片片，形成独特的楠木林景观（李冬林等，2004b）。同时，浙江楠是华东地区特产珍稀树种，在植物区系研究上有较高学术意义。

闽楠为上等珍贵用材树种，以材质优良而驰名国内外。其木材黄褐色略浅绿色，结构细密，材质坚硬，芳香耐久，纹理美丽，不易变形及虫蛀，也不易开裂，有遇火难燃、经水不朽等优良特点，为上等建筑材料，可用于雕刻及制作家具、船舶、军工、车辆、精密木模、精密仪器和胶合板等。闽楠根系发达，树形优美，枝叶茂密，常年翠绿不凋，既具有较强的固土保水性能，也具有较好的净化空气功能，在林业生产和环境保护等方面均具有重要的经济价值和生态价值（陈利生等，2004）。同时，闽楠一年抽梢3次，嫩叶紫红色，也是一优良景观林树种。

1.3.3 赤皮青冈

赤皮青冈是我国特有珍贵用材树种，心材呈暗红褐色，边材呈黄褐色，纹理直，质坚重、强韧、有弹性，气干密度 $0.85 \sim 0.91 \mathrm{g/cm}^3$，为优良的珍贵硬木，木材耐久性强，且有遇火难燃、耐湿不腐等特点，是高级家具、造船、工艺雕刻和建筑装修等优质用材。其枝丫既为优质薪炭材，也是培养食用菌的优质原料。树皮及壳斗含单宁，可提取栲胶。种子含淀粉，可食用和加工。此外，赤皮青冈树干通直高大挺拔，生长速度较快，树龄长，还具有涵养水源、保持水土、防灾减灾等生态功能，是较好的造林绿化与园林观赏树种（欧阳天林等，2020）。

1.3.4 南方红豆杉

南方红豆杉为我国高档珍贵用材树种，生长速度中等。其材质坚硬，刀斧难入，有"千枞万杉，当不得红榧一枝丫"的俗话。边材呈黄白色，心材呈赤红色，质坚硬，纹理致密，形象美观，不翘不裂，耐腐力强，是装饰、高级家具、高档地板、工艺雕刻、工艺美术、文具玩具等高档用材。南方红豆杉种子含有人体所需的必要营养成分，且含丰富的紫杉醇、紫杉碱、双萜类化合物，还富含鞣类物质，可以起到驱虫、消积食的作用；种子中含有的黄酮类物质，具有抗氧化作用，可有效延缓衰老。南方红豆杉紫杉醇含量（150~210mg/kg）虽低于曼地亚红豆杉和喜马拉雅红豆杉，但因其早期速生，人工栽植2~3年即可收获，药用开发价值很大。南方红豆杉还是优良的景观绿化树种，其枝叶浓郁，树形优美，种子成熟时果实满枝，惹人喜爱，适合在庭园一角孤植点缀，亦可在建筑背阴面的门庭或路口对植、山坡、草坪边缘、池边、片林边缘丛植。此外，宜在风景区作为中、下层树种与各种针阔叶树种配置。南方红豆杉作为一种中药，具有利尿消肿及治疗肾脏病、糖尿病、肾炎浮肿等功效。

树种生物学特性

林木作为地球上最为重要的生态组成部分之一，其生物学特性的研究对于科学造林和合理调控森林生态系统的结构和功能至关重要。林木的生物学特性包括形态特征、生长习性、生活史、生殖方式等。林木的形态特征具有丰富的多样性，包括树高、树冠形状和树皮特征等。林木的生长习性受到环境因素的影响，如光照、温度和水分等，不同树种在不同环境条件下有着不同的适应性和生长规律。林木的生活史涉及从萌芽、生长、繁殖到死亡的全过程，其中包括生长速率、寿命等重要特性。林木的繁殖方式多样，既有通过花粉传播进行有性繁殖的，也有通过萌发、扦插等进行无性繁殖的。充分了解林木的形态特征、生长规律和繁殖方式，可以为林业生态建设提供科学依据，更好地开展良种选育、种苗繁育和高效培育。

2.1 繁殖生物学特性

2.1.1 红豆树

2.1.1.1 开花结实特征

红豆树为两性花植物，其花序呈圆锥状，花冠颜色多为白色或淡红色。大部分花序生于顶部，少数生于叶腋，花冠带有绒毛并呈齿裂状。其花朵具有两性特征，雄蕊分离，花丝纤长，全部发育，亦有 1~5 枚花药不完全发育，子房内含有胚珠。红豆树花期在4—5月，10—11月果熟。树龄达 25~30 年生时开始开花结果，50~60 年生进入盛果期，延续开花结实可达 100~200 年。整个花期约为 7d，花瓣凋落后，幼果开始生长，至7月，荚果大小已接近成熟。花原基和叶原基在 10 月开始生长，11 月中旬基本成形，而 3 月上旬，冬芽开始发芽，叶原基长出新叶，同时花原基逐渐生长膨大，直至 4 月中旬开花。红豆树适宜的开花气温为 16.9~20.6℃。从雌雄配子受精形成合子（4 月中下旬）直至荚果成熟（1 月下旬）需要 7 个月。红豆树的开花和结果较为不规律，一般生殖生长间隔期为 3~5 年，有的植株甚至更长，也有植株开花后不结实，因此格外珍贵（李峰卿，2017）。

2.1.1.2 种子特点

成熟红豆树种子通常呈圆形或椭圆形，具有鲜红色或红褐色光泽外壳。种子外壳坚硬，大小与蚕豆相似，平均长度 1.3cm，平均宽度 1.1cm，种脐为白色，长 8~10mm。未成熟红豆种子外壳颜色同子叶一样是乳白色。当荚果开裂后，种子外壳会在光和氧气的作用下发生化学反应，并逐渐变色。大约半小时后，种子的一部分外壳表面会转变为浅青色；2h 后，大约一半的外壳表面呈现鲜红色；74h 后，种子外壳稳定为红色，并逐渐变得坚硬。这个过程最终导致种子外壳呈现出红色、致密、坚硬的特性（郑天汉，2007）。

红豆属植物的种子休眠时间长，不容易萌发，种子的繁殖率也较低，因此需要适度地对种子进行干扰（王小东等，2018）。研究表明，高温浸种和机械破皮会对红豆树种子的萌发产生不同程度的影响，80℃ 浸种效果最佳，平均发芽率达到 71.33%，机械破皮后种子萌发率接近 80%。此外，种子的贮藏方式和用药处理会显著影响其出芽率，以蛭石为基质，使用恶霉灵处理的种子发芽率高达 85.67%（孔亭等，2022）。

2.1.1.3 繁殖方式

红豆树种子获取困难，因此苗木培育技术的优化对于提高红豆树苗木的品质和存活率至关重要。红豆树采用"2 年生容器苗砧木+高位腹接"技术，嫁接成活率可达 78%。具体选用 20~35 年生的红豆树优树 1 年木质化枝条作接穗，截取枝条上粗度为 0.5~0.8cm，长度为 4~4.5cm，带有相同方向健康饱满的芽 1~2 个的接穗，用嫁接刀在芽对面垂直方向于木质部和韧皮部间削出嫁接面，同时将所选用的 2 年生红豆树容器苗砧木，留最上部 2~3 轮枝条，剪去砧木顶梢，然后在离根部 40cm 的位置进行贴腹接。3 月中下旬于砧木芽体萌动时，及时抹去砧木主杆新芽。此外，也可选用同科树种花榈木进行异砧嫁接，嫁接成活率可达 50%。异砧嫁接成活后穗条当年生长量较大，可达 30cm 左右。

通过筛选合适的外植体、优化培养基配方和调节生长因子等方式，可以在较短时间内获得大量高质量的红豆树幼苗，实现其规模化繁殖。红豆树扦插快繁技术研究表明，硬枝扦插枝条的生根效果不如嫩枝，而生根粉和切径则直接影响成活率、生根数和根长（胡青素等，2013）。考虑到豆科种子繁殖的遗传不稳定以及受扦插枝条来源的限制，建立红豆树组织培养繁育体系，可以显著提高其繁殖率（桂平，2018）。红豆树可以使用茎段、胚轴和种子作为适宜的外植体。针对红豆树近缘种花榈木的研究表明，在使用幼苗胚轴作为外植体时，最适合诱导其愈伤组织的培养基是 MS+2,4-D 1.0mg/L+ KT 0.5mg/L，诱导率可以达到 96.7%。而在诱导愈伤组织产生不定芽方面，最适合的培养基是 MS+TDZ 0.1mg/L+NAA 0.5mg/L，诱导率可以达到 85%。平均每块愈伤组织可以产生 6.2 个不定芽（高丽等，2009）。此外，乔栋（2016）建立了红豆树籽苗茎段、幼苗茎段和叶片及成年植株叶片的消毒方法，获得了红豆树组织培养无菌体系。

2.1.2 楠木

2.1.2.1 开花结实特征

（1）浙江楠

浙江楠是一种复聚伞花序植物，其花序腋生，长度为 5~9cm，密集地覆盖着黄褐色的绒毛。花的长度约为4mm，花梗2~3mm。花被片呈卵形，两面被毛，第一轮和第二轮的花丝稀疏地覆盖着灰白色的长柔毛，第三轮则密集地覆盖着灰白色的长柔毛。退化的雄蕊呈箭头状，被毛；子房则为卵形，无毛，花柱纤细，可以直立或弯曲，柱头呈盘状。果实为椭圆状卵形，长度为1.2~1.5cm，成熟时表面有一层白色的粉末覆盖，革质花被片。花期4—5月，果期9—10月（向其柏，1974）。

（2）闽楠

闽楠的花序出现在新枝的中下部，长3~7（10）cm，通常有3~4个，呈紧缩不开展的圆锥花序，最下方分枝长2~2.5cm。花被片卵形，长约4mm，宽约3mm，两面都被短柔毛覆盖。第一、二轮花丝稀疏地被柔毛，而第三轮花丝密集地被长柔毛覆盖，基部的腺体近乎无柄，退化雄蕊呈三角形，具有柄，表面有长柔毛。子房近似球形，花柱无毛，或上半部疏被柔毛，花柱头呈帽状。果实呈椭圆形或长圆形，长度为1.1~1.5cm，直径为6~7mm；宿存的花被片上覆盖着毛，贴合在一起。花期4月，果期10—11月。

2.1.2.2 种子特点

浙江楠种子呈椭圆状卵形，为多胚种子，子叶大小不一。贺心茹等（2023）对浙江楠种子解剖发现，其种子的胚性可分为单胚、双胚和三胚。多胚种子的胚着生位置也存在差异，如单胚种子的胚着生在底部，而多胚种子的胚着生在底部、顶部、中部和中部的两侧。根据胚的着生位置，还可以将双胚种子分为不同的类别。而三胚种子通常会分离着生，其中1个胚位于底部，其他2个胚位于中部。总的来说，浙江楠种子的多胚形态及其胚着生位置差异较大，且存在多种胚性并各自具有不同的着生位置。

相比之下，闽楠的种子为卵圆形，为单胚种子，子叶大小相等。王黄倚君等（2021）通过研究贵州、湖南、广西和福建4个省区共130份闽楠种源种子的形态特征，发现不同地域的闽楠种源在种子的平均长度和宽度上存在极显著的差异，并且在种子的平均千粒重方面也存在显著的差异。值得注意的是，同一个省域内的不同区域闽楠种子的差异甚至大于不同省区种子之间的差异。对这130份闽楠种源按照种子千粒重进行聚类分析，可以将其分为3类：第一类种子共有9份，全部来自福建省三明地区，这些种子的千粒重较小，平均为153.68g；第二类种子共有108份，来源广泛，覆盖了所有地区的闽楠种源，这些种子的平均千粒重最接近整体平均水平；第三类种子共有13份，平均千粒重为356.8g，超过整体平均水平的41.22%。此外，闽楠种子的长度与经度存在极显著的正相关性，而种子的宽度与经度存在极显著的负相关性。这2个指标与母树所处地方的纬度、海拔以及母树的胸径、树高、枝下高、东西冠幅和南北冠幅等没有显著相关性。总的来说，西部种源闽楠种子的千粒重大于东部种源，而相对分布在偏东南的种源的种子形态更为细长。

就种子的萌发特性而言，浙江楠种子属于生理性休眠，正常光照下，经过低温（4℃）湿沙层积存90d可以有效打破种子休眠，此时在25℃下种子的发芽势和发芽率均可达到最大值，分别为53.3%和83.3%（李珍等，2012）。周佑勋等（2006）研究发现，闽楠的种皮透气性较差，这是导致其种子休眠的原因，要让闽楠种子发芽，需要特定的温度和光照条件。闽楠种子具有浅度生理休眠特性，在经过低温 5℃ 湿沙层积存 60d 后，当闽楠种子处于光照条件下，25℃ 恒温结合白天 30℃、夜间 15℃ 变温，闽楠种子的萌发率可以达到 77.33%~85.33%（刘志雄和费永俊，2011；周生财，2013）。

2.1.2.3 繁殖方式

楠木类植物主要依靠种子进行繁殖和再生，其果实为核果，果肉部分掉落到地面后很容易腐烂，进而导致种子霉烂。一方面，楠木种子本身具有生理性休眠和寿命短等特点，这使得楠木类植物的繁殖率较低，自然更新困难。另一方面，楠木类植物的幼苗和小树生长缓慢，许多种类的童年期长达 30 年，进入生长旺盛期需要 50~60 年。由于自然更新周期长，像闽楠这样的濒危物种只能通过萌蘗繁殖来进行天然更新，更新能力较弱，种群的净生殖率也较低（吴大荣，1998）。

楠木人工繁育以播种育苗为主，但传统的播种育苗技术存在苗木出苗率低且质量不稳定等问题。目前已经解决了楠木切接（浙江楠、闽楠）嫁接成活率低的难题，采用"1 年生容器苗砧木+低位切接"技术，嫁接成活率可由 20% 提高到 65%，3 月切接效果较好。因为浙江楠、闽楠春季萌芽早，需在 2 月下旬采集优株枝条，沙藏至 3 月上旬嫁接。选用 1 年生浙江楠和闽楠容器苗（地径 0.4cm 以上，苗高 25cm 以上）作为砧木，选择两种楠木母树树冠外围上部，向阳，顶芽饱满，粗度 0.4cm 以上，半木质化成熟枝条粗壮健康的一级、二级侧枝顶梢为接穗，采用切接方法嫁接，能较大程度地提高两种楠木的嫁接成活率。

组培技术对于保存珍稀楠木的优良种质资源和进行无性系繁育具有重要意义。近年来，很多学者进行了浙江楠和闽楠组培快繁研究，并取得了一定成果。黄碧华（2017）通过不同的培养基、激素和浓度对浙江楠组培的各个阶段进行了研究，筛选出浙江楠组培诱导和增殖阶段最佳组培配方，其初代诱导培养的最佳培养基是 B5+6-BA 0.5mg/L+NAA 0.2mg/L，继代增殖丛芽的最佳培养基是 B5+6-BA 0.8mg/L+KT 1.0mg/L+NAA 0.6mg/L。

2.1.3 赤皮青冈

2.1.3.1 开花结实特征

赤皮青冈花期在 5 月，单性花，雌雄同株，风媒传粉。雄花为柔荑花序，细长下垂，多生于枝条顶端，长 4~6cm，花序轴被苍色绒毛；雌花腋生，花朵单生或 2~3 朵簇生于总苞内，总苞单生或聚集在一起形成穗状花序，花序长 1cm 左右，花序及苞片密被灰黄色绒毛，花柱基部合生。赤皮青冈果期在 10 月，果序长 1.5~3.0cm，着生果 2~3 个。壳斗呈碗形，包着坚果约 1/4，直径 1.1~1.5cm，高 6~8mm，被灰黄色薄毛；小苞片合生成 6~7 条同心环带，环带全缘或具浅裂。坚果呈倒卵状椭圆形，顶端有微柔毛，果脐微凸起。

2.1.3.2 种子特点

赤皮青冈种子的特点主要表现在其顽拗性、较长的萌发时间和低发芽率。该种子的形态呈卵状圆柱形，颜色在褐色至亮棕色之间变化。此外，这些种子的重量相对较大，百粒重为（150.1±40.95）g（景美清等，2012）。新鲜的种子含水率大约为40%，未经贮藏处理的种子室内发芽率为44.2%。赤皮青冈种子富含淀粉，因此容易受到虫害的侵害。为了保证种子质量，需要对其进行干燥贮藏，并注意适当的通风（欧阳泽怡等，2021）。

2.1.3.3 繁殖方式

赤皮青冈的繁育方式包括播种、扦插、嫁接和组织培养。播种育苗一般10月下旬采种，果实采回后用水洗去浮粒后，拌杀虫剂用润沙层积贮藏，沙藏时需防治老鼠危害。实生苗主根发达、侧根稀少而影响造林成活率，一般采用容器育苗。嫁接方法主要使用切接法，采用穗沙藏和休眠芽切接的方式。赤皮青冈具有休眠芽少、不饱满、发芽特别早（2月下旬开始）及枝条上多数芽同步萌发等特点，在浙江须在2月中旬，湖南和福建等南部省份须在2月上旬先行采集天然林优树穗条进行冷藏，3月上旬利用地径达0.8cm的2年生本砧容器苗，采用切接的方法进行嫁接，嫁接成活率可达85%以上，当年抽梢生长量可达60~80cm。接穗要求粗壮，粗0.4~0.6cm，带1~2个相对饱满休眠芽的枝段做接穗。为预防"倒春寒"，嫁接完成后，需搭拱棚保温保湿。鉴于赤皮青冈休眠芽萌发特别早的特性，须建立专门的采穗圃才能保证建园无性系嫁接容器苗的规模繁育。扦插中，以皮部生根为主要生根方式。因赤皮青冈嫩枝很难进行消毒，且赤皮青冈属于硬木类，即使在幼龄阶段，木质化程度也相对较高，其组织培养育苗相对来说比较困难。根据王艳娟（2015）的研究，利用种子萌发得到的无菌苗能够更有效地诱导赤皮青冈生长丛生芽，将20个顶芽或子叶节间进行接种时，最多可以产生95个诱导芽，生根率最高达到68%。

2.1.4 南方红豆杉

2.1.4.1 开花结实特性

南方红豆杉顶芽4月中旬开始展梢，5月中旬雄球花开始出现蕾花，花期持续到7月底至次年1月下旬。8月下旬雌球花开始出现蕾花，花期从10月下旬持续到次年1月底。次年1月上旬至1月下旬，顶芽逐渐形成果实。果实的形状多为卵形或倒卵形，微微带有2条纵棱脊（茹文明，2006）。由于南方红豆杉是一种单性花植物，雌雄异株，且需要异花授粉，它的授精过程会受到一些阻碍，导致种子的数量减少。

2.1.4.2 种子特点

南方红豆杉是一种种子休眠深度较高的植物，其休眠时间长且难以萌发。一旦种子成功萌发，幼苗的生长往往滞后且成活率较低。南方红豆杉的生长周期较其他乔木类植物更长，自然条件下的受精率和结实率也相对较低。成熟的南方红豆杉种子形态特征丰富，种子由胚、胚乳和种皮三部分组成。南方红豆杉种子的外部为红色假种皮包被，大部分种子呈卵圆形，少数呈锥形，种脐呈三角形或椭圆形，具有坚硬且有光泽的种皮。南方红豆杉种子的横径为9.91~10.63mm，纵径为9.82~10.44mm，厚度为9.19~9.85mm。在新采集的南方红豆杉种子中，种胚结构完整但体积较小，种皮角质化、坚硬致密，鲜种皮呈黄褐色，胚乳饱满呈白色，占据大部分种子体积。经过层积后，种胚颜色逐渐变为淡绿色，种皮透性增强，韧性减弱且会出现裂口（黄嘉迪，2023）。

2.1.4.3 繁殖方法

实生繁殖是南方红豆杉最主要的繁殖方式。种子的处理方法包括去除假种皮、晾干和沙藏，一般在沙藏 1 年后播种。目前已突破了南方红豆杉主梢的腋芽和侧芽嫁接技术。在 2 月中旬砧木树液开始流动和芽膨胀前，南方红豆杉的嫁接效果较佳。选择较粗的接穗、饱满芽，愈合率和抽梢率均较高。采用"7"字形嫁接法，易成活，可用于不同部位芽的嫁接，嫁接愈合率和抽梢率可分别达 100% 和 96.4%，明显大于腹接法。经多年嫁接观察，发现南方红豆杉主干的叶腋与侧枝上的叶腋处具有生长点。主梢的顶芽带叶 2~3 片做接穗及主梢的隐性腋芽带叶 1 片做接穗均可抽主梢、形成完整冠型，而侧枝顶芽带叶 2~3 片及侧枝侧芽带叶 1 片做接穗则形成侧枝、偏冠。采用食品级保鲜膜为嫁接绑带可显著提高主梢形成率和成活率。扦插繁殖适宜在 2—3 月或 10—11 月进行，选择 15~20cm 的木质化枝条进行扦插。

在南方红豆杉组织培养中，多选取茎段、叶片、芽或胚作为外植体，其中种胚的愈伤组织诱导率较高。研究发现，南方红豆杉茎段的愈伤组织在改良的 MS 培养基上的生长表现好于 B5 基础培养基（张宗勤等，1998）。为进一步提高愈伤组织的诱导率，使用特定的培养基配方，在 B5 培养基中加入 0.5mg/L 的 2,4-D、2mg/L 的 NAA 和 0.5mg/L 的 KT，可以诱导出南方红豆杉的体细胞胚愈伤组织，诱导率高达 91%（邱德有等，1998）。黄嘉迪（2023）研究发现适于南方红豆杉胚萌发的最佳激素组合浓度为 6mg/L 的 GA3 和 0.10mg/L 的 KT，使用这一激素组合可以显著提高种子的萌发率，从 10.76% 提升至 66.67%。

2.2 生长习性和发育规律

2.2.1 红豆树

2.2.1.1 苗木生长规律

红豆树苗木的物候节律包括总生长期、休眠期和冬芽膨胀与萌动期等。研究发现，红豆树苗木的休眠期通常从 11 月下旬开始，当气温降至 15℃ 左右时，苗木停止生长，进入休眠状态以度过寒冷的冬季。冬芽膨胀与萌动期是在气温达到约 13℃，树液流动后的 3~5d 内开始。即红豆树的生理活动起始温度为 12~13℃，此温度范围是红豆树苗木生长发育的关键，低于这个温度，红豆树的生长受到抑制，高于这个温度则有助于其正常的生理活动。因此，气温在 15℃ 以下是影响红豆树生长发育的临界气温。红豆树在生长季节的变化可以通过观察红豆树的枝干和叶子的特征来判断。红豆树在生长季具有特定的幼枝皮色、叶的形状和颜色等特征。研究发现，红豆树的生长季相动态表现为幼树先萌动，大树后萌动，基部萌条先萌动，上部树冠后萌动，前后相差 3~5d（郑天汉，2007）。

2.2.1.2 林分生长规律

红豆树是一种对温暖湿润气候和高水分环境较为适应的植物。幼龄阶段，红豆树更喜欢潮湿的环境。中龄以后，红豆树则更加喜欢阳光充足的地方，并且相对来说更耐寒冷。虽然红豆树对土壤肥力的要求并不太高，但对水分的需求相对较高。在土壤肥沃且水分充足的地方，红豆树的生长速度较快。红豆树生长速度属于中等水平，其根系发达，并且在林分中生长的树木形态较为通直。通过合适的生长环境和适当的管理措施，红豆树的生长可以取得良好的效果。通过对多个国有林场的红豆树人工林进行测定，发现在较好的立地条件下，红豆树 30 年生时平均树高可达 15~20m，胸径可达 25~30cm。在绍兴、开化、淳安等地利用 2 年生红豆树苗营建的小块状片林，年平均抽高在 50cm。

红豆树林木的叶相变化时间差异较大，立木的生长期受气温影响，不同地点的立木生长期长短存在差异。红豆树大树的树液流动和萌动期通常始于 3 月上旬，气温一般在 10℃左右；大树的生长发育期从 3 月上旬一直延续到 11 月底休眠时止。红豆树立木的休眠期在 30~60d，不同生长地点的气温差异会导致立木的休眠期长短不同。

2.2.1.3 树干分叉和分枝性

林木经常会出现侧枝形成分叉干的情况，产生这种现象的原因主要包括树干基部侧芽异常生长和幼树顶芽死亡后侧枝代替顶梢生长。这种分叉特性严重影响了林木优质干材的形成和培育。在林木生长过程中，分叉干会导致树干的形状不规则，使得干材的质量和价值大大降低。此外，分叉干还会导致林木的生长发育不平衡，影响整体林木的健康和稳定性。因此，对于林木的分叉干现象，需要采取相应的措施来防止和减少其发生，以促进林木的良好生长和优质干材的形成（骆文坚等，2010）。红豆树多杈干和分枝数较多，严重影响了树干通直度和优质干材形成。肖德卿等（2021）研究发现，与江西抚州点相比，浙江龙泉点的红豆树在树高、冠幅和一级分枝数方面均较大，但分枝基径较细，树干通直度较低，这可能是浙江龙泉点的降水稍多所致。此外，降水的增加也促进了红豆树的生长，使树高、冠幅伸展和分枝数增加。因此，在加强水肥管理的同时，要特别重视红豆树早期的修剪除蘖，以促进优质干材的形成。总的来说，选育分枝数较少且细的家系对于红豆树的发展更有意义，而加强水肥管理和早期修剪除蘖则有助于形成优质的红豆树干材。

2.2.2 楠木

2.2.2.1 苗木生长规律

浙江楠苗木的生长呈现阶梯状，属于全期生长类型，一年中苗木高生长经历了 4 次生长高峰。根据李冬林等（2004a）的研究，浙江楠第一次生长高峰出现在 4 月，日均生长量为 0.32cm，第二次生长高峰出现在 5 月下旬至 6 月下旬，日均生长量为 0.54cm，第三次生长高峰出现在 7 月上旬至 7 月底，日均生长量为 1.01cm，第四次生长高峰出现在 8 月下旬至 9 月底，日均生长量为 0.60cm。浙江楠苗木的这种阶梯性生长是其自身生长发育的特点，每次生长高峰之后，必然伴随着一次生长暂缓期。在苗木生长暂缓期，苗木完成体内干物质的积累，幼嫩茎叶逐渐木质化，抗逆性提高，为下次生长高峰做准备。

依据浙江楠留圃苗地上部分生长特点，可以划分为 3 个时期：生长初期、速生期和苗木硬化期。生长初期为冬芽膨大到高生长大幅度增加即第 1 次生长高峰到来为止，大致从 3 月 10 日至 3 月 30 日，维持时间较短。这一时期，由于气温较低，苗木生长缓慢。速生期从第 1 次生长高峰到来开始到最后一次生长高峰结束为止，大致从 4 月 1 日至 9 月 30 日，时间大约为 180d，维持时间较长。这一时期，由于气温相对较高，苗木地上部分生长旺盛。苗木抽梢 4 次，因而有 4 次生长高峰。一年中速生期是浙江楠苗木生长的关键期。为增加苗木的生长量，提高苗木质量，进入速生期，要加强速生期苗期的管理，因地制宜进行适时适量的施肥灌溉，满足苗木旺盛生长所需的水肥条件，同时还要为苗木提供充足的光照。从 10 月 1 日起，随着天气转凉，浙江楠苗木进入硬化期，苗木高生长日趋减慢，直至停止生长，大致维持 50~60d。这一时期主要是促进苗木木质化，防止苗木徒长，提高苗木对低温和干旱的抵抗能力，应停止一切促进苗木高生长的经营措施。同时，可适当采取截根控制苗木旺盛生长，促进苗木木质化和多生长吸收根（李冬林等，2004a）。

闽楠苗木生长过程中株高和地径呈现显著正相关。株高较高的个体地径也比较粗，株高较低的个体地径则比较细。魏强辉（2019）研究了 6 个闽楠种源的苗木生长规律，发现松阳的苗期高度最大为 78.93cm，政和为 62.39cm，平阳为 61.22cm，贤良为 59.54cm，婺源为 55.78cm，松溪为 53.21cm。其中，政和的种源苗期地径最大为 9.43mm，而松溪的地径最小，只有 6.38mm，并且松溪的种源出现了一定数量的倒伏现象，可能是因为生长过快，干径未能及时木质化。闽楠的叶片长度、宽度和比叶面等形状参数在不同种源间存在显著或极显著差异，说明叶片的形状受到环境因素的影响较大。种源间的变异程度超过了种源内的变异程度，分化程度也较高，表明闽楠叶片的表型性遗传差异比较显著，并且不同种源的叶片性状呈现出地域性差异。6 个闽楠种源的表型性遗传差异介于 6%~10% 之间，意味着在闽楠的栽培管理中，不仅需要考虑种源间的平均表现，还要关注如何利用和比较具有极端性状的个体。

2.2.2.2 林分生长规律

浙江楠天然林的分布区域狭窄，现存的资源非常有限，而且呈现严重的片段化特征。在浙江楠现有的天然林中，成年大树（胸径>20cm）的数量非常稀少，分布范围也相对较小。对浙江楠人工纯林和异龄混交林的林分生长和结构进行比较分析发现（王良衍等，2015），异龄混交林相较于纯林具有显著的生长优势，平均胸径生长量提高了 1.8%，单株材积生长增长了 7.4%。同时，浙江楠个体的树高生长量也比纯林提高了 8.4%。在异龄混交林中，Ⅰ~Ⅴ级木的比例由大到小排序为Ⅲ级（43.7%）、Ⅱ级（26.5%）、Ⅳ级（15.7%）、Ⅰ级（12.9%）和Ⅴ级（1.2%）。而在纯林中，Ⅰ~Ⅴ级木的比例由大到小排序为Ⅲ级（34.7%）、Ⅱ级（25.6%）、Ⅳ级（20.0%）、Ⅰ级（18.2%）和Ⅴ级（1.2%）。

由此可见，异龄混交林的分化程度较小，仍保持着较高的生长量，在促进浙江楠林分生长和保持结构均衡方面具有优势。

闽楠幼龄期喜阴，可通过建立混交林为其早期生长提供适宜的光照条件，或者利用速生树种的生长周期来提高林地利用率和经济收益。福建省三明市三元区 45 年生闽楠人工林的研究结果显示（王生华，2012），坡向和坡位对闽楠的生长和干形有着显著影响，但对枝下高和树干的通直度影响较小。南坡的闽楠人工林具有最大的胸径生长量和圆满的干形。北坡的土壤水分条件有利于闽楠的树高生长，并促进了自然整枝。在不同的坡位中，下坡的闽楠胸径生长最快，并且具有圆满的干形通直度。除胸径和树干的圆满度外，其他生长和形态特征存在显著的坡向和坡位的互作效应，表明在闽楠人工造林时需要综合考虑坡向和坡位。闽楠与杉木的混交可以明显促进闽楠的胸径和树高生长，并且不会对冠幅、树干通直度和圆满度产生明显不利影响，因此杉木可以作为闽楠的优选混交树种。

2.2.3 赤皮青冈

2.2.3.1 苗木生长规律

赤皮青冈苗木的生长曲线呈现典型的"S"形曲线。针对福建省建瓯市苗圃和不同野外环境的赤皮青冈幼苗生长规律，通过实测数据曲线和高生长拟合曲线发现，苗木的速生期从 7 月初开始，直到 10 月下旬生长减缓，这个阶段持续了 110d，占据了总生长时期的57.58%。进一步分析发现，在速生期内，苗木生长量占据总生长量的比率达到了55.19%。与此同时，野外苗木的生长曲线与苗圃中苗木的生长曲线存在一定差异。尤其值得注意的是，位于林缘近山顶处的苗木平均生长量最高。因此，可以得出结论，苗木的速生期在整个生长周期中占据了较大的比重，速生期内的生长量对整个生长周期的生长量影响较大，而野外环境和位置对苗木的生长曲线和生长量也有一定的影响（陈国兴，2011a）。

赤皮青冈幼苗的存活率和生长受到遮光度的强烈影响，适度遮阳可以促进赤皮青冈幼苗的生长发育（何浩志等，2014）。另外，赤皮青冈幼苗对水分的需求较大，缺乏水分时，其叶片结构和生理方面会发生改变。在干旱胁迫条件下，赤皮青冈幼苗的蒸腾速率下降，叶绿素 a 的含量呈现先增后降的趋势，叶绿素 b 的含量持续降低，而丙二醛的积累则上升（吴丽君等，2015）。这说明赤皮青冈幼苗对光照和水分具有明显的响应，具备较强的耐受轻度干旱环境能力，适度的遮阳和轻度干旱环境有助于促进其生长发育和提高其生存能力。

2.2.3.2 林分生长规律

通过对天然植株树高生长分析研究可知，赤皮青冈的树高随着年龄的增长而不断增加，6~12 年时树高增长速度加快，并处于较高的增长水平，这段时期内，树高的连年生长量也快速增加；12~34 年时树高平均生长量增长速度逐渐趋于平缓，此阶段内树高的连年生长量曲线呈现先降低后增加的状态，并在 27 年生时连年生长量与平均生长量曲线又一次相交，这体现了抚育间伐的重要作用。34年生赤皮青冈树高生长总量可达19.6m。

赤皮青冈的胸径总生长量随着树龄的增长而不断增加，在34年时达到25.18cm，表现出较好的速生性；6~21年时胸径生长速度加快，胸径平均生长量在18年时达到最大值，18年后胸径连年生长量和平均生长量逐渐趋于平稳状态。

2.2.3.3　树干分叉和分枝性

生长和形质性状是植物最直观的表型特征，受基因和环境影响，存在丰富的遗传变异，揭示植物生长和形质性状的家系遗传变异规律对于制定育种策略和选择适合育种材料具有重要意义。3年生赤皮青冈平均树高和地径分别为2.04m和3.15cm，不同家系间生长和形质性状差异均达到极显著水平，树高、地径、冠幅和最长分枝长等性状家系遗传力较高（0.393~0.753），单株遗传力相对较低。不同家系各性状间相关性较高，树高和地径表现优异的家系，林木较通直，分叉干少但分枝多、枝长且粗。赤皮青冈家系和地点的互作效应明显，立地对其生长影响较大。因赤皮青冈优树家系树高和地径生长量越大，分枝越多，枝长且粗，若要培育少节或无节的优质干材，应进行混交造林，并及时加强早期修枝和除萌。

2.2.4　南方红豆杉

2.2.4.1　苗木生长规律

南方红豆杉苗木生长规律的研究表明，其苗木生长期主要集中在4—11月，出现两次生长高峰期，第一次生长高峰期发生在4—6月，第二次生长高峰期出现在10—11月。值得注意的是，第二次生长高峰期的苗木生长速度要快于第一次生长高峰期。这可以归因于第一次生长高峰期过后积累的营养产物在生长缓慢期间的利用。生长缓慢期出现在7—9月，其主要原因是高温和强光对南方红豆杉生长的抑制作用。为了促进南方红豆杉的生长，在生长缓慢期间可以采取遮网遮阴的措施来提供适宜的生长环境（李苏珍和温莉娜，2014）。

2.2.4.2　林分生长规律

天然林条件下，南方红豆杉属于中等生长速度树种，初期生长速度较慢。人工栽培条件下，南方红豆杉生长较快，5年生幼树平均树高可达2.7m，平均地径可达3.69cm。通过施肥和修枝等育林措施，南方红豆杉幼龄年均树高生长量可达60~80cm。南方红豆杉人工林树高生长速度迅猛，第8年左右就能够达到天然林20年的高度。与天然林相比，南方红豆杉人工林的胸径前8年保持匀速增长，而天然林的增长率几乎保持不变。而且，南方红豆杉人工林的材积增长量明显，呈现出有规律的递增趋势。南方红豆杉人工林在树高、胸径和材积增长方面显示出明显的优势，因此适合作为珍贵用材推广栽培（黎恢安等，2014）。

2.2.4.3　树干分叉和分枝性

南方红豆杉生长发育中普遍存在杈干现象，研究南方红豆杉杈干现象的早期生长形质效应以及树冠形态结构调控对于该树种的遗传改良与高效培育具有重要意义。作为珍贵用材造林树种，南方红豆杉人工林严重受到权干影响。这种现象受到遗传物质的控制，家系子代的遗传力具有很大作用。此外，树冠结构对于南方红豆杉的生产力有很大影响，因此树冠形态结构调控被认为是高价值林木培育的重要技术之一。研究发现，权干现象对南方红豆杉各项生长和形质性状具有显著影响。权干通过改变低、高分级区间的分布比例来影响胸径、树高、冠形率和树冠率，说明权干在南方红豆杉生长过程中起到重要的调节作用。不同类型的权干木对南方红豆杉树冠形态结构的调控重点与调控方向存在差异，意味着不同的权干类型在树冠形态发展中扮演着不同的角色，并对树木的整体形态产生着不同的影响。此外，权干木具有更大的地径、胸径、树高和材积。权干与主干之间的竞争性生长也很高，导致树冠冠体更大，光合及同化作用能力也增强（欧建德，2023）。

5 年生南方红豆杉不同家系生长和分枝性状的研究表明，树高和一级分枝数这两个性状受到了家系和地点的互作效应的明显影响。南方红豆杉的生长性状与一级分枝数和最粗分枝基径等呈现出显著的正相关。此外，5 年生南方红豆杉家系之间存在着丰富的遗传差异，并且这些差异具有较高的遗传力。树高和一级分枝数这两个性状对立地条件非常敏感，受到地点的影响较大。由此表明，南方红豆杉家系的生长和分枝性状差异较大，并且具有较高的遗传力。树高和一级分枝数是受地点影响较大的敏感性状（罗芊芊等，2020）。

2.3 种群生态学特征

2.3.1 红豆树

物种生物学、生态学特性和周围环境因子对红豆树种群特征有重要影响。研究表明，川黔地区红豆树种群具有幼龄个体数量比例较高的特点，这表明其种群具有强大的自我繁殖能力。不同红豆树种群的龄级结构表现出倒"J"型和不规则"哑铃"型的差异。红豆树种群数量的动态变化表现为具有高幼龄级个体死亡率高，以及成熟龄级个体数量动态稳定的特点，这种情况与川黔地区山区地形特点和红豆树种子传播特性有关。川黔地区的红豆树种群整体上显示出高幼龄个体死亡率和稳定的成熟龄级个体数量，而中龄级个体受幼龄个体数量变化的影响，不同种群之间存在较大的结构差异。可见红豆树种群的幼龄个体数量结构变化是种群演替发展的核心。针对红豆树种群的生长特性和生境特点，保护和管理幼龄个体是促进种群自然恢复和更新的关键。同时，在保证不破坏红豆树自然种群生境的前提下，适当进行种群密度调整，是稳定红豆树中高龄级个体发展的有效措施（王明彬等，2024）。

2.3.2 楠木

浙江楠在浙江西部丘陵地区群落中扮演着重要的角色，其种群结构呈现出金字塔形状，表明该树种具有较大的种群数量。此外，浙江楠的幼苗数量庞大，但其在林冠下更新的过程受到了生存空间和光照等主要限制因素的影响（徐世松，2004）。一方面，针对江西三清山地区的浙江楠群落研究发现，该群落的物种组成十分丰富，其中以高位芽植物为主要特征。然而，该群落却显示出不稳定和不成熟的特点，为了保护浙江楠这一珍稀树种，应加强对该群落的干预和保护措施（徐振东，2016）。另一方面，吴显坤等（2015）针对安徽祁门地区的浙江楠种群结构和数量的研究显示，该地区的浙江楠种群结构相对稳定，该树种的幼树数量较大。然而，该种群在前期的死亡率却较高，这一现象需要进一步研究和探讨。综上所述，针对不同地区的浙江楠群落，应该采取相应的保护措施，以确保其种群的健康和稳定。

闽楠现存资源少，其种群趋向渐危。针对福建三明罗卜岩省级自然保护区（以下简称"罗卜岩保护区"）内闽楠种群的果实、种子库、种子散布、果实/种子捕食、种子萌发和幼苗存活等方面的调查研究发现，闽楠种群的种子库主要来源于最近一年的种子雨，这意味着种子的存储时间相对较短，可能对种群的扩散和再生能力产生影响（吴大荣，1997）。此外，罗卜岩保护区内闽楠与其他植物种群竞争时存在竞争平衡，最终可与台湾冬青共存，这种竞争平衡有助于维持闽楠种群的稳定。闽楠种群是该地群落的优势种群，群落的优势树种存在资源共享局面，这种资源共享可能是闽楠种群能够在该地区长期存在和繁衍的重要因素之一（吴大荣，1998）。针对福建永春闽楠天然林的研究发现（邹秀红，2002），群落中共有231种维管束植物，属于87科172属，其中以泛热带和热带亚洲成分较高，表明该地区的闽楠天然林具有较高的植物多样性。该群落的垂直结构复杂，灌木层的物种多样性指数最高，表明闽楠天然林在不同高度上拥有丰富的植物种类。这些研究结果揭示了闽楠种群的种子来源、与其他植物种群的竞争关系、群落的优势种位置和群落的多样性等内容，为保护和管理闽楠种群提供了理论依据。

2.3.3　赤皮青冈

赤皮青冈是亚热带常绿阔叶林的重要组成树种，其天然林群落结构复杂，成层现象明显，乔木层中赤皮青冈占绝对优势，为主要建群种和优势种。赤皮青冈群落是一种与环境相适应的顶级群落。福建建瓯市龙村乡赤皮青冈种群的生存分析结果表明，赤皮青冈是长寿命树种，样地中出现的最大个体胸径为183cm，估测年龄在300年以上，种群幼龄期会有较高的死亡率，经过幼龄期的环境筛后，虽然生存率逐渐减小，但在没有人为砍伐等强烈干扰的条件下，死亡率也较稳定，种群能够维持一定的稳定性。建瓯市龙村乡天然赤皮青冈群落137个样方调查数据的统计表明，赤皮青冈群落物种组成丰富，群落结构复杂。整体而言，龙村乡赤皮青冈林群落乔木层的优势种依次为赤皮青冈、钩栲、薄箨茶秆竹、毛竹和甜槠等，灌木层的优势树种有甜槠、赤皮青冈、罗浮栲、薄箨茶秆竹和山胡椒等，层间层的优势种依次为络石、香花崖豆藤、薯蓣、管花马兜铃和菝葜等，草本层的优势种依次为黑莎草、狗脊、多花黄精、一把伞南星、韩信草和淡竹叶等。湖南靖州的赤皮青冈群落中，乔木层种类较少，是赤皮青冈为单优势种的群落。在以上对赤皮青冈群落的调查中发现，该树种在其群落中均有一定的优势，但因与其他植物存在竞争关系，受其他树种抑制较强，故优势度并不明显。

谢健（2011）使用径级结构数据编制了静态生命表，对福建建瓯市的赤皮青冈种群进行了生存分析。通过生存分析和绘制存活曲线以及四种生存函数曲线（生存率函数、积累死亡函数、死亡密度函数和危险率函数），发现赤皮青冈的幼年期和Ⅶ级时期死亡率最高。根据陈国兴（2011b）对该区域赤皮青冈种子雨的研究发现，赤皮青冈的种子雨密度大，林内的种子发芽率较高，幼苗之间竞争较为激烈，因此死亡率较高。此外，群落内钩栲、甜槠等阔叶树种的存在导致乔木层的郁闭度较大，透光量较少，也会阻碍幼苗的生长。关于Ⅶ级时期出现高死亡率的原因，需要进一步研究。总的来说，尽管赤皮青冈在幼年期的死亡率较高，但在没有外界干扰的情况下，种群仍能保持一定稳定性（欧阳泽怡等，2021）。

2.3.4 南方红豆杉

对分布于福建龙栖山国家级自然保护区（以下简称"龙栖山保护区"）和福建梅花山国家级自然保护区（以下简称"梅花山保护区"）的南方红豆杉样地群落的调查研究表明，南方红豆杉群落物种组成丰富、群落结构合理、生态系统比较稳定。龙栖山南方红豆杉-毛竹群落多样性总的趋势表现为灌木层＞草本层＞乔木层，梅花山南方红豆杉群落物种多样性总的趋势是乔木层＞灌木层＞草本层。两区域整体表现为梅花山南方红豆杉群落较龙栖山南方红豆杉-毛竹群落物种丰富、多样性指数和均匀度高，主要在于龙栖山南方红豆杉-毛竹群落毛竹经营过程中对南方红豆杉种群及幼苗产生一定影响，群落尚未达到成熟阶段。但两区域都具有较高的物种多样性和均匀度，均有利于群落向顶级群落演替发展（夏鑫等，2007）。皖南山区南方红豆杉种群表现出很高的稳定性，意味着该地区的南方红豆杉种群足够强大和健康，能够适应和维持恶劣环境中的生存（孙启武等，2009）。针对太白山南方红豆杉种群的研究表明，其种群增长速度较慢且相对稳定，种群存活曲线呈现出 Deevey-II 型的趋势，幼苗到幼树的转化过程中存在较强的环境筛选，种群死亡率在第2龄级和第6龄级达到峰值，这可能是生物学特性和环境因素的影响所致（朱慧男，2016）。岳红娟等（2010）的研究结果表明，南方红豆杉的土壤种子库主要分布在它们的树冠范围内的枯落物层，意味着南方红豆杉通过树冠的枯落物层来储存和保护种子，这为它们的繁殖和生存提供了重要的基础。上述结果对指导南方红豆杉群落保护和管理具有一定价值。

2.4 栽培生物学特性

2.4.1 红豆树

红豆树适应性强，能在广泛的气候条件下生长，但喜欢温暖湿润的气候，最适宜的生长温度为 20~30℃，最低生长温度为 10℃。红豆树对土壤要求不严格，可以在多种类型的土壤中生长，包括沙质土壤、黏土性土壤和石质土壤，排水良好的疏松土壤对其生长更有利。红豆树生长较快，在适宜条件下每年能够增长 1m 左右。该树种有一定的抗旱性和耐寒性，但对于长期干旱或严寒的环境会有一定的适应限制。适当的修剪和管理有助于红豆树保持树冠的稠密和形状，定期施肥和除草也是有效的红豆树培育管理措施。

立地条件和坡向与坡位对红豆树的生长发育具有显著影响。余学贵（2022）通过研究平南市（闽北浙南交界处）的红豆树生长情况，发现不同的坡向对红豆树的胸径和树高有不同程度的影响。胸径生长量表现为西坡向<北坡向<东坡向<南坡向，南坡向对红豆树的胸径生长有显著提升作用。树高生长量表现为西坡向<东坡向<北坡向<南坡向，表明南坡向对红豆树的树高生长也有显著促进作用。不同的坡位也会对红豆树的胸径和树高生长产生一定的影响。胸径生长量表现为上坡位<中坡位<下坡位，方差分析表明，下坡位对鄂西红豆树的胸径生长有显著促进作用。树高生长量表现为上坡位<中坡位<下坡位，说明下坡位对红豆树的树高生长也有显著促进作用。

2.4.2 楠木

楠木适应性较强，但喜欢肥沃疏松、排水性良好的土壤。造林地应选择地势平坦、土层深厚、土质肥沃的区域，种苗应选择健壮、生长良好、无病虫害的苗木。苗木的根系应该发达，根颈处不应受损。楠木一般在春季或秋季进行栽培，春季播种适宜南方地区，秋季播种适宜北方地区。楠木可以通过播种或移栽的方式进行繁殖，播种时应先进行催芽处理，然后将种子深埋土中，每亩播种量为 5~10kg。楠木生长迅速，需要适量施肥。在初期生长阶段，应以有机肥为主，后期可使用化肥进行补充。一般每年施肥 2~3 次，每次施肥量为 10~15kg。楠木易受到蚜虫、叶螨、白粉病、网纹病等病虫害的侵袭，应定期对楠木进行病虫害防治，采用农药或生物控制方法进行治疗。因楠木枝条生长迅速，需要及时进行修剪，以保持树形美观。一般在春季和秋季进行修剪，将杂枝和病枝剪去，促进树的生长和发育。同时，定期对林地进行灌溉、除草、松土等管理，以保持土壤湿度和通气性。

2.4.3 赤皮青冈

赤皮青冈适应性较广，可在阳光充足、排水良好的土壤中生长。选择种植地点时，应选择离其他大型树木有一定距离的开阔区域。赤皮青冈对土壤的要求不严格，但喜欢疏松、肥沃、排水性良好的土壤；如果土壤过于贫瘠，可以进行施肥或添加有机物质来改善土壤质量。赤皮青冈的种子一般需要经过一段时间的冷处理，以模拟自然条件下的萌发。可以将种子放入湿润的介质中，放置在冰箱中保存数月，然后取出进行播种。播种时将种子均匀撒在育苗盘或种植箱中，覆盖一层薄土，保持适宜的湿度。期间保持播种床的湿润，同时避免过度浇水，以免种子腐烂。幼苗出土后，需要适时进行稀释和移栽，保持苗木之间的适当距离；注意保持土壤湿润，并避免过度施肥；在幼苗生长期，可适当修剪根部和枝条，以促进树冠的形成和根系的发展。赤皮青冈较为耐病虫害，但仍需要注意常见的病虫害问题并及时采取措施进行防治；定期修剪树冠，有利于形成更美观的树形并促进新梢生长。

2.4.4 南方红豆杉

南方红豆杉为浅根性树种，主根不明显，侧根发达，适宜在土质疏松、土层深厚、腐殖质丰富、排水性良好的微酸性或中性土壤中生长，在石灰岩山地钙质土及瘠薄的山地也能生长，但是在干燥的平原地区生长不良，容易形成灌木状（汪樱桃，2013）。南方红豆杉喜欢潮湿的环境，通常生长在海拔 1000~2000m 的山地、峡谷和溪谷中。在南方地区，南方红豆杉可以较好地适应当地的气候条件，喜温暖湿润气候，但也能耐寒。

造林密度对南方红豆杉的树高、地径和侧枝数量有着极显著的影响。在 5 年生的南方红豆杉幼龄林中，随着造林密度的增加，地径和侧枝数量减少，而树高在一定的造林密度后也出现了下降的趋势。这表明增大造林密度会导致南方红豆杉幼树的生存空间变大，从而使得地径和侧枝数量明显增加，但可能会对树高产生负面影响。此外，南方红豆杉适宜生长在温暖湿润的气候和排水性良好的肥沃土壤中，对光照的要求较高，适宜在较高的遮阴度下生长。因此，在栽培南方红豆杉时，要合理控制造林密度，以确保适宜的光照条件，需要根据具体情况调整，以提供适当的遮阴，从而促进红豆杉幼树的生长和发育（刘庆云等，2015）。

遗传多样性及其保育

随着人口增长、人类经济活动的加剧，地球上的生物多样性正面临着严重的威胁，在环境保护与可持续发展矛盾日益尖锐的情况下，生物多样性保护研究已成为全球关注的热点。合理有效地保护生物多样性是人类自身生存和发展的必然选择，而濒危植物又是生物多样性的重要组成部分。植物濒危不仅受植物自身生理特性的影响，还受到外部生态因子及传粉方式的制约。通常，濒危植物具有居群偏小、个体数目少、居群分布区域狭窄等特点，这就使得各居群间的基因流微弱，甚至交配系统发生改变，从而导致居群内遗传多样性水平发生相应变化，进而对后代适合度产生影响。只有对居群遗传多样性及交配系统格局充分了解，才能进一步解释濒危植物的濒危机制，并制定相应的保育策略。近年来，不同学者针对红豆树、楠木（浙江楠和闽楠等）、赤皮青冈和南方红豆杉 4 个树种，开展了居群遗传多样性和遗传分化研究，侧重揭示天然居群的遗传多样性与居群的大小、分布和生境等关系，深入分析红豆树和南方红豆杉等天然居群的遗传交配系统及子代遗传多样性对子代生长的影响，为特色珍贵树种种质资源遗传保育和利用提供了重要理论指导。

3.1 遗传多样性和遗传分化

3.1.1 红豆树

3.1.1.1 红豆树天然居群遗传多样性

3.1.1.1.1 天然居群选择

选择位于江西资溪县、福建柘荣县和浙江龙泉市的 9 个红豆树天然居群开展其遗传多样性研究（表 3-1）。这 9 个天然居群在地理位置上明显地分为有地理隔离的 3 个小流域，即江西泸溪河流域（LXH）、福建茜洋溪流域（XYX）和浙江瓯江上游流域（OJ）。江西资溪县的 2 个居群（江西泸溪河流域）毗邻武夷山脉，隶属于信江流域，居群沿溪流呈带状分布；福建柘荣县的 4 个居群（福建茜洋溪流域）属于交溪水系的上游河段，福建东源（FJDY）、福建富溪（FJFX）和福建宅中（FJZZ）3 个居群分别位于西溪的上、中、下游，此溪流由北向南流入霞浦县，而福建楮坪（FJCP）居群则属于柳坪溪，自东南向西北流入福安县；浙江龙泉市的 3 个居群处于瓯江上游的一个小流域（浙江瓯江流域），ZJJX-1

处于锦溪支流，而 ZJJX-2 和 ZJBD 同处于桑溪支流内。于 2016 年 4 月中下旬，采集 9 个红豆树天然居群共计 193 个成株的新展嫩叶 2~3 片。根据居群的分布规模采样，居群成年植株若小于 50 株，则全部采集，若大于 50 株，集群分布的只采集其中一株。采集的叶片分单株用锡箔纸包裹，然后置于液氮罐中暂时保存，带回实验室后，置 -80℃ 超低温冰箱中备用。采样同时用 GPS 记录样株的经纬度和海拔，并测量每植株的胸径。

表 3-1　红豆树 9 个天然居群的地理分布和取样数量

代号	流域或支流	居群	所属省份	样品数（株）	经度（°）	纬度（°）	海拔（m）	平均胸径（cm）
JXMTS	芦溪河流域	马头山	江西	29（15）	117.13	27.79	200~230	40.9
JXBHQ[①]	（LXH）	保护区	江西	19（19）	107.20	27.80	300~370	13.8
FJDY		东源乡	福建	148（47）	119.95	27.20	570~690	25.9
FJFX	茜洋溪流域	富溪镇	福建	79（26）	119.94	27.19	470~490	38.1
FJCP	（XYX）	楮坪乡	福建	12（9）	119.82	27.23	690	32.1
FJZZ		宅中乡	福建	28（21）	119.82	27.14	200	31.9
ZJJX-1		锦溪镇	浙江	16（10）	119.05	29.07	270	52.8
ZJJX-2	瓯江流域	锦溪镇	浙江	12（12）	119.95	29.06	270~320	49.4
ZJBD	（OJ）	八都镇	浙江	38（34）	119.99	29.03	260~420	59.0

注：①JXBHQ 居群由于成株较少，采集所有植株；②居群内植株总数（取样株数）。

3.1.1.1.2　天然居群 SSR 位点遗传多样性分析

通过查阅文献和作者开发设计，共获得 12 对多态性较高、条带清晰且稳定的 SSR 引物，其中引物 10 为近缘种花榈木已公开发表的引物（表 3-2）。

表 3-2　红豆树 12 对 SSR 的各项指标

引物	名称	序列所含 SSR	引物序列	片段长度（bp）	退火温度（℃）
SSR1	M376410	（AAG）16	F：ATTGATTTCTGTGAAAAATGGG	160~190	52
			R：CCTTAGTGAGCTTTGGCATTAT		
SSR2	M595936	（AAT）17	F：CATATAATCCACCAATTCGAGAC	200~250	53.3
			R：CTTAAATGTCCTGCTTTTCACC		
SSR3	M29196	（AC）22	F：TCGTTCAGATCGTCTAAGCATA	210~300	53.6
			R：GCTACTGTTCATTGTAGCGGA		
SSR4	M250079	（AC）10	F：TAAATGCAACTCACTGACATAACA	130~190	52.9
			R：GCTACTGTTCATTGTAGCGGA		
SSR5	M476994	（AC）13（AT）6	F：CTGTTGGCTTAATGATTGTTCC	240~320	53
			R：TCCTCTTAATGCACTAAAAGGAG		
SSR6	M10762	（AG）20	F：AGAAGACGAAGAGGAAGAACATT	260~320	52
			R：CCAAACATAGAGGAGGGTCAA		
SSR7	M455051	（CT）19	F：CATTACATGTTTTCCCCCTTC	190~250	55

（续表）

引物	名称	序列所含SSR	引物序列	片段长度 （bp）	退火温度 （℃）
			R：GAGCAATTTTGTTTTCTCAGAG		
SSR9	M559199	（AG）17	F：AGGAAAACAACCCTTACCTCAT	190~260	50.5
			R：GGTCTGTTTTGACCATCTTCTTC		
SSR9	M564959	（TC）21c（CT）6	F：TCTCATTAACCCGAAGAATCTC	210~290	51
			R：AAGGGTTTTGTGAAAATTGATA		
SSR12	M299795	（TTC）17	F：GCTCTGACTTTTCCTCCTTC	200~330	54
			R：TTTACCCAGTTTCATGCCTA		
SSR13	M92975	（AC）13	F：CTGAGCAGAAGAGGAAGAGTGGTA	210~260	56
			R：GGTAACGGCATTATGAAACATTGA		
SSR10*	GU270312	（GA）15	F：CCTGAGTAAACGGCAAAA	200~230	51
			R：CATGAGTATCGCCTTGAA		

注：*代表花榈木已公布的SSR引物。

由表3-3可知，12对SSR引物在红豆树9个天然居群193个个体中共检测到171个等位基因，各个位点的等位基因数变化范围从9个（SSR1和SSR10）到22（SSR9）个，平均为14.250个。所有位点的多态信息含量（PIC值）介于0.756和0.888之间，平均PIC值为0.837，皆属于高度多态性位点，可用于后续的遗传多样性分析。各位点的观测杂合度（H_o）和期望杂合度（H_e）平均值分别为0.602和0.870，除个别位点外，多数位点

表3-3 9个红豆树天然居群12对SSR的遗传多样性分析

引物	N_a（个）	N_e（个）	H_o	H_e	I	PIC	F
SSR1	9	7.095	0.990	0.859	2.044	0.846	-0.152
SSR2	11	8.013	0.627	0.875	2.181	0.859	0.284
SSR3	17	9.930	0.536	0.899	2.463	0.888	0.403
SSR4	14	8.425	0.736	0.881	2.320	0.870	0.165
SSR5	12	5.449	0.281	0.816	1.859	0.786	0.656
SSR6	12	7.471	0.083	0.866	2.206	0.849	0.904
SSR7	16	9.053	0.668	0.890	2.401	0.873	0.249
SSR8	17	6.663	0.902	0.850	2.255	0.756	-0.061
SSR9	22	13.657	0.653	0.927	2.790	0.860	0.296
SSR10	9	5.290	0.461	0.811	1.821	0.874	0.431
SSR12	21	12.521	0.560	0.920	2.717	0.783	0.392
SSR13	11	6.322	0.731	0.842	1.976	0.798	0.132
均值	14.250	8.324	0.602	0.870	2.253	0.837	0.301

注：N_a为等位基因数；N_e为有效等位基因数；H_o为观测杂合度；H_e为期望杂合度；I为Shannon多样性指数；PIC为多态性信息含量；F为固定指数。下同。

的观测杂合度均小于期望杂合度，这可能与群体内存在不同程度的近交、所取样本小等有关。Shannon 多样性指数（I）变化范围为 1.821~2.790，其均值为 2.253。多数 SSR 位点（除 SSR1 和 SSR8）的固定指数均为正值，说明所选 SSR 位点处于杂合子缺失状态。

3.1.1.1.3　不同小流域天然居群的遗传多样性及遗传分化

不同流域间或同一流域内（西溪支流）红豆树天然居群遗传多样性参数均有一定差异（表 3-4），流域水平的等位基因数（$N_a = 10.92$）和有效等位基因数（$N_e = 6.14$）平均值皆高于同一流域内居群水平的平均值（$N_a = 7.06$，$N_e = 4.34$）。从 H_o、H_e 和 I 可看出：OJ 流域的遗传多样性水平最高，XYX 流域的遗传多样性水平次之，LXH 流域则最低；处于西溪支流中游的 FJFX 居群的遗传多样性最高，上、下游的 FJDY 和 FJZZ 则相对较低。从表 3-4 还可以看出，无论是流域水平还是同流域不同居群水平的 F 值均大于 0（$F = 0.135$~0.276），表明流域或居群内存在杂合子不足，其内部均存在一定程度的近交（李峰卿等，2017）。

表 3-4　红豆树不同小流域及同一小流域内不同居群的遗传多样性

居群		N（个）	N_a（个）	N_e（个）	H_o	H_e	I	F
不同小流域	LXH	34	9.50	5.274	0.576	0.796	1.852	0.276
	XYX	103	12.25	6.438	0.603	0.829	2.036	0.273
	OJ	56	11.00	6.709	0.618	0.835	2.046	0.261
同一溪流（西溪）	上游（FJDY）	47	7.250	4.100	0.560	0.723	1.565	0.215
	中游（FJFX）	26	7.417	4.910	0.712	0.771	1.703	0.135
	下游（FJZZ）	21	6.500	3.999	0.563	0.727	1.522	0.250

注：N 为取样数。

方差分析表明（表 3-5），红豆树天然居群的遗传变异主要存在于流域内（92.73%），流域间的变异只占 7.27%，流域间的遗传分化系数仅为 0.073。不同流域居群内及同一流域内上、中、下游的不同居群（FJDY、FJFX 和 FJZZ）内遗传变异所占比例分别为88.40% 和 89.66%，其居群间的遗传分化系数（F_{st}）分别为 0.116 和 0.103，均属于中等程度的遗传分化。

表 3-5　红豆树天然居群不同水平的分子方差分析

变异来源	平方和	变异组分	变异百分率（%）	遗传分化系数（F_{st}）
居群间	250.34	31.29	11.60	0.116***
居群内	1764.75	9.41	88.40	
同支流（西溪）居群间	73.65	36.82	10.34	0.103***
同支流（西溪）居群内	850.79	9.23	89.66	
3 个小流域间	103.55	51.77	7.27	0.073***

（续表）

变异来源	平方和	变异组分	变异百分率（%）	遗传分化系数（F_{st}）
3个小流域内	1911.54	10.01	92.73	
群组间	64.22	64.22	6.65	0.067 ***
群组内	1950.865	10.176	93.35	

注：*** 为在 $p<0.001$ 水平上差异显著；F_{st} 为居群间遗传分化系数。

3.1.1.1.4　不同小流域红豆树天然居群的遗传结构分析

（1）不同小流域红豆树居群的遗传距离分析

9个天然居群间的 Nei's 遗传距离（GD）和遗传一致度（GI）变化范围分别在 0.275~1.314 和 0.269~0.760，说明红豆树居群间仍存在一定程度的遗传分化（表3-6）。相关分析结果显示，红豆树居群之间的遗传距离和地理距离没有显著的线性关系（$R^2=0.024$，$p=0.285$）。9个天然居群中，浙江锦溪镇居群（ZJJX-1）与福建东源乡居群（FJDY）间的遗传距离最大，其 Nei's 遗传距离为 1.314，江西马头山居群（JXMTS）和江西保护区居群（JXBHQ）之间有较大的遗传相似性，其遗传距离为 0.275。利用 NTSYS 软件，经类平均法（UPGMA）聚类分析显示（图3-1），以 $GD=0.71$ 为阈值大致可将9个天然居群分为2大类群，其中江西泸溪河流域和福建茜洋溪流域聚为第一类群，而浙江瓯江流域单独聚为第二类群，处于同一支流的居群均优先聚在一起，如 JXMTS 与 JXBHQ，FJDY 与 FJFX，以及 ZJJX-2 与 ZJBD，表明水流在防止居群遗传分化过程中起到了重要作用。

表3-6　红豆树9个天然居群的遗传距离（GD）和遗传一致度（GI）

居群	马头山	保护区	东源乡	富溪镇	楮坪乡	宅中乡	锦溪镇	锦溪镇	八都镇
马头山		0.275	0.704	0.463	0.592	0.631	0.665	0.692	0.67
保护区	0.760		0.608	0.378	0.751	0.540	0.784	0.676	0.734
东源乡	0.495	0.545		0.318	0.627	0.618	1.314	1.042	1.085
富溪镇	0.629	0.685	0.728		0.528	0.575	0.819	0.901	0.88
楮坪乡	0.553	0.472	0.534	0.590		1.035	1.106	0.876	0.969
宅中乡	0.532	0.583	0.539	0.563	0.355		0.796	0.712	0.725
锦溪镇	0.514	0.456	0.269	0.441	0.331	0.451		0.493	0.484
锦溪镇	0.501	0.509	0.353	0.406	0.417	0.491	0.611		0.445
八都镇	0.512	0.48	0.338	0.415	0.38	0.484	0.616	0.641	

注：左下角为遗传一致度，右上角为遗传距离。

（2）红豆树天然居群的 Structure 分析

假定居群间的基因频率互不关联，应用 Structure 软件对193个个体进行遗传结构分析，根据 K 值对 ΔK 所做的曲线图，得出 $K=2$ 时最优，所研究的193个个体被重新划分为2个群组，第一群组由 LXH 和 XYX 流域组成，OJ 流域则为第二群组，这与基于 UPGMA 的聚类研究基本一致，即瓯江流域的居群与其他流域居群的遗传结构差异较大。

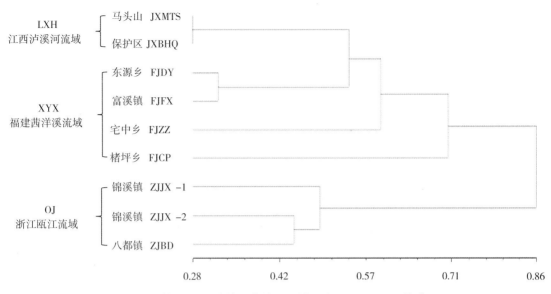

图 3-1 基于 Nei´s 遗传距离的红豆树天然居群 UPGMA 聚类图

基于个体的红豆树遗传结构估测可见（图 3-2），红豆树天然居群间存在不同程度的基因交流现象，但福建茜洋溪流域（XYX）内的 FJDY、FJFX 及浙江瓯江流域（OJ）内居群间基因渗透较少，相对独立，被明显分为 2 类，江西泸溪河流域（LXH）与 XYX、OJ 流域个体间的相互渗透或迁移则较多。参照刘丽华等（2009）的标准（Q 值 ≥0.6 视为谱系相对单一），经分析发现 178 株（91.7%）可划分到相应的群组中（其中，84 株被划分到第一群组，94 株划分到第二群组），而其余的 15 株在 2 个群组中 Q 值均小于 0.6，其中JXMTS（2 株）、JXBHQ（1 株）、FJFX（4 株）和 FJZZ（8 株），说明这些个体谱系比较复杂。

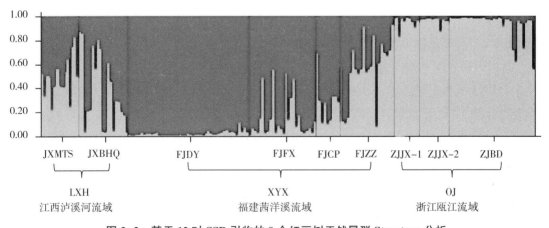

图 3-2 基于 12 对 SSR 引物的 9 个红豆树天然居群 Structure 分析

根据 Structure 的分组和 Popgene 的聚类研究进一步分析：第一群组和第二群组内的平均基因流（N_m）分别为 2.161 和 2.567，均高于物种水平的基因流（N_m=1.905），而遗传分化系数（F_{st} 分别为 0.104 和 0.089）则低于物种水平（$F_{st}=0.116$）（表 3-5）。分组水平的 AMOVA 分析也表明群组间的遗传分化系数较小，仅有 0.067（表 3-5）。

3.1.1.2 红豆树自然保留种群遗传多样性

3.1.1.2.1 种群选择

用于 DNA 提取的 5 个红豆树自然保留种群试验叶样取自浙江龙泉市锦溪镇、八都镇以及邻近的福建浦城县管厝乡和富岭镇。5 个采样种群的基本情况见表 3-7，其种群面积变化在 0.2~6.7hm²，种群大小 17~32 株，平均树高 17.9~23.5m，平均胸径 28.7~63.7cm。2007 年 4 月下旬采集每一个红豆树自然保留种群所有植株的叶样，此时红豆树嫩叶已由早春的紫红色转变为绿色。将采集的叶样放入装有生物冰袋的保温盒里，采样完毕后把装有样品的保温盒置于冰柜，并及时集中在大泡沫箱内带回实验室。

表 3-7　5 个红豆树自然保留种群基本情况

种群编号	采样地点	种群类型	海拔（m）	种群面积（hm²）	种群大小（株）	平均树高（m）	平均胸径（cm）
龙泉-1	浙江省龙泉市八都镇青山村	村口风水林，有大量毛竹入侵	300~400	6.7	32	18.1	50.3
龙泉-2	浙江省龙泉市锦溪镇岭根村	寺庙风水林，有少量楮栲类等植物	280~300	1.3	15	17.9	63.7
龙泉-3	浙江省龙泉市锦溪镇黄山头	土地庙边风水林，保持原生状态	300~350	1.3	13	20.3	53.1
浦城-1	福建省浦城县管厝乡溪南村	封育天然林，有少量毛竹入侵	580	0.7	27	21.0	28.7
浦城-2	福建省浦城县富岭镇双田村	村口风水林，有少量毛竹入侵	45	0.2	17	23.5	59.4

3.1.1.2.2 种群及物种水平的遗传多样性

所用引物为加拿大哥伦比亚大学 UBC 公司公布的第 9 套 ISSR 引物。每个种群随机选择 5 个 DNA 模板扩增筛选，从 56 个 ISSR 引物中筛选出 11 个能产生多态、清晰且可重复条带的引物，用于全部种群样株分析（表 3-8）。

表 3-8　用于检测红豆树遗传分化的引物

引物	序列（5'-3'）	退火温度（℃）	位点数（个）	多态位点数（个）
UBC 807	$(AG)_7T$	52.0	11	9
UBC 817	$(CA)_8A$	52.0	6	6
UBC 818	$(CA)_8G$	54.0	6	5
UBC 820	$(GT)_8C$	54.0	10	10
UBC 823	$(TC)_8C$	54.0	8	8

引物	序列（5′–3′）	退火温度（℃）	位点数（个）	多态位点数（个）
UBC 827	(AC)$_8$G	54.5	7	6
UBC 836	(AG)$_8$YA	53.8	8	7
UBC 848	(CA)$_8$RG	56.0	8	8
UBC 849	(GT)$_8$YA	53.8	7	7
UBC 852	(TC)$_8$RA	54.0	5	5
UBC 855	(AC)$_8$YT	53.0	6	5

注：Y=C 或 T；R=A 或 G。

利用 11 条 ISSR 引物对 5 个红豆树自然保留种群共 94 个个体进行 PCR 扩增，每条引物扩增出的位点数为 5~11 个不等，条带片段大小在 300~1800bp，共检测到 82 个位点，其中 75 个位点是多态的，物种水平的多态位点百分率（PPL）高达 91.46%（表 3-9）。统计结果表明，虽然用于研究的 5 个红豆树自然保留种群较小，但都维持较高水平的遗传多样性，种群多态位点百分率（PPL）变化在 81.71%~89.02%，平均为 86.34%；Nei′s 基因多样性（H_e）变化在 0.3498~0.3831，平均为 0.3646；Shannon 信息多样性指数（I）变化在 0.5026~0.5506，平均为 0.5255。通过比较发现，不同红豆树自然保留种群的遗传多样性还存在一定的差异，且与种群大小有关。在研究的 5 个红豆树种群中，福建浦城县管厝乡（浦城-1）和浙江龙泉市八都镇（龙泉-1）2 个种群最大，分别有 27 株和 32 株，其遗传多样性也最高，2 个种群的 Nei′s 基因多样性（H_e）分别为 0.3831 和 0.3652，Shannon 信息多样性指数（I）分别为 0.5506 和 0.5288；浙江龙泉市锦溪镇（龙泉-3）的红豆树种群最小，仅存 13 株树木，其遗传多样性最小，Nei′s 基因多样性（H_e）和 Shannon 多样性指数（I）分别为 0.3498 和 0.5026。此外，种群平均水平的各遗传多样性参数（PPL = 86.34%，H_e = 0.3646，I = 0.5255）低于物种水平（PPL = 91.46%，H_e = 0.3981，I = 0.5705）。

表 3-9　5 个红豆树种群的遗传多样性

种群	多态位点百分率（%）	Nei′s 基因多样性（H_e）	Shannon 多样性指数（I）
龙泉-1	87.80	0.3652（0.1621）	0.5288（0.2218）
龙泉-2	87.80	0.3636（0.1654）	0.5265（0.2250）
龙泉-3	81.71	0.3498（0.1866）	0.5026（0.2581）
浦城-1	89.02	0.3831（0.1569）	0.5506（0.2138）
浦城-2	85.37	0.3614（0.1811）	0.5190（0.2470）
种群水平	86.34	0.3646	0.5255
物种水平	91.46	0.3981（0.1457）	0.5705（0.1967）

注：括号内数值为标准差。

3.1.1.2.3 自然保留种群间的遗传分化

Popgene 的分析结果（表 3-10）表明，红豆树种群内总的基因多样性为 0.3985，种群内基因多样性为 0.3646，种群间的基因多样性为 0.0339，基因分化系数达到 0.0849，基因流很大，达 2.6946。红豆树原有的天然林资源很多，种群较大，现有较小的自然保留种群是在人们过度采伐利用后保留下来的树群，树龄皆在百年以上。这些较小的自然保留种群虽然呈现严重的片段化，存在较大的遗传漂变，但因片段化的时间较短，种群间未发生严重的遗传分化，仅有 8.49% 的遗传变异存在于自然保留种群间，而种群内的变异占总变异的 91.51%。

表 3-10　红豆树自然保留种群的遗传分化系数

总的种群基因多样性（H_t）	种群内基因多样性（H_s）	种群间基因多样性（D_{st}）	基因分化系数（G_{st}）	基因流（N_m）
0.3985	0.3646	0.0339	0.0849	2.6946

AMOVA 分析结果（表 3-11）显示，红豆树自然保留种群间的遗传变异较小，而种群内遗传变异显著（$p < 0.001$）。种群间遗传变异占总变异的 6.45%，种群内变异占 93.55%，与利用 Popgene 软件分析获得的结论基本一致。

表 3-11　5 个红豆树自然保留种群的 AMOVA 分析

变异来源	自由度	平方和（SD）	平均方差（MS）	变异组分	总变异百分率（%）	p
种群间	4	129.0715	32.268	0.9824	6.45	<0.001
种群内	89	1268.2370	14.249	14.250	93.55	<0.001
总计	93	1397.3085				

3.1.1.2.4 自然保留种群间的遗传距离和 UPGMA 聚类

通过估算 5 个红豆树自然保留种群间的遗传距离（表 3-12），并据此使用 UPGMA 聚类法得出树形图（图 3-3）。结果表明，浙闽 5 个红豆树自然保留种群间的 Nei´s 遗传距离都很小，地理亲缘很近，遗传距离变化在 0.0337 ~ 0.0891。其中，龙泉-1 和浦城-1 两个种群的遗传距离最近（0.0337），首先聚在一起，然后与浦城-2 种群归为一组，浦城-2 与龙泉-1 和浦城-1 种群的遗传距离分别为 0.0393 和 0.0343；其次龙泉-2 和龙泉-3 两种群的遗传距离也相对较近（0.0387），聚成另一组。在研究的 5 个种群中，龙泉-2、龙泉-3 与浦城-2 种群间的遗传距离相对较远，分别为 0.0891 和 0.0753。

表 3-12　5 个红豆树自然保留种群的 Nei´s 遗传距离

种群	龙泉-1	龙泉-2	龙泉-3	浦城-1	浦城-2
龙泉-1	0				
龙泉-2	0.0476	0			
龙泉-3	0.0518	0.0387	0		

种群	龙泉-1	龙泉-2	龙泉-3	浦城-1	浦城-2
浦城-1	0.0337	0.0436	0.0611	0	
浦城-2	0.0393	0.0891	0.0753	0.0343	0

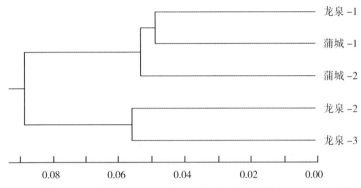

图 3-3　基于 Nei´s 遗传距离的 5 个红豆树自然保留种群 UPGMA 聚类图

3.1.1.3　红豆树优树自由授粉子代遗传多样性

3.1.1.3.1　幼树选择

采用优势木对比法进行材积评定并结合形质指标在浙江省龙泉市、江西省资溪县、福建省柘荣县和四川省内江市等地选择 77 株优树，并从中选择了当年开花并结实的 26 株代表性优树（表3-13）。所选优树树龄均大于 30 年，树高 10~20m，胸径 19.4~95.3cm。1、2、4 号和 9、10、11、12 号优树分别来自江西省资溪县马头山镇（JXMTS）和浙江省龙泉市八都镇（ZJBD）的红豆树天然居群，3、25 和 36 号为孤立木优树。当年 10—11 月，密切观察各优树种子成熟状况，于种子成熟期分别单株采种，并用网袋分装，带回实验室备用。

表 3-13　红豆树优树来源

编号	来源	编号	来源
1	江西省资溪县马头山镇	30	浙江省龙泉市
2	江西省资溪县马头山镇	36	浙江省云和县西弄村
3	江西省资溪县马头山镇	38	浙江省庆元县黄田镇
4	江西省资溪县马头山镇	39	福建省泰宁县
5	江西省广昌县尖峰乡	40	福建省泰宁县
8	浙江省龙泉市锦溪镇岭根村	42	福建省蒲城县富岭镇
9	浙江省龙泉市八都镇青山村	43	福建省松溪县
10	浙江省龙泉市八都镇青山村	51	福建省柘荣县富溪镇富溪村

（续表）

编号	来源	编号	来源
11	浙江省龙泉市八都镇青山村	54	福建省柘荣县东源乡
12	浙江省龙泉市八都镇青山村	58	福建省柘荣县富溪镇前宅村
13	浙江省龙泉市锦溪镇吴林村	75	四川省资阳市安岳县
14	浙江省龙泉市八都镇青山村	76	四川省内江市太平镇
25	浙江省龙泉市住龙镇住溪村	77	四川省内江市太平镇

3.1.1.3.2　优树子代群体的遗传多样性

利用 11 对 SSR 引物对 26 个红豆树优树家系子代群体的 765 个个体进行扩增，共检测到 184 个等位基因（表 3-14），每个位点的等位基因数（N_a）变化范围为 13~26 个，平均为 16.730 个，其中 SSR3 检测出的位点数最多，而 SSR10 和 SSR13 最少。有效等位基因数（N_e）从 5.024（SSR8）到 11.460（SSR1），平均为 7.766。观测杂合度（H_o）和期望杂合度（H_e）变化范围分别为 0.243~0.889 和 0.801~0.913，其平均值分别为 0.469 和 0.865，表明红豆树子代群体维持较高的遗传多样性水平。其中除 SSR8，其余位点的观测杂合度均小于期望杂合度，说明这些位点处于杂合子缺失状态。从表 3-14 还可以看出，不同位点的多样性参数存在一定差异，SSR1 引物的 Shannon 多样性指数（I）最高（为 2.555），SSR5 最低（为 1.860），平均为 2.236，说明各位点对群体遗传多样性的贡献不同。

表 3-14　11 个 SSR 位点的遗传多样性信息

引物	N_a（个）	N_e（个）	H_o	H_e	I	h	F_{st}	N_m
SSR1	16	11.460	0.828	0.913	2.555	0.913	0.199	1.008
SSR2	19	6.534	0.476	0.847	2.170	0.848	0.227	0.850
SSR3	26	9.069	0.243	0.890	2.463	0.890	0.286	0.625
SSR4	15	6.932	0.453	0.856	2.129	0.856	0.211	0.934
SSR5	13	5.024	0.259	0.801	1.860	0.801	0.285	0.628
SSR6	14	8.711	0.059	0.885	2.298	0.886	0.329	0.511
SSR7	18	8.897	0.505	0.888	2.430	0.888	0.246	0.766
SSR8	16	7.887	0.889	0.873	2.308	0.874	0.197	1.016
SSR9	21	8.310	0.416	0.880	2.416	0.880	0.258	0.718
SSR10	13	6.296	0.395	0.841	2.007	0.842	0.240	0.793
SSR13	13	6.309	0.631	0.841	1.961	0.842	0.094	2.397
均值	16.730	7.766	0.469	0.865	2.236	0.866	0.234	0.931

注：N_a 为等位基因数；N_e 为有效等位基因数；H_e 为期望杂合度；H_o 为观测杂合度；I 为 Shannon 多样性指数；h 为 Nei's 遗传多样性指数；F_{st} 为群体间遗传分化系数；N_m 为基因流。

3.1.1.3.3 不同红豆树优树子代家系的遗传多样性

26个优树子代家系检测到的等位基因总数差别很大，从50个（5号家系）到85个（51号家系），平均为67.77个（表3-15）。26个红豆树优树子代家系的平均等位基因数（N_a）和有效等位基因数（N_e）分别为6.185个和3.463个，N_a和N_e最高的都是51号家系（N_a = 7.727，N_e = 4.731），N_a最低的为25号家系（4.273），N_e最低的为8号家系（2.588）。

在26个子代家系群体中，观测杂合度（H_o）介于0.285~0.687，期望杂合度（H_e）为0.539~0.760，除个别家系外，绝大多数家系的观测杂合度（H_o）均小于期望杂合度（H_e），说明红豆树子代家系存在纯合子过剩现象。平均的Shannon多样性指数（I）为1.354，12号家系最高（1.643），8号家系最低（1.090）。由此可见，各遗传多样性参数在26个家系中变幅较大，说明红豆树优树子代群体多态性水平差异较大。

表3-15　26个优树子代群体的SSR遗传多样性

家系	N（个）	N_a（个）	N_e（个）	H_o	H_e	I	h	白化苗
1	52	5.364	3.660	0.442	0.674	1.359	0.690	无
2	68	6.182	3.430	0.399	0.657	1.359	0.669	无
3	55	5.000	3.135	0.333	0.629	1.214	0.640	无
4	76	6.909	4.073	0.410	0.702	1.502	0.714	无
5	50	4.545	3.026	0.449	0.610	1.150	0.620	无
8	63	5.727	2.588	0.285	0.539	1.090	0.548	无
9	64	5.818	3.502	0.482	0.668	1.341	0.679	无
10	57	5.182	3.116	0.479	0.634	1.258	0.644	无
11	62	5.636	3.402	0.518	0.660	1.320	0.672	无
12	83	7.545	4.503	0.543	0.760	1.643	0.773	无
13	61	5.545	3.031	0.461	0.607	1.210	0.617	无
14	81	7.364	3.487	0.462	0.682	1.440	0.693	无
25	47	4.273	2.822	0.339	0.630	1.147	0.640	有
30	76	6.909	4.184	0.448	0.752	1.585	0.766	无
36	62	5.636	3.163	0.448	0.619	1.224	0.630	无
38	72	6.545	3.543	0.479	0.651	1.349	0.662	无
39	58	5.273	2.856	0.439	0.621	1.205	0.632	无
40	53	4.818	2.880	0.480	0.628	1.191	0.638	无
42	60	5.455	2.769	0.406	0.589	1.160	0.599	无
43	82	7.455	3.446	0.439	0.667	1.449	0.679	无
51	85	7.727	4.731	0.563	0.741	1.640	0.754	有
54	82	7.455	4.398	0.633	0.746	1.608	0.759	有
58	76	6.909	3.857	0.442	0.725	1.535	0.737	有
75	78	7.091	3.539	0.594	0.701	1.434	0.713	无
76	75	6.818	3.455	0.511	0.657	1.355	0.668	无
77	84	7.636	3.439	0.687	0.673	1.430	0.684	无
均值	67.770	6.185	3.463	0.468	0.662	1.354	0.674	
标准差		1.056	0.556	0.088	0.054	0.164	0.055	

注：N为等位基因总数。

以期望杂合度（H_e）和 Shannon 多样性指数（I）这两个评价遗传多样性最常用的指标进行评价，12 号家系的遗传多样性水平最高，最低的是 8 号家系。将孤立木优树子代（3、25 和 36 号家系）和来自不同居群子代（1、2、4 家系来自 JXMTS 居群，9、10、11、12 家系来自 ZJBD 居群）进行对比分析时发现，JXMTS 居群（H_e 和 I 平均值分别为 0.678 和 1.407）和 ZJBD 居群子代（H_e 和 I 平均值分别为 0.680 和 1.391）遗传多样性水平较高，均显著（$p=0.032$）或极显著（$p=0.002$）高于孤立木子代的遗传多样性（H_e 和 I 平均值分别为 0.626 和 1.195），而 JXMTS 和 ZJBD 两居群子代间的遗传多样性无显著差异（$p=0.278$）。此外，子代中观测到有白化苗的家系也都保持了相对较高的遗传多样性，表明虽然这些具有白化苗的家系中出现了隐性致死基因纯合体，但其存活下来的个体多为杂合体后代。

3.1.1.3.4 优树家系间的遗传分化和亲缘关系

26 个子代群体间的遗传分化系数变化范围为 0.094～0.329，平均值为 0.234，其中 SSR6 位点的遗传分化最高，分化最低的是 SSR13，说明红豆树家系间具有较高的遗传分化水平（表 3-14）。子代间的基因流变化范围为 0.511～2.397，平均为 0.931，表明子代间的基因交流程度较低，这与 26 个红豆树优树多来自不同的天然居群有关。分子方差分析表明，红豆树优树子代群体的遗传变异主要存在于家系内（77.12%），家系间的遗传分化相对较小，仅占 22.88%（表 3-16），这与 F 统计分析结果一致。

表 3-16 优树子代群体的分子方差分析

变异来源	自由度	方差	变异组分	估计方差	变异百分率（%）
家系间	25	1702.141	1.099	1.075	22.88
家系内	1504	5546.753	3.703	1.156	77.12
总计	1529	7248.895	4.802	4.805	100.00

为进一步揭示不同红豆树优树子代间的遗传关系，计算了 26 个子代间的遗传距离（GD）及遗传一致度（GI）（表 3-17），26 个红豆树优树子代间的遗传距离在 0.180～1.988，遗传相似系数变化在 0.137～0.835。其中 8 号和 10 号家系间的遗传距离最大（$GD=1.988$），说明这两个家系的亲缘关系较远，39 号和 40 号家系的遗传距离最小，其亲缘关系最近。来自同一居群优树子代间的遗传距离也有一定差异，如 JXMTS 居群子代的遗传距离在 0.269～0.764，ZJBD 居群子代的遗传距离则在 0.540～1.064，而来自江西资溪的 4 号优树子代和来自福建柘荣的 58 号优树子代，其地理距离虽较远但其遗传距离则较小，仅为 0.415，这意味着子代间的遗传距离与其亲本间的地理距离不完全相关。优树子代间的遗传一致度则与遗传距离呈相反趋势。

基于遗传距离，用 UPGMA 法对 26 个家系构建聚类图（图 3-4），结果显示，在遗传距离为 0.97 时，26 个子代家系被分为 3 组，1、2、3、8、36、38、39、40、42、43、51、54 号 12 个家系聚为第 I 组，包括江西、福建家系及个别浙江家系；4、5、9、10、11、12、13、14、25、30、58 号 11 个家系聚为第 II 组，主要由浙江龙泉家系组成，四川的 3

表3-17 26个红豆树优树家系的遗传距离和遗传一致度

家系	1	2	3	4	5	8	9	10	12	13	30	36	39	40	75	77	11	76	38	42	43	54	51	25	58	14
1		0.764	0.339	0.497	0.331	0.455	0.418	0.329	0.483	0.383	0.380	0.405	0.353	0.358	0.276	0.299	0.380	0.257	0.530	0.251	0.417	0.531	0.536	0.577	0.482	0.348
2	0.269		0.450	0.466	0.364	0.452	0.335	0.329	0.452	0.355	0.384	0.463	0.364	0.364	0.373	0.352	0.354	0.406	0.454	0.327	0.386	0.478	0.547	0.374	0.385	0.355
3	1.080	0.798		0.485	0.528	0.299	0.300	0.331	0.452	0.426	0.382	0.375	0.312	0.346	0.297	0.221	0.211	0.380	0.364	0.412	0.419	0.448	0.472	0.180	0.389	0.379
4	0.699	0.764	0.723		0.253	0.253	0.428	0.604	0.554	0.557	0.567	0.496	0.349	0.365	0.379	0.296	0.389	0.437	0.356	0.375	0.419	0.427	0.428	0.502	0.660	0.553
5	1.107	1.009	1.209	0.639		0.167	0.420	0.454	0.491	0.411	0.495	0.305	0.226	0.268	0.295	0.312	0.268	0.290	0.210	0.225	0.323	0.269	0.337	0.372	0.335	0.269
8	0.787	0.794	1.206	1.376	1.134		0.322	0.420	0.375	0.266	0.260	0.447	0.455	0.496	0.292	0.293	0.298	0.250	0.457	0.343	0.343	0.459	0.371	0.224	0.232	0.239
9	0.872	1.094	1.205	0.848	0.789	1.064		0.137	0.583	0.392	0.472	0.278	0.379	0.418	0.374	0.466	0.506	0.275	0.369	0.165	0.417	0.295	0.315	0.374	0.345	0.336
10	1.112	1.113	1.106	0.504	0.711	0.936	0.639		0.517	0.520	0.678	0.322	0.311	0.308	0.365	0.233	0.489	0.438	0.267	0.247	0.459	0.290	0.335	0.257	0.508	0.326
12	0.727	0.794	0.793	0.590	0.704	1.322	0.682	0.659		0.426	0.614	0.354	0.298	0.352	0.413	0.341	0.543	0.476	0.520	0.403	0.379	0.523	0.586	0.376	0.468	0.386
13	0.959	1.035	0.854	0.585	0.869	1.347	0.969	0.654	0.853		0.518	0.322	0.255	0.248	0.385	0.224	0.377	0.399	0.278	0.217	0.400	0.392	0.396	0.259	0.492	0.314
30	0.967	0.957	0.963	0.568	1.189	0.750	0.873	0.389	0.518	0.657		0.418	0.396	0.380	0.380	0.386	0.443	0.391	0.400	0.343	0.538	0.372	0.395	0.364	0.575	0.518
36	0.904	0.771	0.981	0.701	1.485	0.804	0.985	1.132	1.038	1.135	0.872		0.537	0.601	0.233	0.195	0.274	0.153	0.391	0.382	0.455	0.408	0.369	0.206	0.334	0.432
39	1.028	1.011	1.166	1.052	1.318	0.788	0.763	1.167	1.209	1.366	0.927	0.537		0.537	0.341	0.359	0.286	0.241	0.415	0.402	0.461	0.405	0.414	0.210	0.374	0.237
40	1.042	1.011	1.063	1.007	1.222	0.788	1.212	1.178	1.044	1.395	0.969	0.601	0.835		0.346	0.301	0.311	0.241	0.412	0.445	0.430	0.406	0.404	0.138	0.346	0.295
75	1.286	0.986	1.215	0.969	1.164	0.700	1.290	1.008	0.885	0.954	0.967	1.459	1.077	1.060		0.730	0.431	0.619	0.295	0.334	0.430	0.378	0.451	0.280	0.438	0.362
77	1.206	1.043	1.509	1.217	1.316	0.876	0.996	1.458	1.076	1.497	0.951	1.633	1.025	1.201	0.315		0.323	0.389	0.184	0.140	0.436	0.269	0.361	0.270	0.376	0.313
11	0.966	1.038	1.557	0.944	1.238	1.212	1.321	0.716	0.610	0.975	0.814	1.296	1.253	1.168	0.841	1.129		0.361	0.349	0.236	0.406	0.429	0.360	0.339	0.374	0.314
76	1.358	0.966	0.967	0.829	0.782	0.779	1.399	0.682	0.743	0.919	0.940	1.876	1.422	1.423	0.479	0.944	1.030		0.357	0.375	0.459	0.296	0.381	0.247	0.399	0.303
38	0.635	0.902	1.011	1.033	1.070	0.992	0.971	1.321	0.653	1.279	0.916	0.938	0.878	0.888	1.219	1.692	1.052	1.030		0.510	0.320	0.547	0.468	0.414	0.430	0.289
42	1.380	0.789	0.886	0.981	0.876	1.496	0.917	1.399	0.908	1.526	1.071	0.963	0.913	0.809	1.098	1.965	1.445	0.982	0.673		0.383	0.507	0.428	0.225	0.325	0.369
43	0.874	1.119	0.870	0.640	1.131	0.876	1.063	0.917	0.620	0.788	0.775	0.845	0.831	0.958	0.778	1.141	0.959	0.880	0.972	0.927		0.529	0.532	0.338	0.505	0.481
54	0.632	0.953	0.802	0.850	0.990	1.460	0.984	0.984	0.649	0.935	0.990	0.896	0.903	0.902	0.974	1.314	0.847	1.219	0.603	0.680	0.396		0.799	0.355	0.423	0.365
51	0.623	0.739	0.752	0.849	0.990	1.460	1.063	1.094	0.535	0.927	0.929	0.997	0.881	0.907	0.796	1.023	1.018	0.964	0.631	0.848	0.631	0.637		0.363	0.484	0.382
25	0.550	0.604	0.943	0.689	1.094	1.352	1.011	0.984	0.990	1.359	0.678	1.063	1.122	1.062	0.826	0.979	1.023	0.964	1.493	1.125	0.683	0.860	0.725		0.660	0.385
58	0.729	0.954	0.943	0.415	1.094	1.460	1.063	0.678	0.759	0.710	0.554	1.096	0.985	1.062	0.826	0.979	0.983	0.919	1.399	1.125	0.683	0.860	0.725	0.416		0.630
14	1.056	1.035	0.970	0.593	1.314	1.433	1.091	1.122	0.951	1.157	0.658	0.838	1.439	1.221	1.017	1.160	1.157	1.193	1.242	0.998	0.731	1.007	0.963	0.954	0.462	

注：上三角为遗传一致度，下三角为遗传距离。

个家系（75、76、77）聚为第 III 组。当取阈值为 0.80 时，第 I 组和第 II 组又分别被划分为 3 个和 2 个亚组。第 I 组第 i 亚组（包括 1、2、3、43、51 和 54）先与第 ii 亚组（包括 38、42）聚在一起，然后再与第 iii 亚组（包括 8、36、39 和 40）聚在一起；第 II 组第 i 亚组包括 4、14、25 和 58 号家系，而第 ii 亚组包括 5、9、10、11、12、13 和 30 号计 7 个家系。

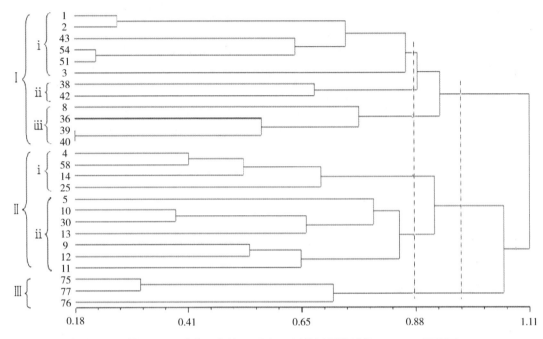

图 3-4　基于 Nei´s 遗传距离的 26 个红豆树优树子代群体 UPGMA 聚类图

3.1.1.3.5　优树子代遗传多样性与其种子和生长性状的相关性

为解释子代遗传多样性是否与种子性状有关，以及是否影响子代的生长，对红豆树优树家系子代遗传多样性参数与种子、生长性状进行了相关性分析（表 3-18），结果表明，遗传多样性参数与种子、生长性状存在一定的相关性。N_a、H_o 和 I 3 个遗传多样性参数均与播种后 7 个月的苗高呈显著正相关，相关系数为 0.394~0.512，但与播种后 1 个月的苗

表 3-18　红豆树优树子代遗传多样性参数与种子性状、子代生长性状的相关性分析

遗传多样性参数	SL	SW	ST	SL/SW	HSW	播种后 1 个月	播种后 7 个月	
						H	H	GD
N_a	0.272	0.153	0.393*	0.201	0.385*	0.065	0.394*	0.153
H_o	0.26	0.16	0.527*	0.192	0.401*	0.13	0.521*	0.131
H_e	0.329	0.098	0.285	0.333	0.242	-0.025	0.352	0.235
I	0.304	0.098	0.285	0.318	0.256	0.049	0.378*	0.242

注：SL 为种长；SW 为种宽；ST 为种厚；SL/SW 为种子长宽比；HSW 为百粒重；H 为苗高；GD 为地径；N_a 为等位基因数；H_o 为观测杂合度；H_e 为期望杂合度；I 为 Shannon 多样性指数；* 为在 0.05 水平上差异显著。

高呈微弱正相关，可能与种子萌发阶段受母本效应明显有关，随着子代幼苗的生长，其遗传差异逐步凸显出来，遗传多样性水平越高，其苗高生长量也较大；N_a 和 H_o 与种厚、百粒重呈显著正相关，相关系数在 0.385~0.527，这意味着种子越大、越饱满，其遗传多样性就越高。可见，子代遗传多样性与种子性状、子代播种后后期苗高关系密切。

3.1.2 楠木

3.1.2.1 浙江楠群体遗传多样性

3.1.2.1.1 浙江楠居群选择

选择的浙江楠居群来自浙江鄞州（YZ）、德兴（DX）、开化（KH）、临安天目山（TM）和杭州西湖（XH）。浙江杭州西湖（XH）群体为西湖景区九溪的溪沟南侧山坡，为次生林。该群体地处景区，后期保护措施严格，已发育为近乎浙江楠纯林的常绿阔叶林。林内的浙江楠从小苗、小树、幼树至胸径 50.0cm 左右的成年个体有数万株，所有个体呈集中分布模式。调查共采集了彼此间隔 30m 以上，胸径为 12.5~48.8cm 的植株 66 个（表3-19）。

浙江临安天目山（TM）群体位于天目山国家级自然保护区范围内的禅源寺附近，为 5 株人工起源的古树及其大量子代个体组成的群体。5 株古树集中分布在面积约 80m² 的平地上；距离古树 100m 的西侧山坡上集中分布着 20 余株胸径为 10.0cm 左右的幼年个体；距离古树 500m 范围内的南侧平地上分布着大量的幼苗、小树到胸径 10.0cm 左右的幼树，但以幼苗为最多、小树其次，幼树较少；距离古树 300m 且位于其北侧有零星的幼苗和小树。在对整个群体进行充分实地调查后，采样单株确定为 5 株古树、西侧 20 株胸径 10.0cm 的中径级个体、南侧 18 株胸径 2.0cm 以上彼此间隔 30m 以上的个体、4 株北侧的幼苗和小树个体，总计样本量 47 个。

表 3-19 浙江楠 5 个群体的基本信息

群体	代码	经度（°）	纬度（°）	海拔（m）	径级	样本量（个）	胸径（cm）	平均胸径（cm）
浙江杭州西湖	XH	120.06	30.12	135	大径级	19	31.6~48.8	40.0
					中径级	29	20.0~29.8	25.5
					小径级	18	8.5~19.2	14.2
浙江临安天目山	TM	119.26	30.19	355	大径级	5	38.8~71.7	51.7
					中径级	20	10.2~22.3	13.7
					小径级	22	1.1~9.6	5.1
浙江开化	KH	118.22	29.23	371	大径级	9	90.1~147.0	104.5
					中径级	19	51.2~87.3	70.2
					小径级	19	14.1~40.5	24.7
浙江鄞州	YZ	121.47	29.47	280	—	26	5.1~71.1	13.93
江西德兴	DX	117.42	28.57	197	—	31	3.6~34.4	17.70

浙江开化（KH）群体为古树群体，最大单株的树龄约 900 年，该群体规模最初有 100 余亩、大树 1000 株以上，屡次被破坏后残余 12 亩 100 余株，其中挂牌古树名木 46 株。乔木层中浙江楠为优势种，偶尔伴有枫香、苦槠等。采集了胸径 100cm 以上的古树个体 9 株、50~100cm 的个体 19 株及 10~50cm 的个体 19 株。

浙江鄞州（YZ）群体位于天童林场内天童寺附近，最大个体（胸径 71.1cm）位于寺庙前的平地。在最大单株 100m 范围内主要为幼苗、小树和幼树等个体几百株，在平地西侧 600m 范围内山坡上零星分布着少量的小树和大树。采集了最大植株 1 株、最大植株周围胸径 5.1~19.6cm 的个体 22 株及山坡上零星分布的胸径为 14.2~46.9cm 的植株 3 株，共计样本量 26 个。

江西德兴（DX）群体位于国有林场内的溪沟两侧，为天然次生林，分布较为集中，个体数较多，采集了胸径 3.6~34.4cm 的个体 31 株。

3.1.2.1.2 浙江楠 SSR 引物多态性分析

对浙江楠 5 个群体共 217 个个体进行了 PCR 扩增，引物数据计算结果见表 3-20。23 对 SSR 引物在浙江楠物种水平上共扩增出 262 个等位基因；观测等位基因数（N_a）最少的是 ph_SSR20 引物的 2 个，最多的是 ph_SSR16 引物的 20 个，平均每对引物扩增的等位基因数（N_a）为 11.39 个；有效等位基因数（N_e）介于 1.267 个（ph_SSR20）和 14.414 个（ph_SSR16）之间，平均有效等位基因数（N_e）为 5.603 个。Nei's 多样性指数（H）与 Shannon 多样性指数（I）在不同引物位点间的变化趋势基本一致。Nei's 多样性指数（H）为 0.211（ph_SSR20）~0.931（ph_SSR16），平均 Nei's 多样性指数为 0.745；Shannon 多样性指数（I）为 0.367（ph_SSR20）~2.786（ph_SSR16），平均 Shannon 多样性指数为 1.804。其中，ph_SSR 10~ph_SSR 16 共 7 对引物的 Nei's 多样性指数（H）、Shannon 多样性指数（I）、多态信息含量（PIC）分别达到了 0.850、2.000、0.8000 以上，说明这 7 对引物能揭示出较为丰富的浙江楠群体遗传多样性信息。观测杂合度（H_o）从 ph_SSR20 和 ph_SSR22 引物的 0.000 到 ph_SSR3 引物的 0.866，平均观测杂合度（H_o）为 0.328；各引物的期望杂合度（H_e）大多普遍的高于其相应的观测杂合度（H_o），平均的期望杂合度（H_e）为 0.747，为平均观测杂合度（H_o）的 1.28 倍。对 23 个位点的哈迪温伯格平衡情况（HW）进行检验，结果表明 23 个 SSR 位点均显著偏离了哈迪温伯格平衡。

表 3-20　23 对 SSR 引物遗传多样性参数

SSR 引物	样本量（个）	N_a（个）	N_e（个）	H	I	H_o	H_e	PIC	HW
ph_SSR1	217	9	4.162	0.760	1.694	0.124	0.762	0.7305	**
ph_SSR2	217	7	3.032	0.670	1.341	0.664	0.672	0.6223	**
ph_SSR3	217	8	3.805	0.737	1.515	0.866	0.739	0.6944	**
ph_SSR4	217	11	2.580	0.612	1.398	0.350	0.614	0.5840	**
ph_SSR5	217	10	2.971	0.663	1.398	0.101	0.665	0.6130	**

（续表）

SSR 引物	样本量 （个）	N_a （个）	N_e （个）	H	I	H_o	H_e	PIC	HW
ph_SSR6	217	9	4.990	0.800	1.776	0.677	0.801	0.7722	**
ph_SSR7	217	11	3.389	0.705	1.631	0.101	0.707	0.6772	**
ph_SSR8	217	8	1.881	0.468	1.036	0.184	0.470	0.4462	**
ph_SSR9	217	16	4.866	0.795	2.059	0.005	0.796	0.7790	**
ph_SSR10	217	18	9.682	0.897	2.546	0.037	0.899	0.8887	**
ph_SSR11	217	19	10.875	0.908	2.672	0.254	0.910	0.9023	**
ph_SSR12	217	19	8.268	0.879	2.466	0.157	0.881	0.8699	**
ph_SSR13	217	16	10.726	0.907	2.531	0.111	0.909	0.8996	**
ph_SSR14	217	13	6.796	0.853	2.132	0.138	0.855	0.8370	**
ph_SSR15	217	18	9.753	0.898	2.544	0.138	0.900	0.8894	**
ph_SSR16	217	20	14.414	0.931	2.786	0.189	0.933	0.9262	**
ph_SSR17	217	8	4.415	0.774	1.649	0.802	0.775	0.7410	**
ph_SSR18	217	8	4.406	0.773	1.729	0.438	0.775	0.7474	**
ph_SSR19	217	6	4.813	0.792	1.644	0.599	0.794	0.7597	**
ph_SSR20	217	2	1.267	0.211	0.367	0.000	0.211	0.1886	**
ph_SSR21	217	11	4.310	0.768	1.710	0.742	0.770	0.7371	**
ph_SSR22	217	3	2.094	0.522	0.895	0.000	0.524	0.4652	**
ph_SSR23	217	12	5.384	0.814	1.972	0.862	0.816	0.7959	**
平均		11.39	5.603	0.745	1.804	0.328	0.747	0.7203	

3.1.2.1.3 浙江楠群体遗传多样性分析

（1）群体等位基因分布

对浙江楠 5 个群体的 217 个个体在 23 个 SSR 位点的扩增结果进行统计（图 3-5），结果显示：不同群体的观测等位基因数（N_a）总数为 118~176 个，其中临安天目山（TM）、开化（KH）和西湖（XH）群体的观测等位基因数（N_a）较多，分别为 176、163 和 155 个；而德兴（DX）和鄞州（YZ）群体的观测等位基因数（N_a）较少，分别为 133、118 个，说明临安天目山（TM）群体拥有丰富的遗传信息。此外，5 个浙江楠群体在 23 个位点的观测等位基因数（N_a）存在较大差异，其中 ph_SSR16 引物在西湖（XH）群体中的观测等位基因数（N_a）最多，达到 18 个，临安天目山（TM）群体和鄞州（YZ）群体中分别为 14、13 个，而在德兴 DX 群体中仅有 7 个。ph_SSR13 引物在 5 个群体中的观测等位基因数（N_a）都达到了 10 个以上。

（2）遗传多样性在群体间的差异

为探究浙江楠 5 个群体的遗传多样性差异，对各群体遗传参数进行分析（表 3-21）。总体来看，临安天目山（TM）群体虽由 5 株大树及其不同径级世代的小树组成，其遗传

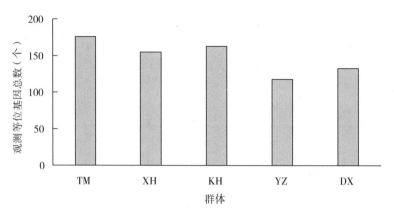

图 3-5 浙江楠不同群体的观测等位基因总数

多样性与开化（KH）群体同样处于较高水平，其 Shannon 多样性指数（I）、Nei´s 多样性指数（H）和期望杂合度（H_e）均高于其余 4 个群体，表明 5 株大树并不一定是小树的唯一亲本。鄞州（YZ）群体规模较小，遗传多样性最低，其 Shannon 多样性指数（$I=0.9984$）、Nei´s 多样性指数（$H=0.4849$）和期望杂合度（$H_e=0.4944$）均低于其余 4 个群体。

西湖（XH）、鄞州（YZ）群体的观测杂合度（H_o）分别为 0.3794、0.3712，高于群体均值的 0.3206；开化（KH）、临安天目山（TM）和德兴（DX）3 个群体的观测杂合度（H_o）则仅与群体均值相当或低于群体均值。各群体的期望杂合度（H_e）与观测杂合度（H_o）呈相反趋势，群体规模最大且样本量最多的西湖（XH）、规模较小的鄞州（YZ）群体的期望杂合度（H_e）均低于群体均值 0.5598，且与观测杂合度（H_o）差距较小，说明相对于其他 3 个群体受人为干扰较小；而开化（KH）、临安天目山（TM）和德兴（DX）3 个群体的期望杂合度（H_e）高于群体均值，且与观测杂合度（H_o）差距较大，说明相对于西湖（XH）、鄞州（YZ）群体受人为干扰较大。整体来看，各群体的观测杂合度（H_o）都小于期望杂合度（H_e），说明群体内杂合子的数量偏少。

F 为固定指数或近交系数，当 $F>0$ 时，F 值越大，表明纯合子比例越高；反之，则杂合子比例越高。5 个浙江楠群体的固定指数（F）均值为 0.4272，表明各群体纯合子比例

表 3-21 浙江楠 5 个群体的遗传多样性

群体	样本量（个）	N_a（个）	N_e（个）	I	H	H_o	H_e	F
DX	31	5.7826	3.6129	1.2539	0.5859	0.2272	0.5955	0.6184
KH	47	7.0870	4.0389	1.3292	0.5989	0.3228	0.6054	0.4667
TM	47	7.6522	3.7504	1.3395	0.5860	0.3025	0.5923	0.4892
XH	66	6.7391	3.2132	1.1021	0.5078	0.3794	0.5116	0.2584
YZ	26	5.1304	2.7367	0.9984	0.4849	0.3712	0.4944	0.2491
平均		6.4782	3.4704	1.2046	0.5527	0.3206	0.5598	0.4272

多于哈迪温伯格平衡的理论值，可能存在较高程度的近交；西湖（XH）、鄞州（YZ）群体的固定指数分别为较小的 0.2584 和 0.2491，而开化（KH）、临安天目山（TM）和德兴（DX）的固定指数较高，可能存在更高程度的近交。

（3）遗传多样性在不同世代间的变化

浙江楠 5 个群体中开化（KH）群体规模比较大，以成年植株、胸径 50cm 以上的大树为主构成。综合浙江楠的树龄和胸径因素，将开化（KH）群体细分为胸径 ≥90.0cm 的 KH-1 群体（90.1~147.0cm）、50cm≤胸径<90.0cm 的 KH-2 群体（51.2~87.3cm）和胸径<50cm 的 KH-3 群体（14.1~40.5cm）3 个不同的径级世代群体，其平均胸径分别为 104.5cm、70.2cm 和 24.7cm。根据临安天目山（TM）群体的树龄和自身径级组成，将其分为胸径>30.0cm 的 TM-1 群体（38.8~71.7cm）、10.0cm<胸径<30.0cm 的 TM-2 群体（10.2~22.3cm）和胸径<10.0cm 的 TM-3 群体（1.1~9.6cm），不同径级群体平均胸径分别为 51.7cm、13.7cm 和 5.1cm。基于杭州西湖（XH）群体大，根据其径级组成，将其分为胸径>30.0cm 的 XH-1 群体（31.6~48.8cm）、20.0cm≤胸径<30cm 的 XH-2 群体（20.0~29.8cm）和胸径<20.0cm 的 XH-3 群体（8.5~19.2cm），不同径级群体平均胸径分别为 40.0cm、25.5cm 和 14.2cm。

由表 3-22 可知，随着 3 个群体中世代的增加和径级的减小，各自的有效等位基因数（N_e）均不同程度的增大，其中开化（KH）和临安天目山（TM）群体分别由 KH-1 的 3.0255 个增大到 KH-3 的 3.8278 个、TM-1 的 2.6423 个增大到 TM-3 的 3.3931 个；西湖（XH）群体仅由 XH-1 的 2.8363 个增大到 XH-3 的 3.0919 个，增加幅度较小。Shannon 多样性指数（I）和 Nei's 多样性指数（H）均在 3 个群体的不同世代中保持增大的趋势，其中 XH-1、XH-2 两个世代间小幅波动。期望杂合度（H_e）是衡量群体遗传多样性大小的重要指标之一，开化（KH）群体由大到小的 3 个世代间依次为 0.5911、0.5931 和 0.6057，仅增加了 0.0146，说明该群体能保持着自身较高的遗传多样性水平。西湖（XH）群体的期望杂合度（H_e）由 XH-1 的 0.4830 增大到 XH-2 的 0.5188，之后便保持在 0.51 左右的水平（XH-3 为 0.5103）。在临安天目山（TM）群体中，即使 TM-1 的期望杂合度（H_e）为较高的 0.5816，到 TM-2 世代降低到了 0.5682；但观测等位基因数（N_a）从 TM-1 至 TM-3 却有明显的增加，进一步说明 TM-2 和 TM-3 群体的形成，除了 TM-1 的贡献，还存在其他基因来源。总体而言，随着 3 个群体世代的增加，群体内个体数也逐步增多，各世代间的遗传多样性可以得到延续。

表 3-22　不同径级群体的遗传多样性

群体	样本量（个）	平均胸径（cm）	胸径范围（cm）	N_a（个）	N_e（个）	I	H	H_o	H_e
KH-1	9	104.5	90.1~147.0	4.1739	3.0255	1.0859	0.5615	0.3130	0.5911
KH-2	19	70.2	51.2~87.3	5.3478	3.5241	1.2012	0.5776	0.3527	0.5931
KH-3	19	24.7	14.1~40.5	5.4348	3.8278	1.2427	0.5898	0.2998	0.6057

群体	样本量（个）	平均胸径（cm）	胸径范围（cm）	N_a（个）	N_e（个）	I	H	H_o	H_e
TM-1	5	51.7	38.8~71.7	3.2609	2.6423	0.9498	0.5235	0.2348	0.5816
TM-2	20	13.7	10.2~22.3	4.9130	3.1265	1.1320	0.5504	0.3370	0.5682
TM-3	22	5.1	1.1~9.6	5.3478	3.3931	1.1973	0.5688	0.2935	0.5834
XH-1	19	40.0	31.6~48.8	4.5217	2.8363	0.9503	0.4703	0.3753	0.4830
XH-2	29	25.5	20.0~29.8	5.6522	2.9838	1.0700	0.5099	0.3793	0.5188
XH-3	18	14.2	8.5~19.2	4.6087	3.0919	1.0036	0.4961	0.3841	0.5103

3.1.2.1.4 浙江楠群体遗传分化

（1）群体间遗传分化

浙江楠 5 个群体间的遗传分化系（F_{st}）数矩阵见表 3-23，其中鄞州（YZ）群体与其他 4 个群体之间的遗传分化系数均较大，为 0.334~0.383，均在 0.300 以上，达到了极显著水平。群体间遗传分化的最大值出现在鄞州（YZ）与德兴（DX）群体间的 0.383、鄞州（YZ）与西湖（XH）群体间的 0.382；西湖（XH）与德兴（DX）群体间、西湖（XH）与开化（KH）群体间的遗传分化系数分别为 0.350、0.335，也处于较高水平；而西湖（XH）与临安天目山（TM）群体间的遗传分化系数仅为 0.081，为所有群体间分化系数的最低值，说明 2 个群体间的遗传差异较小。F_{st} 用于评价群体遗传分化程度，一般 0.05<F_{st}<0.15 代表中等分化，0.25<F_{st}<1.00 代表极高度分化。浙江楠物种水平的 F_{st} 为 0.2707，表明群体间存在着中等及极高水平的遗传分化。

表 3-23 浙江楠群体间遗传分化

群体	DX	KH	TM	YZ	XH
DX	0.000				
KH	0.266 **	0.000			
TM	0.290 **	0.290 **	0.000		
YZ	0.383 **	0.346 **	0.334 **	0.000	
XH	0.350 **	0.335 **	0.081 **	0.382 **	0.000

注：** 表示达极显著水平。

（2）分子方差分析

基于 SSR 标记对 5 个浙江楠群体的分子方差结果显示（表 3-24），浙江楠 62.7% 的遗传变异存在于群体内，遗传变异以群体内为主；但仍有 37.3% 的遗传变异存在于群体间，表明群体间存在一定程度的遗传分化。

表 3-24　基于 SSR 标记的分子方差检验

变异来源	自由度	平方和	方差分量	变异百分率（%）
群体间	4	1918.429	10.917	37.3
群体内	212	3882.654	18.314	62.7
合计	216	5801.083	29.231	100.0

（3）群体间遗传距离

对群体间的 Nei´s 遗传距离和遗传一致度进行分析（表 3-25），结果显示，临安天目山（TM）和西湖（XH）群体间遗传一致度达 0.8865，其余群体间的遗传一致度均小于 0.4500。相应地，临安天目山（TM）与西湖（XH）群体的遗传距离较小为 0.1205，处于较近的亲缘关系；其余的遗传距离均在 1.0 左右。其中，德兴（DX）与鄞州（YZ）群体的遗传距离达到了 1.4618，说明这两个群体间的遗传分化较大。

表 3-25　基于 SSR 标记的群体间遗传距离和遗传一致度

群体	DX	KH	TM	XH	YZ
DX		0.4350	0.3842	0.3432	0.2318
KH	0.8323		0.3776	0.3671	0.3219
TM	0.9567	0.9739		0.8865	0.3731
XH	1.0696	1.0022	0.1205		0.3626
YZ	1.4618	1.1334	0.9860	1.0143	

注：左下角为遗传距离，右上角为遗传一致度。

（4）Mantel 检验

为探究浙江楠群体间遗传距离和地理距离间的相关性，对 Nei´s 标准遗传距离与地理距离进行了 Mantel 检验，结果表明，二者间呈极显著正相关（$r = 0.8024$，$p < 0.01$），说明群体间的遗传距离会随着地理距离的增加而增大。同时，浙江楠群体遗传距离与地理距离间的相关系数大于闽楠群体间的相关系数（$r = 0.5442$），表明浙江楠群体间线性相关的程度更强。浙江楠的分布范围远小于闽楠，浙江楠群体间的地理距离更多是受其地理距离的影响，而闽楠除受地理距离影响外还可能与各群体间气候、生态因子间更大的异质性有关。

（5）遗传多样性与地理气候因子相关性

各群体遗传多样性与地理气候因子间的相关性分析结果显示（表 3-26），浙江楠群体的 Nei´s 多样性指数（H）、期望杂合度（H_e）等遗传多样性指数与经度呈显著负相关，即随着经度的增加，其遗传多样性水平具有逐渐减小的趋势。此外，有效等位基因数（N_e）、Shannon 多样性指数（I）、观测杂合度（H_o）与经度间也呈负相关，相关系数分别为 -0.8372、-0.8032 和 0.8464，但未达到显著性水平。

表 3-26　群体遗传多样性和地理气候因子间相关系数

指标	经度	纬度	海拔	年均温	年降水量
N_a	-0.3311	0.5494	0.3973	-0.2602	-0.2360
N_e	-0.8372	-0.1695	0.4784	-0.2150	0.4795
I	-0.8032	-0.1093	0.5326	-0.3514	0.3694
H	-0.8910*	-0.3290	0.4930	-0.2955	0.5574
H_o	0.8464	0.6604	-0.0776	0.0547	-0.6395
H_e	-0.8930*	-0.3626	0.4993	-0.3081	0.5785

（6）瓶颈效应

利用 Bottleneck 软件对 5 个浙江楠群体进行瓶颈效应检验（表 3-27），发现临安天目山（TM）和西湖（XH）群体达到显著水平（$p<0.05$），其余 3 个群体均未达到显著水平。该结果表明，临安天目山（TM）和西湖（XH）群体经历过瓶颈效应，这 2 个群体可能是在瓶颈效应事件的基础上而发展成的新群体。

表 3-27　群体瓶颈效应检验

群体	两相突变模型 TPM
DX	0.546
KH	0.142
TM	0.046*
XH	0.033*
YZ	0.495

注：* 表示在 0.05 水平上差异显著。

3.1.2.1.5　浙江楠群体遗传结构

（1）Structure 群体聚类分析

利用 Structure 软件分析浙江楠不同群体的共祖关系，群体的 K 值与 ΔK 值的关系符合一般规律，在模型中，ΔK 值取最大值时，对应最佳 K 值为 2，表明基于 SSR 标记推测出的最佳祖先模型为 $K=2$ 时对应的各群体的遗传组成情况。

当 $K=2$ 时（图 3-6），西部的德兴（DX）、开化（KH）两个群体的绝大部分遗传信息表现出来源于同一个祖先群体；群体规模较大的西湖（XH）群体及其邻近的临安天目山（TM）群体的大部分遗传信息则表现出来源于另一个祖先群体；而最东部的鄞州（YZ）群体的遗传信息表现为来源于上述 2 个祖先群体，且大部分来自与其地理距离更远的德兴（DX）和开化（KH）群体，小部分来自与其地理距离更近的西湖（XH）、临安天目山（TM）群体。

当 $K=3$ 时，西湖（XH）群体几乎全部的遗传信息及临安天目山（TM）群体的大部分遗传信息均来自同一个祖先群体；德兴（DX）、开化（KH）两个群体的大部分遗传信息均来自另外的一个祖先群体；鄞州（YZ）群体的大部分遗传信息均来自第三个祖先群体。除了西湖（XH）群体遗传信息表现出较为单一的来源，其余 4 个群体间遗传信息均存在一定的交流。

当 $K=4$ 时，德兴（DX）、开化（KH）和鄞州（YZ）3 个群体出现了明显的遗传分化，即 3 个群体的大部分遗传信息表现出不同的祖先群体起源；而临安天目山（TM）群体和西湖（XH）群体的绝大部分遗传信息仍然表现出相似的祖先起源，其中临安天目山（TM）群体内表现出一定的遗传分化，即一部分遗传信息的起源与德兴（DX）群体具有一定关系。

当 $K=5$ 时，5 个浙江楠群体间均产生了明显的遗传分化，各群体的绝大部分遗传信息的起源群体各不相同。其中，临安天目山（TM）群体和西湖（XH）群体、德兴（DX）群体和开化（KH）群体的部分遗传信息表现出相似的来源。

总体而言，浙江楠分布区虽然相对狭窄，但由于生境片段化和分布的不连续性，各群体间的遗传分化程度较为明显，同时群体间也有一定程度的基因交流。

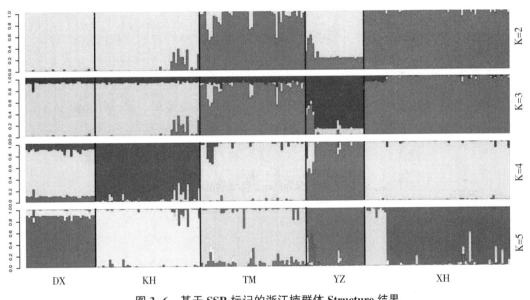

图 3-6　基于 SSR 标记的浙江楠群体 Structure 结果

（2）主坐标分析

基于 SSR 标记对 5 个浙江楠群体的 217 个个体进行了主坐标分析，结果显示（图 3-7），5 个群体明显分为了 3 组。西湖（XH）群体和临安天目山（TM）群体具有较近的亲缘关系，聚为一组；地理距离较为接近的德兴（DX）和开化（KH）两个群体聚为一组；来自浙江楠分布区最东部的鄞州（YZ）群体单独聚为一组。整体来看，西湖（XH）群体的个体数量有 66 个，为 5 个群体中最多的，但其所有个体聚类程度最为集中，说明其群体内的遗传差异较小；临安天目山（TM）群体是由 5 株古树及其子代组成的群体，大部分个体聚类明显，其中的 TM4 和 TM5 为该群体内的 5 株古树之一，这两个个体与群体内其他个体间存在一定的遗传差异。

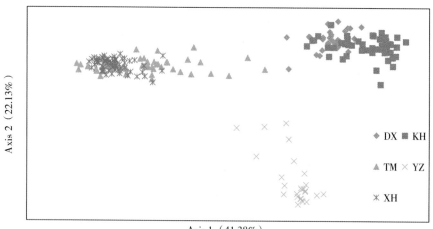

图 3-7 浙江楠 5 个群体的主坐标分析

（3）系统进化树

基于 Neighbor-Joining（NJ）邻接法构建的浙江楠 5 个群体系统进化树显示（图 3-8），来自不同群体的个体间存在明显遗传差异，各群体的绝大部分个体独自聚为一类。其中，来自德兴（DX）、开化（KH）和鄞州（YZ）3 个群体的所有个体亲缘关系较近，聚在一起。西湖（XH）和临安天目山（TM）群体的大部分个体能聚在一起，可能由于 2 个群体间的地理距离较近，二者遗传信息的来源存在一定关系。

图 3-8 基于 NJ 法的 217 个个体系统进化树

为更直观地呈现不同群体间的遗传关系，在群体间的遗传距离的基础上，利用非加权组平均法（UPGMA）构建了 5 个浙江楠群体的系统聚类图（图 3-9）。由图 3-9 可知，5 个浙江楠群体被分成了 3 组，规模最大的西湖（XH）群体与其地理距离最近的临安天目山（TM）群体遗传距离最近而聚为一组，分布区西部的德兴（DX）和开化（KH）2 个群体聚为一组，而位于浙江最东侧的鄞州（YZ）群体独自聚为一组。

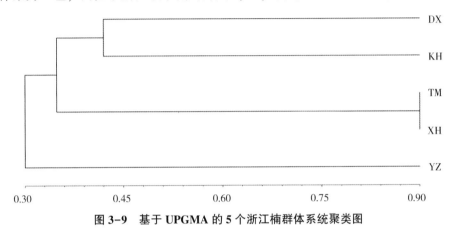

图 3-9 基于 UPGMA 的 5 个浙江楠群体系统聚类图

3.1.2.2 闽楠群体遗传多样性

3.1.2.2.1 闽楠居群选择

在充分考虑群体代表性的基础上，除在闽楠主要分布区的福建和江西两省进行采样外，也对天然分布区的贵州、湖南、广东和浙江 4 省规模较大的群体进行采样。最终，取样群体确定为福建政和（ZH）、沙县（SX）、顺昌（SC）和江西玉山（YS）、浙江庆元（QY）、湖南平江（PJ）、贵州江口（JK）、广东乐昌（LC）6 个省份的 8 个群体。该 8 个群体有古树群及其子代，也有位于自然保护区内自然更新的群体，各群体个体数接近 30 株或 30 株以上。

福建政和（ZH）群体是位于凤头村附近的古树群，分布较为集中，总面积 106 亩。该闽楠林是以闽楠为优势种的常绿阔叶林群落，伴生有樟树（*Cinnamomum camphora*）、花梨木（*Ormosia henryi*）、枫香（*Liquidambar formosana*）、杨梅（*Myrica rubra*）和甜槠（*Castanopsis eyrei*）等树种，林内人为干扰较大，幼苗更新少。闽楠从小苗到大树总计 1100 余株，其中胸径 85cm 以上的有 240 株，最大单株胸径达 137cm、树高 34m。福建沙县（SX）群体位于萝卜岩保护区，闽楠天然林是其主要保护对象。采样点位于保护区实验区的李公村溪沟内向下至保护区哨所的范围内，由少量的成年大树及自然更新的小树、幼树组成。福建顺昌（SC）群体也为兴源村的古树群，但 26 个个体较为集中地生长在 500m² 的范围内，并已为村民修建休闲与宣传的广场，人为干扰大，幼苗更新很少。

广东乐昌（LC）群体位于大瑶山省级自然保护区的溪沟谷及两侧山坡上，呈现零星分布状态。闽楠胸径>20.0cm 的成年植株混生于亚热带常绿阔叶林内，以伴生树种的形式存在，成年植株附近分布着少量的小径级的幼树和幼苗。

贵州江口（JK）群体为艾坪村的古树群，共有成年植株 30 多株，零散分布于整个村庄内。各单株的树龄不一，最小胸径为 20cm 左右，最大胸径为 140.1cm 且已树干中空呈衰老状态。受村庄内人为干扰严重，树下空地很少，几乎没有幼苗更新。

湖南平江（PJ）群体位于山谷溪沟处，为次生起源的闽楠纯林，近年来有人工辅助促进更新。群体内个数数量多且分布较为平均，有胸径 10cm 以上的单株几百株，最大单株胸径 35.7cm。

浙江庆元（QY）群体位于村庄后山的小溪沟两侧，面积 30 余亩，以闽楠为优势种，成年植株数十株。村庄人口现已搬离，林内保护较好，幼苗、幼树较多。

江西玉山（YS）群体位于三丘田村后，为保护较好的群体，面积约 25 亩，以闽楠为优势种，共有闽楠 200 余株，胸径 25.0cm 以上的有 108 株。该群体内闽楠植株表型变异丰富，绝大部分植株叶形较为典型，少数植株叶形接近于浙江楠。

选定群体内采样单株后，在每个单株上采集 5~10 个新萌发出的鲜幼嫩叶片。在样品采集时进行地理信息数据现场采集，并对群体内所有采样单株进行胸径测定（表 3-28）。

表 3-28 闽楠 8 个群体的基本信息

群体	代码	样本量（个）	平均胸径（cm）	胸径范围（cm）	经度（°）	纬度（°）	海拔（m）
贵州江口	JK	30	70.89	19.1~140.3	108.47	27.32	611
广东乐昌	LC	36	15.23	2.2~46.7	113.15	25.13	419
湖南平江	PJ	36	24.12	14.0~35.7	113.40	28.32	125
福建沙县	SX	33	14.35	1.5~42.0	117.24	26.29	604
福建顺昌	SC	26	61.93	24.6~93.3	117.34	26.26	543
江西玉山	YS	33	31.16	9.2~48.6	118.04	28.48	233
福建政和	ZH	29	66.03	30.1~104.5	118.36	27.26	302
浙江庆元	QY	35	25.49	12.0~51.2	119.39	27.39	522

3.1.2.2.2 闽楠 SSR 引物多态性分析

利用 23 对 SSR 引物对闽楠 8 个群体共 258 个个体进行了 PCR 扩增，由表 3-29 可知，有效等位基因数（N_e）介于 2.7534 个、（ph_SSR4）和 11.4855 个（ph_SSR9）之间，平均有效等位基因数（N_e）为 6.9107 个；Nei's 多样性指数为 0.6368~0.9129，平均 Nei's 多样性指数为 0.8376；Shannon 多样性指数（I）为 1.5200~2.6652，平均为 2.1100；Nei's 多样性指数与 Shannon 多样性指数（I）在不同引物位点间的变化趋势基本一致。总体来说，23 对 SSR 引物共扩增出 294 个等位基因，观测等位基因数（N_a）、Nei's 多样性指数（H）、Shannon 多样性指数（I）、期望杂合度（H_e）和多态信息含量（PIC）分别为 12.7826、0.8376、2.1110、0.8626 和 0.8202，均表明各引物的多态性较高。

23 个位点多样性水平存在一定差异，ph_SSR9、ph_SSR11、ph_SSR15 和 ph_SSR16 位点拥有较高等位基因数（19~20 个），且这 4 个位点的 Nei's 多样性指数（H）、Shannon

多样性指数（I）、期望杂合度（H_e）和多态信息含量（PIC）也高于其他位点，说明这 4 对引物能揭示更为丰富的群体遗传多样性信息。

拥有 10 个以下等位基因的位点分别为 ph_SSR3（8 个）、ph_SSR17（7 个）、ph_SSR19（6 个）、ph_SSR20（9 个）和 ph_SSR22（7 个），其相应遗传多样性参数也处于相对较低水平；其中，ph_SSR4 位点虽检测出 11 个等位基因，但其有效等位基因数（N_e）仅为 2.7534 个，各遗传参数显示该位点拥有最低的遗传多样性水平。

表 3-29 23 对 SSR 引物遗传多样性参数

引物	样本量（个）	N_a（个）	N_e（个）	H	I	H_o	H_e	PIC	HW
ph_SSR1	258	10	6.9766	0.8567	2.0795	0.2442	0.8583	0.8408	**
ph_SSR2	258	10	5.4693	0.8172	1.8599	0.6318	0.8187	0.7927	**
ph_SSR3	258	8	4.9007	0.7959	1.7631	0.8682	0.7975	0.7679	**
ph_SSR4	258	11	2.7534	0.6368	1.5488	0.3566	0.6380	0.6192	**
ph_SSR5	258	10	5.6525	0.8231	1.9258	0.4535	0.8247	0.8020	**
ph_SSR6	258	10	6.2270	0.8394	1.9674	0.4767	0.8410	0.8195	**
ph_SSR7	258	11	6.5249	0.8467	2.0742	0.3682	0.8484	0.8296	**
ph_SSR8	258	16	7.2156	0.8614	2.2565	0.4109	0.8631	0.8477	**
ph_SSR9	258	20	11.4855	0.9129	2.659	0.2829	0.9147	0.9067	**
ph_SSR10	258	19	8.8758	0.8873	2.5096	0.1124	0.8891	0.8788	**
ph_SSR11	258	20	10.0345	0.9003	2.6015	0.3450	0.9021	0.8930	**
ph_SSR12	258	16	7.3329	0.8636	2.259	0.1550	0.8653	0.8506	**
ph_SSR13	258	16	7.8361	0.8724	2.3681	0.0814	0.8741	0.8610	**
ph_SSR14	258	13	6.1751	0.8381	2.0951	0.1085	0.8397	0.8214	**
ph_SSR15	258	19	10.1547	0.9015	2.6233	0.1163	0.9033	0.8953	**
ph_SSR16	258	20	10.8934	0.9082	2.6652	0.0891	0.9100	0.9016	**
ph_SSR17	258	7	3.8156	0.7379	1.5405	0.6705	0.7394	0.6979	**
ph_SSR18	258	10	7.1899	0.8609	2.1208	0.3333	0.8626	0.8463	**
ph_SSR19	258	6	3.9669	0.7479	1.5200	0.7248	0.7494	0.7067	**
ph_SSR20	258	9	6.1713	0.8380	2.0116	0.7326	0.8396	0.8212	**
ph_SSR21	258	12	6.1508	0.8374	2.0444	0.5930	0.8390	0.8206	**
ph_SSR22	258	7	5.2113	0.8081	1.7893	0.4767	0.8097	0.7838	**
ph_SSR23	258	14	7.9333	0.8739	2.2454	0.5039	0.8756	0.8614	**
平均		12.7826	6.9107	0.8376	2.1110	0.3972	0.8393	0.8202	

从观测杂合度（H_o）<0.1 的位点 ph_SSR13（0.0814）和 ph_SSR16（0.0891）到最高的位点 ph_SSR3（0.8682），平均的期望杂合度（H_e = 0.8393）是平均观测杂合度（H_o = 0.3972）的 2.113 倍。除位点 ph_SSR3 外，其余位点的期望杂合度（H_e）均高于其相应的观测杂合度（H_o），说明大部分位点出现了纯合子偏多的现象，哈迪温伯格平衡（HW）检验则显示各位点等位基因频率均显著偏离了平衡。

3. 1. 2. 2. 3 闽楠群体遗传多样性分析

（1）群体等位基因分布

对闽楠 8 个群体的 258 个个体的扩增结果进行基因分型后统计，发现观测等位基因数（N_a）在不同群体间为 117~176 个，其中乐昌（LC）、玉山（YS）群体在 170 以上，而江口（JK）群体最低为 117。乐昌（LC）、玉山（YS）和顺昌（SC）等 3 个群体的 23 个位点中分别有 7 个、7 个和 6 个位点的等位基因数达到了 10 个及以上，显示了较高的等位基因丰富度。

（2）遗传多样性在群体间的差异

闽楠 8 个群体的遗传多样性比较分析结果表明（表 3-30），各群体的观测等位基因数（N_a）、有效等位基因数（N_e）均值分别为 6. 3152 个、3. 4156 个，江口（JK）、庆元（QY）、平江（PJ）和政和（ZH）4 个群体低于平均水平，且江口（JK）和庆元（QY）两个群体数值较为接近，为最低水平。Nei´s 多样性指数（H）和 Shannon 多样性指数（I）平均值分别为 1. 2594、0. 6010，两个指数在各群体间的变化趋势较为一致，均以玉山（YS）群体为最高、顺昌（SC）群体次之，第三高的是乐昌（LC）或沙县（SX）群体。期望杂合度（H_e）从（JK）群体的最小值 0. 5144 到玉山（YS）群体的最大值 0. 7158，总体均值为 0. 6106，顺昌（SC）和沙县（SX）群体也处于较高水平，分别达到了 0. 6649 和 0. 6369。综合来看，江口（JK）群体和庆元（QY）群体的遗传多样性指数均较为接近，也分别处于各群体中的最低水平；玉山（YS）群体的多样性水平明显高于其余 7 个群体。遗传多样性水平在 8 个群体间从大到小依次为玉山（YS）群体、顺昌（SC）群体、沙县（SX）群体、乐昌 LC 群体、政和（ZH）群体、平江（PJ）群体、庆元（QY）群体、江口（JK）群体。

表 3-30 闽楠 8 个群体的遗传多样性

群体	样本量（个）	N_a（个）	N_e（个）	I	H	H_o	H_e	F
JK	30	5. 0870	2. 6365	1. 0053	0. 5058	0. 4406	0. 5144	0. 1434
LC	36	7. 4348	3. 4324	1. 3311	0. 6123	0. 4143	0. 6210	0. 3328
PJ	36	5. 6957	3. 4469	1. 2094	0. 5944	0. 4771	0. 6028	0. 2085
SX	33	6. 3913	3. 9071	1. 3048	0. 6272	0. 3215	0. 6369	0. 4952
SC	26	6. 9565	3. 5481	1. 4098	0. 6521	0. 4080	0. 6649	0. 3863
YS	33	7. 6522	4. 3382	1. 5516	0. 7050	0. 3254	0. 7158	0. 5454
ZH	29	6. 0870	3. 3821	1. 2434	0. 6017	0. 4453	0. 6123	0. 2727
QY	35	5. 2174	2. 6337	1. 0201	0. 5096	0. 3516	0. 5170	0. 3199
平均		6. 3152	3. 4156	1. 2594	0. 6010	0. 3979	0. 6106	0. 3483

8 个闽楠群体的观测杂合度（H_o）均明显低于其期望杂合度（H_e），故对各群体固定指数（F）进行分析。一般来说，当 $F > 0$ 时，F 值越大，表明纯合子比例越高；反之，则杂合子比例越高。8 个闽楠群体的固定指数（F）均值为 0. 3483，表明各群体纯合子比

例高于哈迪温伯格平衡的理论值，存在一定程度的近交或选择；其中，顺昌（SC）、沙县（SX）和玉山（YS）3 个群体的固定指数分别为 0.3863、0.4952 和 0.5454，高于均值的 0.3483，表明 3 个群体的纯合子比例具有更高程度的偏离平衡。

3.1.2.2.4　闽楠群体遗传分化

（1）群体间基因分化

闽楠 8 个群体间的遗传分化系数（F_{st}）矩阵见表 3-31，其中江口（JK）群体与其他 7 个群体之间的遗传分化系数（F_{st}）均较大，为 0.336~0.437，达到了极显著性水平，表明其与其他群体的亲缘关系均较远，彼此间分化程度较为严重。乐昌（LC）与顺昌（SC）群体间的遗传分化系数（F_{st}）为 0.174，虽为所有群体间的最低值，但也达到了显著性水平。闽楠整个物种水平的遗传分化系数（F_{st}）为 0.2839，表明闽楠群体间存在较高水平的遗传分化。

表 3-31　闽楠群体间遗传分化

群体	JK	LC	PJ	SX	SC	YS	ZH	QY
JK	0.000							
LC	0.364 **	0.000						
PJ	0.395 **	0.290 **	0.000					
SX	0.363 **	0.250 **	0.247 **	0.000				
SC	0.365 **	0.174 **	0.266 **	0.223 **	0.000			
YS	0.336 **	0.247 **	0.262 **	0.215 **	0.215 **	0.000		
ZH	0.384 **	0.257 **	0.301 **	0.265 **	0.262 **	0.284 **	0.000	
QY	0.437 **	0.282 **	0.346 **	0.306 **	0.310 **	0.279 **	0.349 **	0.000

注：** 表示达极显著水平。

（2）分子方差分析

基于 SSR 标记对闽楠群体进行分子方差检验，结果显示（表 3-32），闽楠以群体内的变异为主，61.53% 的遗传变异存在于群体内，但仍有 38.47% 的变异存在于群体间，表明群体间存在较高程度的遗传分化。

表 3-32　基于 SSR 标记的分子方差检验

变异来源	自由度	平方和	方差分量	变异百分率（%）
群体间	7	2819.439	11.917	38.47
群体内	250	4764.727	19.059	61.53
合计	257	7584.167	30.976	100.00

（3）群体间遗传距离

对群体间的 Nei´s 遗传距离和遗传一致度进行分析（表 3-33），结果显示，群体间的遗传距离最小的是乐昌（LC）与顺昌（SC）群体间的 0.5058，最大的是江口（JK）与平江（PJ）群体的 1.8356。综合群体间的遗传距离，发现最西部的江口（JK）群体与其他 7 个群体间均保持着较大的遗传距离，该群体除了与乐昌（LC）群体间的距离为 1.4644，与沙县（SX）、政和（ZH）等 6 个群体的距离都在 1.50 以上。而沙县（SX）群体则与除江口（JK）外的 6 个群体间的地理距离均在 1.0 以下，为 0.7991~0.9727，变化幅度不大。

表 3-33　基于 SSR 标记的群体间遗传距离和遗传一致度

群体	JK	LC	PJ	SX	SC	YS	ZH	QY
JK		0.2312	0.1595	0.2105	0.1702	0.1722	0.1868	0.1657
LC	1.4644		0.3427	0.4155	0.6030	0.3206	0.4265	0.4711
PJ	1.8356	1.0709		0.4498	0.3636	0.3002	0.3217	0.3182
SX	1.5584	0.8782	0.7991		0.4408	0.4019	0.3781	0.3881
SC	1.7709	0.5058	1.0116	0.8192		0.3576	0.3544	0.3534
YS	1.7593	1.1376	1.2033	0.9117	1.0284		0.1903	0.3748
ZH	1.6779	0.8522	1.1341	0.9727	1.0373	1.6592		0.2987
QY	1.7974	0.7526	1.1450	0.9466	1.0401	0.9812	1.2084	

注：左下角为遗传距离，右上角为遗传一致度。

（4）Mantel 检验

Mantel 检验结果表明，闽楠各群体间的 Nei′s 标准遗传距离与地理距离之间呈显著正相关（$r = 0.5442$，$p = 0.03$），说明群体间地理距离增加会导致彼此间遗传距离增大。

（5）遗传多样性与气候因子相关性

各群体遗传多样性和地理气候因子间相关性分析结果显示（表 3-34），仅发现观测杂合度（H_o）与年降水量间呈显著负相关，即随着年降水量的增加，群体观测杂合度（H_o）存在减小的趋势。

表 3-34　群体遗传多样性和地理气候因子间相关系数

指标	经度	纬度	海拔	年均温	年降水量
N_a	0.283	-0.307	-0.238	0.623	0.209
N_e	0.381	0.081	-0.408	0.394	0.202
I	0.386	-0.062	-0.357	0.461	0.241
H	0.407	0.003	-0.397	0.413	0.224
H_o	-0.561	0.046	-0.333	-0.448	-0.758*
H_e	0.408	0.000	-0.389	0.410	0.222

（6）瓶颈效应

利用 Bottleneck 软件对 8 个闽楠群体进行瓶颈效应检验（表 3-35），发现乐昌（LC）群体、平江（PJ）群体和沙县（SX）群体经历过瓶颈效应。乐昌（LC）和沙县（SC）为 2 个自然保护区内的群体，其个体的分布较为零散，整体上由少量大树及较小径级的小树组成；平江（PJ）群体为人工促进更新状况良好的群体，其规模较大但群体内个体径级差别较小，表明这个群体可能是在瓶颈效应事件的基础上而发展成的新群体。

表 3-35　群体瓶颈效应检验

群体	两相突变模型 TPM
JK	0.067
LC	0.001 **
PJ	0.041 *
SX	0.029 *
SC	0.184
YS	0.538
ZH	0.301
QY	0.446

注：* 和 ** 分别表示达到显著和极显著水平。

3.1.2.2.5　闽楠群体遗传结构

（1）Structure 群体聚类分析

利用 Structure 软件分析闽楠不同群体的共祖关系，当 $K=7$ 时，ΔK 取最大值，表明基于 SSR 标记推测出的最佳祖先模型为 $K=7$ 时对应的各群体的遗传组成情况（图 3-10）。此时 8 个闽楠群体的遗传信息存在 7 个不同的祖先来源情况，且每个群体的遗传信息来源都较为单一。其中，中部乐昌（LC）群体和东部顺昌（SC）群体的绝大部分遗传信息表现为相似的祖先来源，且中部乐昌（LC）群体有微量遗传信息与东部政和（ZH）群体存在相似起源情况。

当 $K=2$ 时，东部的沙县（SX）、玉山（YS）群体几乎全部的遗传信息表现来源于同一个祖先群体；西部的江口（JK）群体的绝大部分遗传信息表现为来源于另一个祖先群体；乐昌（LC）、平江（PJ）、庆元（QY）、顺昌（SC）和政和（ZH）5 个群体的遗传信息则表现为来源于上述 2 个祖先群体，但多以东部的祖先群体为主。

当 $K=3$ 时，最西部的江口（JK）群体绝大部分遗传信息表现为来源于一个祖先群体，政和（ZH）群体有一半左右的信息与江口（JK）群体共祖先。庆元（QY）群体表现较为单一的祖先起源，而沙县（SX）群体和玉山（YS）群体则出现了群体内的遗传分化。

当 $K=4$ 时，平江（PJ）群体得以区分出来，即其绝大部分遗传信息表现为来源于单独的祖先群体；江口（JK）群体的遗传信息依然表现为来自单一的祖先群体；其他 6 个群体的遗传信息的祖先群体组成较为复杂，且群体的遗传信息存在不同程度的相似来源。

随着 K 值的增加，中部的乐昌（LC）群体和东部的顺昌（SC）群体的绝大部分遗传信息始终表现为相似的遗传起源，表明两个群体的形成存在相关性；而东部的政和（ZH）群体则由复杂的遗传信息来源逐渐向单一的遗传信息来源过渡。总体而言，闽楠为分布范围较为广泛的楠属植物，东部的顺昌（SC）、沙县（SX）、政和（ZH）、庆元（QY）和玉

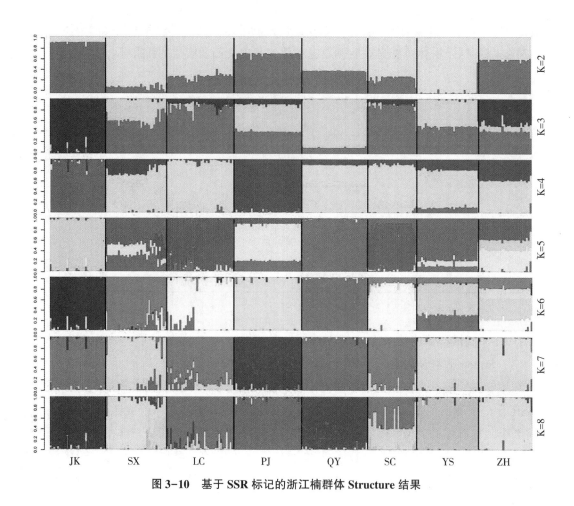

图 3-10　基于 SSR 标记的浙江楠群体 Structure 结果

山（YS）为其分布中心，彼此间的遗传信息来自共同的祖先，西部江口（JK）群体的祖先较为独立，平江（PJ）和乐昌（LC）群体虽然也较为独立，但仍有东部中心群体的祖先信息。

（2）主坐标分析

基于 SSR 标记对 8 个闽楠群体的所有个体进行主坐标分析，结果显示（图 3-11），8 个群体明显的被分为 2 大类。西部的江口（JK）群体表现出与其他群体较大的遗传差异，单独聚为一组。而其他 7 个群体的亲缘关系较近，聚为一组；其中，庆元（QY）群体与沙县（SX）、顺昌（SC）、政和（ZH）、乐昌（LC）、平江（PJ）和玉山（YS）6 个群体间存在一定遗传差异。

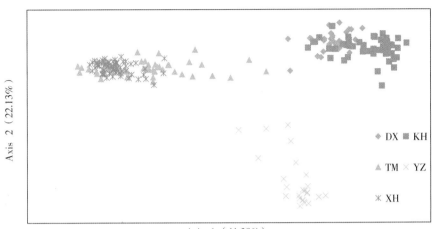

图 3-11 闽楠 8 个群体的主坐标分析

（3）系统进化树

基于 Neighbor-joining（NJ）邻接法对闽楠 8 个群体进行了系统进化树的构建，结果如图 3-12。各群体的绝大部分个体都可以相应地聚在一起。其中，中部乐昌（LC）群体与东部群体亲缘关系较近，聚为一类，尤其是与顺昌（SC）群体，这一结果与上述 Structure 结果相似。西部江口（JK）群体和中部平江（PJ）群体与其他群体间遗传距离较远，二者聚为一类。

图 3-12 基于 NJ 法的 258 个个体系统进化树

为了较为直观地呈现不同群体间的遗传关系，利用非加权组平均法（UPGMA）在群体间遗传距离的基础上构建了 8 个闽楠群体的系统聚类图（图 3-13）。由图 3-13 可知，乐昌（LC）、顺昌（SC）两群体的遗传距离较近，首先聚为一类，这与 Structure 分析结果接近，然后两群体再与庆元（QY）聚为第一类；沙县（SX）、平江（PJ）两群体聚类后，再与第一类聚集，其次政和（ZH）、玉山（YS）等再分别相继聚类；8 个群体中，西部的江口（JK）与所有群体的遗传距离最远，地理距离也为最远，最后再与其他群体聚在一起。

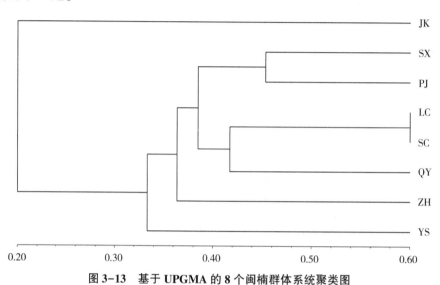

图 3-13　基于 UPGMA 的 8 个闽楠群体系统聚类图

3.1.2.3　两种楠木遗传结构比较

3.1.2.3.1　特有等位基因

研究结果表明（表 3-36），ph_SSR20 和 ph_SSR22 位点的观测等位基因数（N_a）在不同物种间存在较大差异，在闽楠中的观测等位基因分别为 9 个和 7 个，而在浙江楠中仅分别为 2 个和 3 个。为进一步研究两物种的遗传差异，对闽楠和浙江楠在 ph_SSR20 和 ph_SSR22 位点的等位基因进行分析，结果表明，ph_SSR20 和 ph_SSR22 位点均检测到了两物种的特有等位基因。就 ph_SSR20 而言，浙江楠 5 个群体均为纯合子（EE 或 GG），但两个纯合子并非浙江楠所特有，其中纯合子 EE 在闽楠的政和（ZH）群体中的部分个体中存在，纯合子 GG 在顺昌（SC）、沙县（SX）、玉山（YS）和乐昌（LC）4 个群体中的部分个体中存在；而在闽楠中检测到的等位基因 A、B、C、D、F、H 和 I 为其特有等位基因，在闽楠中表现为纯合子或杂合子。就 ph_SSR22 而言，闽楠的 4 个群体（JK、SX、QY、ZH）和浙江楠的 5 个群体（DX、KH、TM、YZ、XH）在 ph_SSR22 位点时均为纯合子，其中纯合子 CC、EE、FF 分别为闽楠江口（JK）、政和（ZH）、庆元（QY）所特有；纯合子 DD 为浙江楠德兴（DX）群体所特有，GG 为浙江楠临安天目山（TM）、鄞州（YZ）、西湖（XH）等所特有。综上所述，ph_SSR20 位点的 A、B、C、D、F、H、I 等位基因和 ph_SSR22 位点的 CC、EE、FF、DD、GG 等纯合子对研究两物种间差异和鉴定方面具有重要意义。

表 3-36　闽楠和浙江楠在 ph_SSR20 和 ph_SSR22 位点的等位基因

物种	群体	ph_SSR20			ph_SSR22		
	JK		C	H	C		
	SX	A	G	I	B		
	LC		D	G	A	F	
闽楠	PJ		B	F	A	D	
	QY		G	I	F		
	SC	D	E	G	A	B	F
	YS		A	G	F	H	
	ZH		D	E	E		
	DX			G	D		
	KH			G	B		
浙江楠	TM			G	G		
	YZ			E	G		
	XH			G	G		

3.1.2.3.2　Structure 群体聚类分析

浙江楠是楠属植物中的地区性特有种，闽楠为楠属中的广布种，两者的分布区有部分重叠。浙江楠 5 个群体中的开化（KH）、德兴（DX）2 个群体与闽楠 8 个群体中的玉山（YS）群体在地理位置上接近，而且所利用的 SSR 引物也完全一样，因此对将两种楠木视为"一个物种"的共计 13 个群体进行遗传结构的分析。在 Structure 结构分析中，当 K 为 2 时，ΔK 取最大值，表明基于 SSR 标记推测出的最佳祖先模型为 K=2 时对应的各群体的遗传组成情况。

当 K=2 时（图 3-14），闽楠群体与浙江楠群体的遗传信息并不是表现为两个相对独立的祖先群体，而是两个祖先相互渗透的形式。浙江楠分布区东北部的西湖（XH）和临安天目山（TM）群体大部分的遗传信息来自一个祖先；与闽楠分布区有重叠且为浙江楠分布边缘的德兴（DX）和开化（KH）两个群体的遗传信息显示，一半来自浙江楠的祖先，另一半来自闽楠的祖先。这种情况也发生在闽楠中，闽楠的玉山（YS）群体也是各占一半；此外闽楠最西部的江口中（JK）群体也有来自浙江楠的祖先群体的遗传信息，浙江楠最东部的鄞州（YZ）群体则是有了闽楠的信息渗入。

当 K=3 和 K=4 时，浙江楠的临安天目山（TM）和西湖（XH）两个群体仍起源于较为独立的祖先群体，闽楠玉山（YS）、庆元（QY）、沙县（SX）和平江（PJ）等群体中更多比例的遗传信息与浙江楠德兴（DX）群体和开化（KH）群体表现为来源于相同的祖先群体。浙江楠德兴（DX）群体和鄞州（YZ）群体中部分遗传信息也表现为与闽南群体相同的祖先群体来源。

总体上，不论 K 值的取值如何，浙江楠的西湖（XH）和临安天目山（TM）两个群体都能表现为较为单一的祖先群体来源，而其余 3 个浙江楠群体均有不同比例的遗传信息表现出与闽楠群体相关的来源情况。

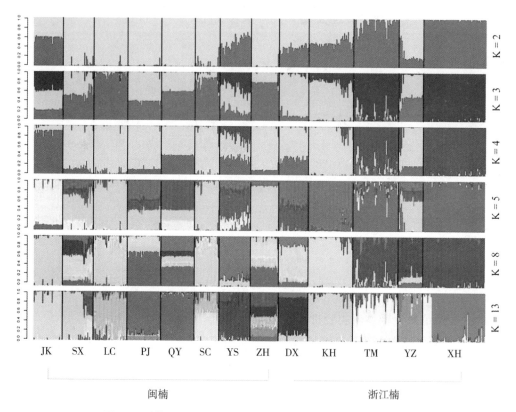

图 3-14　基于 SSR 标记的浙江楠、闽楠群体 Structure 结果

3.1.2.3.3　主坐标分析

对 8 个闽楠群体和 5 个浙江楠群体进行主坐标分析（PCoA），结果表明（图 3-15），浙江楠的临安天目山（TM）群体和西湖（XH）群体表现出与其他群体较远的遗传距离，单独分为一类；开化（KH）群体也表现出与闽楠较远的亲缘关系；然而，浙江楠鄞州（YZ）群体和德兴（DX）群体则表现出与闽楠较近的亲缘关系。该结果与上述 Structure 分析结果相似。

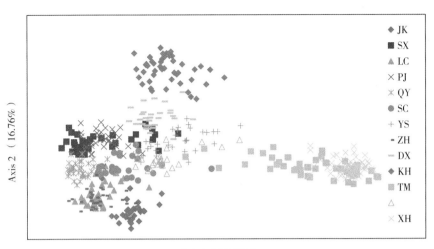

图 3-15 浙江楠与闽楠 13 个群体的主坐标分析

3.1.2.3.4 系统进化树

两种楠木的系统进化树显示（图 3-16），浙江楠 5 个群体、闽楠 8 个群体的所有个体均分别相互聚在一起。总体来看，浙江楠德兴（DX）群体与闽楠表现出较近的亲缘关系，与闽楠的 8 个群体聚为一类，而其余 4 个浙江楠群体则可聚为一类。系统进化树分析结果再次验证了上述 Structure 分析和 PCoA 分析结果。

图 3-16 基于 NJ 邻接法的 475 个个体系统进化树

3.1.3　赤皮青冈

3.1.3.1　居群选择

对保存在湖南汨罗玉池林场的赤皮青冈种质资源库中的材料，于 2013 年 4 月采集湖南、浙江两省 7 个居群的 140 个植株的嫩叶（表 3-37），放入装有适量硅胶的密封袋中干燥保存，带回实验室，置于-70℃的冰箱中保存备用（朱品红，2014）。

表 3-37　赤皮青冈材料来源

材料来源地	经度	纬度	编号	样本数（个）
湖南桑植	110°10′	29°40′	SZ	15
湖南永定	110°48′	29°13′	YD	15
湖南靖州	109°58′	26°57′	JZ	30
湖南洞口	111°35′	27°04′	DK	30
湖南城步	110°91′	26°22′	CB	15
浙江临安	119°42′	30°14′	LAN	15
浙江庆元	119°05′	27°62′	QY	20

3.1.3.2　居群 ISSR 引物多态性分析

对 100 对 ISSR 引物进行筛选，获得 13 对扩增效果稳定、重复性强的 ISSR 引物用于赤皮青冈的 PCR 扩增反应，筛选得到的引物编号及序列见表 3-38（朱品红，2014）。

表 3-38　用于 ISSR 扩增的引物及序列

引物编号	序列	引物编号	序列
807	$(AG)_8T$	841	$(GA)_8YC$
808	$(AG)_8C$	842	$(GA)_8YG$
810	$(GA)_8T$	855	$(AC)_8YT$
825	$(AC)_8T$	856	$(AC)_8YA$
826	$(AC)_8C$	857	$(AC)_8YG$
834	$(AG)_8YT$	880	$(GGAGA)_3$
835	$(AG)_8YC$		

利用筛选出的 13 条多态性引物和优化的 ISSR-PCR 最佳反应体系，对来自 7 个居群的赤皮青冈共 140 个样本进行遗传多样性和遗传结构分析，13 条多态性引物共扩增出 140 条重复性高且清晰的条带，其中多态性条带为 111 条，所有引物扩编号增得到的条带数目在 6~15 条，扩增的片段分子量大小在 200~2500bp。引物编号 807 扩增出的条带数最多，达 15 条；引物编号 880 扩增出的条带数最少，仅为 6 条。每个引物平均扩增出 8.53 条多态性条带，各个引物扩增出来的多态性条带百分数在 50.00%~92.31%（表 3-39）。

表 3-39 ISSR 扩增产生的条带多态性

引物编号	序列	扩增条带数（条）	多态性条带数（条）	多态位点百分率（%）
807	AGAGAGAGAGAGAGAGT	15	12	80.00
808	AGAGAGAGAGAGAGAGC	12	10	83.33
810	GAGAGAGAGAGAGAGAT	14	12	85.71
825	ACACACACACACACACT	7	5	71.43
826	ACACACACACACACACC	10	9	90.00
834	AGAGAGAGAGAGAGYT	13	12	92.31
835	AGAGAGAGAGAGAGYC	12	10	83.33
841	GAGAGAGAGAGAGAYC	11	9	81.82
842	GAGAGAGAGAGAGAYG	9	6	77.78
855	ACACACACACACACYT	8	4	66.67
856	ACACACACACACACYA	11	10	90.91
857	ACACACACACACACYG	12	9	75.00
880	GGAGAGGAGAGGAGA	6	3	50.00
总计		140	111	79.29

3.1.3.3 居群遗传多样性

赤皮青冈的多态位点百分率（P）为 79.29%，7 个居群内的多态位点百分率在 61.42%~75.00%，其中洞口中（DK）居群的 P 值最高，桑植（SZ）居群的 P 值最低（表 3-40）。7 个居群总的 Shannon 多样性指数（I）为 0.4514，各居群的 I 值变化范围是 0.3234~0.4193，靖州（JZ）居群最高，桑植（SZ）居群最低。Nei's 基因多样性指数也称期望杂合度（H），代表基因多样性的程度，是衡量居群遗传分化最常用的指标。靖州（JZ）居群的 Nei's 指数较高（0.2871），桑植（SZ）居群最低（0.2164）。一般认为，基因多样性高于 0.5，群体没有受到高强度选择，拥有丰富的遗传多样性，群体内变异性高；低于 0.5 的群体，遗传多态性较低。因此，这 7 个赤皮青冈居群的基因多样性水平普遍稍低（朱品红，2014）。

表 3-40 赤皮青冈不同居群遗传多样性分析

居群	个体数（个）	总位点数（个）	多态位点数（个）	P（%）	I	H
YD	15	140	92	65.71	0.3728	0.2542
JZ	30	140	103	73.57	0.4193	0.2871
SZ	15	140	86	61.42	0.3234	0.2164
DK	30	140	105	75.00	0.3945	0.2686
CB	15	140	94	67.14	0.3880	0.2664
LAN	15	140	92	65.71	0.3855	0.2656

居群	个体数	总位点数	多态位点数	P	I	H
	（个）	（个）	（个）	（%）		
QY	20	140	89	63.57	0.3402	0.2266
平均				67.45	0.3748	0.2550
总计	140	140	111	79.29	0.4514	0.3021

3.1.3.4 居群遗传结构

赤皮青冈种水平的总基因多样度（Ht）为 0.2351，居群间的基因多样性（$Dst = Ht - Hs$）为 0.0144，居群内的平均基因多样性（Hs）为 0.2207。基因分化度为 0.0613，赤皮青冈居群间的遗传变异占总遗传变异的 6.13%，而居群内的遗传变异占总遗传变异的 93.87%，说明遗传变异主要来自居群内，在一定程度上居群分布的地理距离对赤皮青冈的遗传多样性已经产生了一定的影响。各居群间遗传距离（GD）的数值范围分布在 0.0260~0.1595，遗传一致度（GI）的数值范围分布在 0.8525~0.9743（表 3-41），其中桑植（SZ）居群和永定（YD）居群的遗传距离最小（0.0260），遗传相似度最高（0.9743）；永定（YD）居群和庆元（QY）居群的遗传距离最大（0.1596），遗传相似度最低（0.8525）。同时，对湖南境内的 5 个居群间两两遗传距离的平均值（0.0633）和浙江境内的 2 个居群间的遗传距离（0.0602）进行比较，发现其在各自省份范围内，居群间的遗传距离都相对较小，说明处于湖南和浙江两个省份范围内的居群，随着地理距离的增加，其遗传距离也相应加大，进一步说明，当前零散分布的赤皮青冈自然居群的遗传多样性水平和遗传结构变异模式，由于受到人为因素的破坏，其生境片段化、生存境况不佳，目前有必要采取措施，对其进行保护和合理利用（朱品红，2014）。

表 3-41　遗传一致性（GI）和遗传距离（GD）

居群	JZ	YD	DK	CB	SZ	LAN	QY
JZ		0.8793	0.9598	0.9249	0.9255	0.9404	0.8856
YD	0.1286		0.8904	0.9703	0.9743	0.8992	0.8525
DK	0.0410	0.1161		0.9342	0.9228	0.9275	0.9369
CB	0.0781	0.0301	0.0681		0.9499	0.9237	0.9056
SZ	0.0774	0.0260	0.0803	0.0514		0.9248	0.8544
LAN	0.0614	0.1063	0.0753	0.0794	0.0782		0.9416
QY	0.1215	0.1596	0.0652	0.0992	0.1573	0.0602	

注：左下角为遗传距离，右上角为遗传一致性。

对赤皮青冈 7 个居群进行聚类分析（图 3-17），共分成 3 类，永定（YD）和桑植（SZ）居群在地理位置上距离最近，遗传距离最小，同位于张家界市区范围内，亲缘关系也最近，先聚合在一起，再与城步（CB）居群聚为一类；临安（LAN）和庆元（QY）居群同为浙江居群，也聚为一类，靖州（JZ）和洞口（DK）居群同为怀化市的居群，也聚

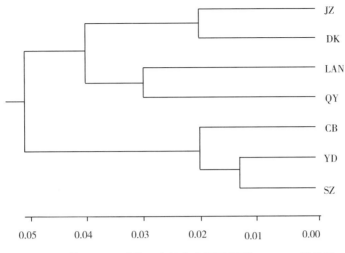

图 3-17 基于 Nei´s 遗传距离的赤皮青冈居群 UPGMA 聚类图

为一类。在聚类节点上，该聚类结果进一步显示出各居群的地理距离与其遗传关系以及亲缘关系的远近具有一定相关性，说明地理距离对赤皮青冈种质资源的遗传结构产生了一定的影响（朱品红，2014）。

3.1.4 南方红豆杉

3.1.4.1 天然居群选择

于 2018 年 5 月至 7 月，采集我国东南部地区浙江、湖南、江西、福建和广东 5 省 18 个南方红豆杉居群共计 665 个成株的新鲜针叶样本，采集幼龄叶（当年生新梢针叶），分单株用锡箔纸包裹，置于液氮中保存运输，随后带回实验室于 -40℃ 低温保存备用。各居群的地理位置为北纬 24.93°~30.12°、东经 109.09°~119.93°，地带性植被为常绿及落叶阔叶林，海拔为 300~990m，土壤多为红黄壤，居群内的主要伴生树种为毛竹、枫香和杉木等。采样时，用 GPS 记录样株的经纬度和海拔。采集的树木间距离不小于 30m，以防止样株间是半胞亲缘关系。因天然居群中植株分布地势较为分散，故未采集土样。

3.1.4.2 天然居群 SSR 引物多态性分析

从文献中选取 102 对能扩增出稳定清晰条带的 SSR 引物，利用 5 个南方红豆杉样本对合成的引物进行初选，对能扩增出特异性条带的 SSR 引物，用取自 18 个居群的 18 个样品进行复选，筛选出 13 对具有多态性的引物（表 3-42），以用于南方红豆杉天然居群遗传多样性及遗传结构分析。

表 3-42 筛选出的 SSR 引物序列

位点	片段大小（bp）	引物信息（5´-3´）
S7	149~292	ACCCCATAGTTCAGGGTCGA
		AGAAGGAGGCTCGGCTCTAA

（续表）

位点	片段大小（bp）	引物信息（5′-3′）
S24	145~312	TGCTTAGAGAAGAAAGTTTTCCA
		TGGCATACAAGAGGCTGACA
S34	193~300	ATAACCATCACACGTGACTTGC
		TGAACCCTAGGTGACGACCAT
S36	109~176	TGGTTTACATATTGAAGCGAGCAA
		GCAGCGAAACATATGTAGCACAA
S41	203~294	GGACAAGGGTTGGATCACTTCTGT
		CCAACGGCCACCCGAAGAGT
S44	133~375	TGACAACACAACCACACAATGTCCA
		TCTTGTTTTCTGGGCCTAAAGTGT
S45	134~272	GCGCTAGTCCTCAGTGGTGCC
		GCGCCGGGGCCAACTAAACT
S64	223~397	GCATTCTGCTCCTGAGTGTGGCA
		AGTAGTCTATCCTCGTCTCCTCCCA
S70	188~475	AGTAGTCTATCCTCGTCTCCTCCCA
		GGGCCTGTGATGCATCTGTCCA
S77	178~357	CCAATGTGGGCTACATCCACC
		ATTGTAATAGCATGGATAAGTGCCC
S79	176~249	AGTTTGCATGCTCTTCAACCTAGT
		AGGCAGAATCGGTGAGTGGTT
S82	201~434	TGTCGCATCGAGGACGATGCTTTC
		CATGGCGGCGGCAGTTCTTG
S93	147~195	CAGGGCTCAAATTCGCGGGC
		CCGCCTGGCGTTTGACAGGA

从位点的多态性分析结果（表3-43）可以看出：13对SSR引物在南方红豆杉18个天然居群665个个体中共检测到291个等位基因，各个位点的等位基因数变幅为10~33个，平均值为22.39个。各个位点的多态信息含量（PIC）介于0.65和0.94之间，平均值为0.86，表明检测位点的多态性高。各位点的观测杂合度（H_o）和期望杂合度（H_e）的变幅分别为0.03~0.94和0.55~0.84，平均期望杂合度（$H_e = 0.74$）比观测杂合度（$H_o = 0.56$）高。Shannon多样性指数（I）变幅为1.06~2.06，平均值为1.66。近交系数（F_{is}）变幅为-0.35~0.97，平均值为0.24，表明杂合子缺失的程度较高。多数位点（除S77、S79、S82和S93）的近交系数（F_{is}）大于0，说明所选SSR位点处于杂合子缺失状态。13个位点中，只有3个位点（S36、S41和S82）处于Hardy-Weinberg平衡，另有3个位点（S24、S44、S93）偏离Hardy-Weinberg平衡（$p < 0.050$），其余7个位点都呈极显著偏离Hardy-Weinberg平衡（$p<0.01$）。13个位点中，有9个位点含有无效等位基因，其无

效等位基因频率变幅为 0.16~0.49。

表 3-43 不同 SSR 微卫星位点的遗传多样性统计

位点	N_a（个）	N_e（个）	H_o	H_e	PIC	I	F_{is}	F	HWE	无效等位基因
S7	25	6.22	0.41	0.81	0.93	1.98	0.49	0.49	**	Y（0.28）
S24	22	6.44	0.64	0.82	0.88	2.03	0.23	0.23	*	Y（0.16）
S34	22	5.90	0.60	0.80	0.89	1.95	0.26	0.25	**	Y（0.18）
S36	12	2.38	0.32	0.56	0.65	1.06	0.43	0.41	0.14	Y（0.24）
S41	18	2.63	0.47	0.55	0.84	1.07	0.16	0.26	0.07	Y（0.22）
S44	29	5.52	0.66	0.81	0.90	1.90	0.18	0.17	*	Y（0.16）
S45	27	6.68	0.37	0.84	0.90	2.06	0.55	0.56	***	Y（0.29）
S64	30	6.18	0.03	0.81	0.94	1.97	0.97	0.96	***	Y（0.49）
S70	33	4.82	0.28	0.72	0.92	1.60	0.62	0.64	***	Y（0.35）
S77	25	4.19	0.88	0.72	0.87	1.51	-0.21	-0.22	**	N
S79	16	3.65	0.94	0.70	0.83	1.36	-0.35	-0.38	***	N
S82	22	4.16	0.82	0.75	0.84	1.61	-0.10	-0.10	0.10	N
S93	10	3.94	0.84	0.73	0.85	1.52	-0.15	-0.16	*	N
平均	22.39	4.82	0.56	0.74	0.86	1.66	0.24	0.24	*	

注：N_a 为观测等位基因数；N_e 为有效等位基因数；H_o 为观测杂合度；H_e 为期望杂合度；PIC 为多态性信息含量；I 为 Shannon 多样性指数；F_{is} 为居群近交系数；F 为固定指数；HWE 为 Hardy-Weinberg 平衡检验；* 为 $p<0.05$；** 为 $p<0.01$；*** 为 $p<0.001$；Y 为含有无效等位基因；N 为不含有无效等位基因。

3.1.4.3 天然居群遗传多样性

从居群水平看，18 个天然居群的计算结果显示（表 3-44）：南方红豆杉天然居群的遗传多样性整体水平较高，各居群的遗传多样性水平有一定差异，最高为江西信丰（JXXF）居群（$N_a = 11.00$，$N_e = 6.32$，$H_o = 0.69$，$H_e = 0.80$，$I = 1.94$，$A_R = 5.42$，$P_A = 0.59$）；最低为福建武平（FJWP）居群（$N_a = 6.08$，$N_e = 3.26$，$H_o = 0.37$，$H_e = 0.64$，$I = 1.31$，$A_R = 3.79$，$P_A = 0.18$），且各居群的观测杂合度普遍低于期望杂合度。从表 3-44 中还可以看出，固定指数（F）除湖南浏阳（HNLY）居群外，其余居群均 > 0，平均值为 0.24，近交系数（F_{is}）变幅为 0.04（HNLY）~0.48（FJWP），平均值为 0.36，两者综合表示南方红豆杉天然居群内具有一定程度的杂合子缺失，从而表明居群中存在近交现象。各居群的多态性位点百分率（PPB）均为 100%，说明南方红豆杉居群的遗传多样性水平较高。18 个居群中有 14 个居群未达到遗传平衡状态，但南方红豆杉取样数（665 个）达到了中等水平，且等位基因多样性处于较高水平，这表明偏离 Hardy-Weinberg 平衡的结果不会对后续数据分析造成显著影响。

表3-44 南方红豆杉居群的遗传多样性统计

居群	N_a（个）	N_e（个）	H_o	H_e	I	F	F_{is}	A_R	P_A（个）	HWE	PPB（%）
ZJLA	8.15	5.25	0.58	0.79	1.76	0.27	0.29	5.05	0.19	*	100
ZJLS	5.69	3.72	0.55	0.70	1.42	0.19	0.24	4.08	0.10	*	100
ZJJS	7.08	4.05	0.65	0.70	1.50	0.05	0.10	4.33	0.15	0.07	100
ZJLQ	7.46	4.88	0.67	0.75	1.64	0.08	0.14	4.71	0.37	0.09	100
HNSZ	10.39	6.10	0.55	0.79	1.87	0.29	0.31	5.20	0.32	**	100
HNLY	8.85	3.97	0.69	0.71	1.55	0.00	0.04	4.27	0.13	**	100
HNXH	9.46	5.30	0.49	0.75	1.76	0.38	0.36	4.96	0.27	*	100
HNGY	9.77	5.57	0.60	0.79	1.82	0.23	0.25	5.04	0.27	*	100
JXWY	8.46	4.61	0.57	0.72	1.65	0.20	0.22	4.70	0.17	0.07	100
JXTG	9.08	4.31	0.49	0.76	1.68	0.35	0.37	4.58	0.27	***	100
JXFY	6.69	3.39	0.52	0.65	1.33	0.22	0.20	3.77	0.12	**	100
JXXF	11.00	6.32	0.69	0.80	1.94	0.12	0.15	5.42	0.59	*	100
FJNP	9.85	5.60	0.52	0.76	1.82	0.36	0.34	5.17	0.24	**	100
FJMX	9.15	5.72	0.68	0.79	1.80	0.12	0.14	5.06	0.30	**	100
FJFZ	6.54	4.23	0.43	0.74	1.57	0.42	0.44	4.64	0.06	0.10	100
FJWP	6.08	3.26	0.37	0.64	1.31	0.46	0.48	3.79	0.18	*	100
GDLC	9.77	5.07	0.46	0.75	1.76	0.35	0.40	4.89	0.22	*	100
GDLZ	10.54	5.49	0.53	0.72	1.75	0.27	0.28	4.93	0.60	*	100
平均	8.56	4.82	0.56	0.74	1.66	0.24	0.36	4.70	0.25	*	100

注：A_R为等位基因丰富度；P_A为私有等位基因数；PPB为多态性位点百分数。

从位点水平看（表3-45），南方红豆杉居群间遗传分化系数（G_{st}）变幅为0.06~0.33，平均值为0.14，表明居群间遗传分化水平较高。所有居群总遗传变异（H_t）变幅为0.71~0.95，平均值为0.88。居群内的遗传变异（H_s）变幅为0.57~0.86，平均值为0.76。各位点基因流（N_m）变幅为0.47~2.99，平均值为1.62，表明整体的基因流处于较高水平；部分位点N_m小于1，表明居群间基因流动相对较少。

表3-45 不同位点的遗传分化参数

位点	G_{st}	H_s	H_t	N_m
S7	0.11	0.83	0.93	1.71
S24	0.06	0.84	0.89	2.99
S34	0.09	0.82	0.90	2.19
S36	0.19	0.57	0.71	0.95
S41	0.33	0.57	0.85	0.47
S44	0.09	0.82	0.90	2.11
S45	0.06	0.86	0.91	2.82

（续表）

位点	G_{st}	H_s	H_t	N_m
S64	0.11	0.84	0.95	1.49
S70	0.19	0.75	0.92	0.90
S77	0.16	0.74	0.87	1.23
S79	0.17	0.71	0.85	1.15
S82	0.12	0.76	0.86	1.64
S93	0.14	0.74	0.86	1.37
平均	0.14	0.76	0.88	1.62

注：G_{st}为标准遗传分化系数；H_s为居群内的遗传变异；H_t为所有居群总遗传变异；N_m为基因流。

通过 AMOVA 分子方差分析的结果可以看出（表3-46），南方红豆杉天然居群遗传变异主要存在于居群内（84.90%），居群间变异只占 15.10%（$p < 0.001$），表现为居群间的变异小于居群内的变异。

表3-46　南方红豆杉天然居群变异分子方差分析

变异来源	自由度	平方和	方差分量	方差分量百分比	p 值
居群间	17	1046.79	0.78	15.10	< 0.001
居群内	1312	5751.70	4.38	84.90	

3.1.4.4　天然居群遗传结构

18 个天然居群间的遗传距离和遗传一致度见表3-47，可以看出，居群间遗传距离和遗传一致度的变幅分别为 0.18~1.59 和 0.20~0.83，说明南方红豆杉居群间存在一定程度的遗传分化，与 AMOVA 分析结果一致。18 个天然居群中，福建武平（FJWP）与福建福州（FJFZ）居群间的遗传距离最大（$GD = 1.59$）且遗传一致度最小（$GI = 0.20$）；广东乐昌（GDLC）与江西婺源（JXWY）居群间的遗传距离最小（$GD = 0.18$）且遗传一致度最大（$GI = 0.83$）。

基于居群遗传距离矩阵的主坐标分析（PCoA）结果见图3-18，可以看出，18 个天然居群被分为 4 类，A 类群包括浙江临安（ZJLA）、浙江江山（ZJJS）、湖南浏阳（HNLY）、江西铜鼓（JXTG）和福建福州（FJFZ）居群；B 类群包括浙江丽水（ZJLS）、浙江龙泉（ZJLQ）、湖南新晃（HNXH）、江西婺源（JXWY）、福建南平（FJNP）、湖南桑植（HNSZ）和广东乐昌（GDLC）居群；C 类群包括湖南桂阳（HNGY）、江西信丰（JXXF）、福建明溪（FJMX）和广东连州（GDLZ）居群；D 类群包括江西分宜（JXFY）和福建武平（FJWP）居群。在地理位置上，A 类群和 B 类群的居群大部分偏北部，C 类群和 D 类群的居群偏中南部，大体呈现为南北分布格局。

遗传聚类分析的结果见图3-19，可以看出，18 个居群被聚为 4 类，与主坐标分析结果一致。遗传聚类表明，居群间的遗传距离与其地理距离间并不存在显著的关联性，如浙江丽水（ZJLS）与湖南新晃（HNXH）居群，两者地理距离较远，却被划分到同一组（B 类群），

表 3-47 南方红豆杉居群的遗传一致度和遗传距离

居群	ZJLA	ZJLS	ZJJS	ZJLQ	HNSZ	HNLY	HNXH	HNGY	JXWY	JXTG	JXFY	JXXF	FJNP	FJMX	FJFZ	FJWP	GDLC	GDLZ
ZJLA		0.70	0.51	0.64	0.51	0.49	0.85	0.75	0.83	0.34	1.11	0.77	0.83	0.64	0.32	1.40	0.73	0.79
ZJLS	0.50		0.80	0.29	0.35	0.69	0.89	1.00	0.54	0.77	1.21	0.81	0.83	1.01	0.95	1.21	0.57	0.99
ZJJS	0.60	0.45		0.77	0.61	0.25	0.67	0.67	0.78	0.62	1.34	0.86	0.58	0.68	0.61	1.18	0.85	0.89
ZJLQ	0.53	0.75	0.47		0.31	0.62	0.87	0.91	0.56	0.64	1.08	0.71	0.82	0.88	0.79	1.15	0.53	0.84
HNSZ	0.60	0.71	0.54	0.74		0.46	0.83	0.74	0.45	0.61	1.04	0.72	0.66	0.77	0.66	1.21	0.48	0.97
HNLY	0.61	0.50	0.78	0.54	0.63		0.87	0.67	0.64	0.52	1.29	0.85	0.70	0.75	0.59	1.35	0.81	1.01
HNXH	0.43	0.41	0.51	0.42	0.44	0.42		0.84	0.80	0.98	1.07	0.69	0.21	0.79	1.07	1.15	0.84	0.97
HNGY	0.47	0.37	0.51	0.41	0.48	0.51	0.43		0.82	0.82	1.12	0.91	0.84	0.22	0.79	1.04	0.82	0.73
JXWY	0.44	0.58	0.46	0.57	0.64	0.53	0.45	0.44		0.82	1.04	0.79	0.72	0.87	0.92	1.38	0.18	0.94
JXTG	0.71	0.46	0.54	0.53	0.54	0.60	0.38	0.44	0.44		1.26	0.81	0.95	0.78	0.29	1.52	0.87	0.92
JXFY	0.33	0.30	0.26	0.34	0.35	0.28	0.34	0.33	0.35	0.29		0.69	1.16	1.09	1.10	0.46	1.19	1.05
JXXF	0.46	0.45	0.42	0.49	0.49	0.43	0.50	0.41	0.45	0.45	0.50		0.81	0.77	0.87	0.94	0.77	0.47
FJNP	0.44	0.44	0.56	0.44	0.52	0.50	0.81	0.43	0.49	0.39	0.31	0.45		0.82	1.03	1.27	0.81	1.20
FJMX	0.53	0.36	0.50	0.42	0.46	0.47	0.45	0.80	0.42	0.46	0.34	0.46	0.44		0.74	1.04	0.85	0.71
FJFZ	0.73	0.39	0.55	0.46	0.52	0.56	0.35	0.46	0.40	0.75	0.33	0.42	0.36	0.48		1.59	0.97	0.90
FJWP	0.25	0.30	0.31	0.32	0.30	0.26	0.32	0.35	0.25	0.22	0.63	0.39	0.28	0.35	0.20		1.19	1.17
GDLC	0.48	0.57	0.43	0.59	0.62	0.44	0.43	0.44	0.83	0.42	0.30	0.46	0.45	0.43	0.38	0.31		0.76
GDLZ	0.45	0.37	0.41	0.43	0.38	0.36	0.38	0.48	0.39	0.40	0.35	0.63	0.30	0.49	0.41	0.31	0.47	

注：左下角为遗传一致度，右上角为遗传距离。

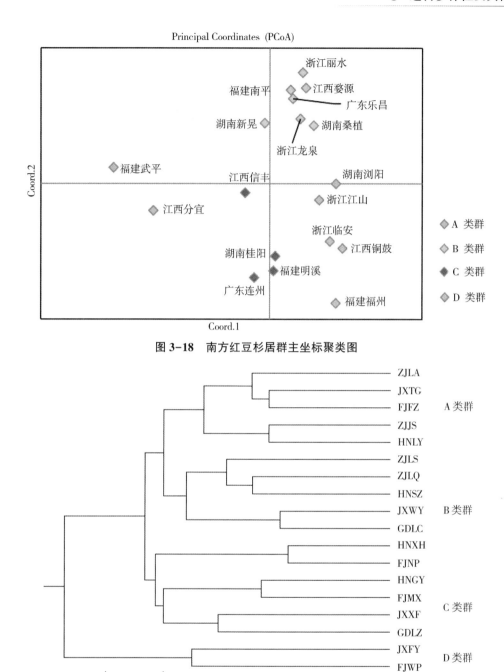

图 3-18 南方红豆杉居群主坐标聚类图

图 3-19 南方红豆杉居群 UPGMA 聚类图

表明两者的地理距离虽远，但其遗传距离较近。

Mantel 相关性矩阵检验结果表明，南方红豆杉居群间的遗传距离与地理距离（$R^2 = 0.0097$，$p = 0.140$）及海拔高差（$R^2 = 0.0253$，$p = 0.110$）线性相关不显著。南方红豆杉天然居群呈岛屿状分布，可能是造成没有明显地理规律，居群间遗传距离与地理距离没有相关性的原因。

假定居群间的基因频率互不相关，应用 Structure 软件对南方红豆杉 665 个个体进行遗传结构分析（图 3-20）。根据最优 K 值（$K=4$），参试的 665 株个体被重新划分为 4 个类群，且分组情况与基于 UPGMA 的聚类研究基本一致。

南方红豆杉天然居群间存在不同程度的基因渗透现象，B 类群内的居群间基因渗透较多，而 D 类群内的江西分宜（JXFY）、A 类群内的湖南浏阳（HNLY）及 C 类群内的湖南桂阳（HNGY）居群间基因渗透明显较少。当某一样本在某类群中的 $Q \geqslant 0.6$ 时（Q 表示居群中个体隶属于不同组的比例），则认为该样本的亲缘关较为单一，反之，认为该样本的亲缘关系较为复杂。南方红豆杉 18 个天然居群中，大部分居群中都存在 1~3 个亲缘关系较复杂的样本，浙江临安（ZJLA）居群（3 个）、湖南桑植（HNSZ）居群（3 个）、湖南新晃（HNXH）居群（2 个）、湖南桂阳（HNGY）居群（2 个）、江西信丰（JXXF）居群（1 个）、福建南平（FJNP）居群（1 个）、福建明溪（FJMX）居群（1 个）、福建福州（FJFZ）居群（1 个）、福建武平（FJWP）居群（1 个）和广东连州（GDLZ）居群（1 个），亲缘关系复杂样本数总计为 16 个，占总样本数的 2.41%，说明各居群中大部分样本的亲缘关系较为单一，少量样本含有其他类群的遗传成分。

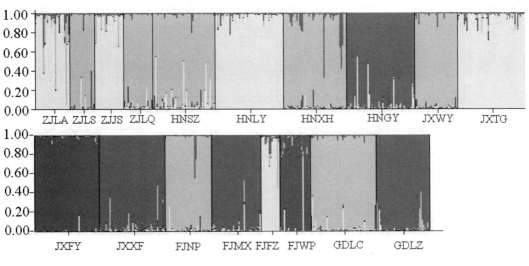

图 3-20　南方红豆杉 18 个居群的 Structure 聚类图（$K=4$）

注：纵坐标为 Q 值（居群中个体隶属不同组的比例）。

3.2　天然居群交配系统

3.2.1　红豆树

3.2.1.1　天然居群选择

主要对红豆树天然分布区内的 3 个典型天然居群进行研究，分别位于江西资溪县马头山镇（北纬 27.79°，东经 117.13°，年均气温 16.9℃，年均降水量 1929.9mm，年均日照

1595.7h，年均相对湿度83%，年均无霜期270d）、浙江龙泉市八都镇（北纬29.03°，东经119.99°，年均气温17.6℃，年均降水量1699.4mm，年均日照1849.8h，年均相对湿度79%，年均无霜期263d）和浙江龙泉市锦溪镇黄山头（北纬29.07°，东经119.05°，气候条件与八都镇居群类似）。3个居群所处地理位置均属亚热带湿润季风气候，气候温和，雨量充沛。

江西资溪县马头山镇居群（JXMTS）沿溪流呈带状分布，周围伴生树种主要有米槠（*Castanopsis carlesii*）、麻栎（*Quercus acutissima*）和毛竹（*Phyllostachys heterocycla*）等；浙江龙泉市八都镇居群（ZJBD）除几株采种母株聚集一起外，其余呈零星分布，但周围植被相对较丰富，主要包括木莲（*Manglietia fordiana*）、青冈（*Cyclobalanopsis glauca*）、木荷（*Schima superba*）、香椿（*Toona sinensis*）、香樟（*Cinnamomum camphora*）、榉树（*Zelkova serrata*）、苦槠（*Castanopsis sclerophylla*）和毛竹等；浙江龙泉市锦溪镇黄山头居群（ZJJX-1）则集群分布，周围植被主要包括青冈、榉树、苦槠和毛竹等。由于红豆树成株并非连年开花，2015年10~11月在JXMTS、ZJBD和ZJJX-1居群中分别选择所有当年结实的成株并分单株进行采种，其中JXMTS居群采集到3个母株的种子，ZJBD居群采集到4株，ZJJX-1居群仅有一株，共计8株母株（表3-48）。同一母株上的种子组成一个家系。2016年5月将采集到的家系种子播种于浙江省龙泉市林科院保障性苗圃中，8月采集家系子代幼苗叶片，每个家系随机挑选30个子代采集叶片2~3片（不足30个子代的全部采集）。

表3-48 红豆树天然居群取样母株基本信息

居群	居群大小（株）	采种母株数量（株）	采集叶样子代数（个）/母株
江西资溪县马头山镇（JXMTS）	18	3	21~30
浙江龙泉市八都镇（ZJBD）	34	4	30
浙江龙泉市锦溪镇黄山头（ZJJX-1）	10	1	30

3.2.1.2 亲本和子代的遗传多样性

12对SSR引物在亲本和子代中扩增得到的等位基因数在5~15个，共扩增出125个等位基因，平均每对引物扩增出10.42个（表3-49）。从遗传多样性参数可以看出，成株居群总体的遗传多样性水平均高于子代群体（表3-50）。在浙江八都居群，成株的Shannon多样性指数（I）和期望杂合度（HE）分别为1.67和0.77，子代的I和HE要高于亲代，分别为1.71和0.78。较之于浙江八都居群，江西马头山居群的遗传多样性略低（I=1.59，HE=0.75），但亲代和子代间的遗传多样性基本保持一致，这说明浙江八都和江西马头山居群子代都能保持其亲代所具有的高遗传多样性。浙江锦溪居群的遗传多样性最低，且子代的遗传多样性（I=1.14，HE=0.59）明显低于亲代（I=1.41，HE=0.71）。3个居群的固定指数（F）均为正值，说明子代中可能存在一定比例的自交或近交。

表 3-49 3 个红豆树居群亲本、子代 12 对 SSR 引物扩增的等位基因数   单位：个

引物	亲本			子代			合计
	JXMTS	ZJBD	ZJJX-1	JXMTS	ZJBD	ZJJX-1	
SSR1	2	4	3	5	5	4	5
SSR2	7	7	5	8	7	6	8
SSR3	9	11	7	8	11	5	12
SSR4	8	8	6	8	8	7	10
SSR5	7	8	2	8	8	4	10
SSR6	7	9	4	6	9	6	11
SSR7	6	8	8	8	9	5	13
SSR8	5	8	7	8	10	5	11
SSR9	7	4	5	10	6	3	11
SSR10	5	5	6	6	6	4	9
SSR12	9	10	6	10	10	3	15
SSR13	7	4	4	9	8	6	10
合计	79	86	63	94	97	58	125

表 3-50 红豆树片段化居群中亲本和子代的遗传多样性

生活史	居群	数目（个）	N_a（个）	N_e（个）	I	H_o	H_e	h	F
亲本	JXMTS	15	6.58	4.32	1.59	0.59	0.75	0.77	0.21
	ZJBD	34	7.17	4.95	1.67	0.56	0.77	0.78	0.27
	ZJJX-1	10	5.25	3.82	1.41	0.55	0.71	0.75	0.23
	合计	59	9.58	6.18	1.93	0.57	0.82	0.83	0.31
子代	JXMTS	77	7.83	4.06	1.59	0.39	0.74	0.74	0.48
	ZJBD	120	8.08	4.98	1.71	0.46	0.78	0.79	0.41
	ZJJX-1	30	4.83	2.78	1.14	0.41	0.59	0.60	0.30
	合计	227	9.42	5.78	1.86	0.43	0.81	0.81	0.47

注：N_a 为等位基因数；N_e 为有效等位基因；I 为 Shannon 多样性指数；H_o 为观测杂合度；H_e 为基望杂合度；h 为 Nei's 遗传多样性指数；F 为固定指数。

3.2.1.3 交配系统

利用 MLTR 程序对 3 个红豆树天然居群中所有结实单株的 227 个子代在整体水平上进行了分析（表 3-51），结果表明：12 个位点估算出的 3 个居群总的多位点异交率（t_m）为 0.884，单位点异交率（t_s）为 0.806，双亲近交系数（t_m-t_s）为 0.078，表明存在一定程度的双亲近交现象，这也证明了各居群子代的观测杂合度（H_o）都低于亲代，这与理论推测结果一致。多位点父本相关性［$r_{p(m)}$］为 0.494，意味着很多子代共享了亲本，进一步显示高比例的近亲交配。有效花粉供体数目（N_{ep}）较少，仅 2.096 个。

由于浙江锦溪居群中仅有一个家系，仅对江西马头山和浙江八都 2 个天然居群的交配

系统参数进行了估计。由表 3-51 可知，2 个天然居群的多位点异交率均处于较高水平，这表明红豆树天然居群主要以异交为主，但浙江八都居群的异交率要低于江西马头山居群。江西马头山和浙江八都居群的双亲近交系数（t_m-t_s）均大于 0，说明这 2 个居群都存在双亲近交现象。浙江八都和江西马头山居群的双亲近交系数分别为 0.016 和 0.007，2 个居群的双亲近交系数均较小，这也说明红豆树天然居群的交配系统是以异交为主。江西马头山和浙江八都居群的单位点父本相关性与多位点父本相关性的差值 $[r_{p(s)}-r_{p(m)}]$ 值分别为 0.019 和 0.063，表明花粉供体中有小部分存在亲缘关系。

表 3-51　红豆树天然居群的交配系统参数估计

参数	JXMTS	ZJBD	总体水平
t_m	1.000（0.000）	0.824（0.175）	0.884（0.022）
t_s	0.992（0.009）	0.809（0.203）	0.806（0.021）
t_m-t_s	0.007（0.009）	0.016（0.051）	0.078（0.015）
r_t	0.108（0.000）	0.910（0.118）	0.771（0.099）
$r_{p(m)}$	0.142（0.057）	0.213（0.067）	0.494（0.046）
$r_{p(s)}$	0.171（0.067）	0.276（0.087）	0.514（0.015）
$r_{p(s)}-r_{p(m)}$	0.019（0.013）	0.063（0.076）	0.020（0.055）
F_M	0.118（0.086）	0.079（0.133）	0.078（0.007）
F_e	0.000	0.096	0.046
N_{ep}（个）	7.040	4.695	2.096

注：t_m 为多位点异交率；t_s 为单位点异交率；t_m-t_s 为双亲近交系数；r_t 为子代多位点相关系数；$r_{p(m)}$ 为多位点父本相关性；F_M 为父本固定指数；$r_{p(s)}$ 为单位点父本相关性；F_e 为预期近交系数；N_{ep} 为有效花粉供体数目。括号内数据表示标准误差，下同。

由表 3-52 可见，红豆树 3 个居群 8 个家系的多位点异交率（t_m）、单位点异交率（t_s）均存在一定差异，t_m 的变化范围为 0.772~1.000。在所研究的 8 个家系中，除 141 号家系外，其余 7 个家系的双亲近交系数（t_m-t_s）都大于 0，t_m-t_s 的变化范围为 0.000~0.139，其中 168 号家系的双亲近交系数最大，说明绝大多数家系存在一定的双亲近交现象，其中 168 号家系近交系数最大。141 号家系多位点异交率（t_m）为 0.772，t_m-t_s <0（t_m-t_s=-0.032），说明此家系不存在近亲交配，但可能存在少部分的自交后代。8 个家系的父本相关性 $[(r_{p(m)})]$ 有一定差异，从 0.080 到 0.352，说明不同家系的父本相关性程度存在差异，其中 168 号家系最高，最低的是 141 号家系。

表 3-52　红豆树天然居群中 8 个家系的交配系统参数

居群	家系	子代数（个）	t_m	t_m-t_s	$r_{p(m)}$	N_{ep}
	81	21	1.000（0.000）	0.000（0.000）	0.110（0.000）	9.09
JXMTS	86	26	1.000（0.000）	0.032（0.011）	0.097（0.042）	10.31
	99	30	1.000（0.001）	0.020（0.001）	0.101（0.000）	9.90

（续表）

居群	家系	子代数（个）	t_m	t_m-t_s	$r_{p(m)}$	N_{ep}
ZJBD	166	30	1.000（0.000）	0.041（0.012）	0.215（0.062）	4.65
	168	30	1.000（0.000）	0.139（0.043）	0.352（0.127）	2.84
	169	30	0.997（0.003）	0.055（0.013）	0.240（0.012）	4.16
	170	30	0.999（0.000）	0.040（0.002）	0.099（0.000）	10.10
ZJJX-1	141	30	0.772（0.031）	-0.032（0.057）	0.080（0.024）	12.50

3.2.2 南方红豆杉

3.2.2.1 天然居群选择

主要对南方红豆杉天然分布区内的 2 个居群进行研究，分别位于浙江龙泉和江西分宜。2 个居群所处地理位置均属亚热带湿润季风气候，气候温和，雨量充沛。2018 年 11 月，在浙江龙泉和江西分宜居群中，分别就所有当年结实的亲代并分单株进行采种，同一母株上的种子组成 1 个家系。取样及采种详细信息见表 3-53。采种居群内的结实母株数量较少，在浙江龙泉居群仅采集到 5 个母株的种子，江西分宜居群仅采集到 3 个母株的种子，共计 8 个母株。2019 年 12 月，将采集到的家系种子播种于浙江省龙泉市林业科学研究院保障性苗圃中；2020 年 10 月，将家系幼苗运输至实验室，采集家系子代幼苗叶片，每个家系随机挑选 35 个子代采集叶片 4~6 片（不足 35 个子代的全部采集）。

表 3-53　南方红豆杉天然居群取样母株基本信息

代号	采样地	经度	纬度	海拔（m）	亲代数目（个）	亲代性别比例	采种母株数（株）	采集叶样的子代数目（个）
ZJLQ	浙江龙泉	118°47′48″	28°0′36″	585~772	22	13/9	5	78
JXFY	江西分宜	114°32′39″	27°37′17″	241~624	49	6/43	3	26

3.2.2.2 南方红豆杉亲代和子代的遗传多样性

从表 3-54 可以看出，在浙江龙泉（ZJLQ）和江西分宜（JXFY）居群中，亲代的有效等位基因数（N_e）和 Shannon 多样性指数（I）分别为 4.192 和 1.508，子代的 N_e 和 I 要高于亲代，分别为 5.094 和 1.694。与之相反，亲代的等位基因丰富度（$A_R=3.886$）和私有等位基因数（$P_A=1.740$）皆比子代（$A_R=3.626$，$P_A=1.451$）高。亲代与子代群体的近交系数皆大于零，且亲代近交系数（$F_{is}=0.114$）略大于子代（$F_{is}=0.202$）。此外，亲代居群的私有等位基因丰富度比子代群体略高。

表 3-54 南方红豆杉亲代和子代群体的遗传多样性

生活史	居群	样本数目（个）	N_a（个）	N_e（个）	A_R	P_A	H_o	I	F_{is}
亲代	ZJLQ	22	7	4.831	4.195	1.832	0.726	1.620	0.057
	JXFY	49	7	3.552	3.576	1.647	0.568	1.395	0.171
	均值	36	7	4.192	3.886	1.740	0.647	1.508	0.114
子代	ZJLQ	78	12	5.667	3.683	1.611	0.638	1.794	0.152
	JXFY	26	7	4.520	3.568	1.291	0.568	1.594	0.251
	均值	52	10	5.094	3.626	1.451	0.603	1.694	0.202

3.2.2.3 南方红豆杉天然居群的交配系统

对浙江龙泉（ZJLQ）和江西分宜（JXFY）居群的交配系统参数进行估计（表 3-55），12 个位点估算出的 2 个居群总的多位点异交率（t_m）均为 1.200，单位点异交率（t_s）为 0.932，双亲近交系数（t_m-t_s）为 0.268，南方红豆杉自然居群的双亲近交水平较低。南方红豆杉自然居群中有效花粉供体数目（N_{ep}）较少，仅为 1.5 个。单位点父本相关性和多位点父本相关性的差值［$r_{p(s)} - r_{p(m)}$］反映双亲关联度与交配群体结构之间的关系，$r_{p(s)} - r_{p(m)}$ 为 0.095（>0），表明只有小部分花粉供体是近亲关系。

表 3-55 2 个南方红豆杉天然居群的交配系统参数

参数	ZJLQ	JXFY	总体水平
t_m	1.200（0.000）	1.200（0.000）	1.200（0.000）
t_s	1.035（0.029）	0.804（0.040）	0.932（0.018）
t_m-t_s	0.165（0.029）	0.396（0.040）	0.268（0.018）
$r_{p(m)}$	0.706（0.098）	0.515（0.133）	0.660（0.085）
$r_{p(s)}$	0.501（0.111）	0.999（0.121）	0.755（0.098）
$r_{p(s)} - r_{p(m)}$	-0.204（0.078）	0.484（0.117）	0.095（0.060）
N_{ep}（个）	1.4	1.9	1.5

由表 3-56 可知，2 个天然居群 8 个家系的多位点异交率（t_m）、单位点异交率（t_s）均存在一定的差异，t_m 的变幅为 0.553（LQ09 号家系）～1.200（LQ08、LQ16、LQ21、FY01、FY19 和 FY37 号家系）。双亲近交系数（t_m-t_s）的变幅为 0.000（LQ08 号家系）～0.556（FY19 号家系），其中 LQ08 号家系的双亲近交系数（t_m-t_s）为零，说明该家系不存在近亲交配现象；相反，其余 8 个家系的双亲近交系数都大于零，说明这些家系存在近亲交配现象。8 个家系的父本相关性［（$r_{p(m)}$）］差异较大，变幅为 0.440～0.884，有效花粉供体的数目为 1.1～2.3 个，表明各家系的父本相关性程度不一致，其中 LQ01 号家系最高，LQ08 号家系最低。

表 3-56　南方红豆杉天然居群中 8 个家系的交配系统参数

居群	家系	子代数目（个）	t_m	t_m-t_s	$r_{p(m)}$	N_{ep}（个）
ZJLQ	LQ01	13	0.770 (0.262)	0.408 (0.153)	0.884 (0.142)	1.1
	LQ08	5	1.200 (0.000)	0.000 (0.037)	0.440 (0.707)	2.3
	LQ09	35	0.553 (0.099)	0.183 (0.038)	0.513 (0.148)	2.0
	LQ16	7	1.200 (0.000)	0.148 (0.089)	0.823 (0.418)	1.2
	LQ21	18	1.200 (0.000)	0.060 (0.058)	0.827 (0.147)	1.2
JXFY	FY07	12	1.200 (0.000)	0.254 (0.091)	0.446 (0.197)	2.2
	FY19	9	1.200 (0.000)	0.556 (0.088)	0.810 (0.194)	1.2
	FY37	5	1.200 (0.000)	0.417 (0.104)	0.609 (0.446)	1.6

3.3　遗传保育策略

3.3.1　红豆树

3.3.1.1　红豆树濒危机制

红豆树天然资源很少，一些较小的天然居群仅存于寺庙旁或者村落旁，以风水林存在。红豆树开花结实年龄迟且不稳定，一般 35 年左右才开花结实，大小年明显，结实大年过后一般需 3~5 年才再次开花结果，其种子还极易遭鸟食、鼠食和虫蛀危害，种皮干燥后不易吸水，自然繁衍能力和传播扩散能力都较差。因红豆树自然分布不多，天然林分稀少，加上 20 世纪五六十年代以来的过度采伐和利用，造成其天然种群数量极少，且群落片段化，致使红豆树面临濒危，天然林资源几近枯竭。长期以来，红豆树因其种子来源少，人工林发展极其缓慢。使用种子苗造林，植株个体间生长分化大，且因其秋梢易受冻害而易出现分叉现象，严重影响红豆树人工林培育的成效。针对浙江、福建和湖北现存较大的 6 个红豆树天然居群研究发现，与我国其他濒危树种相比，红豆树天然居群仍然维持有较高的遗传多样性，但来自较大居群的遗传多样性较高。分析认为，人类过度采伐、获得种子困难、种子发芽和传播困难等是红豆树自然居群数量减少并形成片段化，进而导致其濒危的主要原因。

3.3.1.2　红豆树保育策略及建议

红豆树既是国家重点保护野生植物，又是我国主要推荐的栽培珍贵树种，具有极高的开发利用价值。所以，在做好对其保护及保育工作的基础上，应尽可能开发利用，推进其产业化进程，造福人类（楚秀丽等，2021）。

首先，做好就地保护、迁地保护和回归引种等工作。濒危树种红豆树天然居群的自然更新能力较弱，居群小，呈衰退状态，同时，零星分布的红豆树天然古树缺乏保护和监管。针对此类现状，亟待加强红豆树天然居群和孤立古树的就地保护、异地保存以及优异种质的繁育利用和回归，极力做好红豆树珍贵资源的遗传保育工作，维持其遗传多样性，对红豆树优异种质进行异地有效保护，为其资源开发利用提供前提。

其次，加快红豆树无性扩繁技术突破。目前，红豆树造林和绿化用苗均为种子实生苗，其林木个体间在树高、胸径、枝下高、通直度及心材率等方面分化与变异程度大，严重影响红豆树人工林的高效栽培和景观效果。因此，为推进红豆树产业化发展，对资源较少的红豆树，应加快开展优良单株的选择和组织培养等无性繁育技术育苗技术研究，以规模化生产优质苗木，用于珍贵用材林资源储备和城市园林绿化。

最后，针对杈干现象，加强选育主干通直、树姿优美的珍贵用材造林和园林绿化所用植株。实践发现，不论是人工林林分群体，还是园林绿化中栽植的单株，红豆树植株普遍存在幼龄期主干分杈干现象，从表型观察，为其秋梢顶芽败死、春季重新抽枝所致，对导致该现象的深层次分子机理有待揭示，做好定向选育的基础工作。

3.3.2 楠木

3.3.2.1 楠木野生资源及保育研究现状

针对楠木类树种资源保育，在开展就地保护和迁地保育等工作的同时，围绕国家珍贵用材林储备，加强了其人工用材的资源培育。就地保护初见成效，国家逐年建立了以楠木树种等资源保护的自然保护区，如福建君子峰国家级自然保护区，是国家重点保护野生植物闽楠的现代分布中心之一，始建于 1995 年，2003 年正式建成为省级自然保护区，2008年晋升为国家级自然保护区，这里大量的闽楠作为重点保护对象得以保存，在保护区内低海拔区域，逐渐形成小规模群落，总面积约 3000hm²，种群数量达 10 万株以上，保护效果明显；福建建瓯万木林省级自然保护区亦将闽楠等作为重点保护对象（楚秀丽等，2023）。

迁地保护与就地保护几乎同步，植物园作为植物迁地引种保护的重要阵地，对楠木类树种迁地保护和栽培研究开展了大量的工作。浙江楠的迁地引种较为成功，昆明植物园、杭州植物园、武汉植物园、上海植物园、上海辰山植物园、南京中山植物园等均有浙江楠引种栽培的完整生活史报道记录，也表明了浙江楠较强的适应性。闽楠的引种栽培并不顺利，杭州植物园、桂林植物园、武汉植物园、南京中山植物园、上海辰山植物园等均有引种栽培，分别对闽楠开展了物候观察、生长跟踪调查，在桂林植物园能够正常开花，但并未成功获得其果实（未熟先落），可能是闽楠对气候等环境条件要求较高。

在楠木类树种作为珍贵用材树种资源培育方面，我国科研院所和高校积极开展了资源调查、遗传多样性等一系列科学研究，进行种质资源收集选育和培育等。通过楠木类树种全分布区资源调查，已收集上千份优树，并分别从家系数量较多的浙江楠和闽楠资源中筛选出优良种质，采用叶绿体 DNA 在属间进行了分子鉴定以及种间系统发育研究。掌握了浙江楠和闽楠种子和苗木的生态学特性等，即其种子寿命较短，不耐脱水，需与湿沙混合储藏，1 年生实生苗苗高可达 30~50cm，2~3 年生可生长 1m 以上；形成了 1 年生轻基质网袋容器苗及 2 年生大规格容器苗的基质选配、养分加载和水光环控等培育关键技术。针对楠木类树种幼苗生长慢、抚育成本高和早期成林难等生产技术瓶颈，突破了采用 2~3 年生大规格容器苗造林的作业措施，提出了楠木类深根性常绿阔叶珍贵用材树种高效营建技术，即适于采用与其他树种混交的造林模式，倾向方便排灌、土壤肥沃的立地，幼龄期在树冠遮阴条件好时生长迅速、易于成林。其幼树快速生长期集中，一年抽 3 次新梢，春梢、夏梢和秋梢，春梢生长慢，而夏梢和秋梢生长快，6 月上、中旬为快速生长期，10d 内顶梢可增高 30~40cm。研究表明，楠木为长命树种，35、38 龄仍处于生长旺盛期（楚秀丽等，2023）。

随着对楠木资源的培育和开发利用，楠木类树种逐渐在珍贵用材储备林建设中成为主力军。近些年，广东、浙江、福建、江西、江苏等省大力发展楠木等珍贵树种，其中浙江以珍贵用材林贮备为目标，加强优良珍贵树种筛选和精细化培育研究，栽植珍贵树种上亿株。不过，树种构成单一的人工林往往出现致命问题。早些年，浙江省大规模营建楠木人工林，部分地区楠木林出现大面积的枯枝，甚至整株死亡，犹如马尾松得了松材线虫病。经专家研究发现，楠木枯枝病缘于一种叫作黄胫侏缘蝽（*Mictis serina*）的害虫，并解决了该害虫引起的枯枝病问题（林昌礼和舒金平，2018）。

3.3.2.2 楠木类树种保育策略及建议

基于楠木类资源现状及较高的开发利用价值，在前期就地保护和迁地保育成果的基础上，第一，应加强就地保护和迁地保育及相关基础科学研究，进行原生地野生群落生长和生境状况调查；第二，应收集全部分布区域种质资源，系统开展楠木类树种繁殖生物学、种子萌发生物学和生长规律及生长模型预测等基础研究；第三，厘清楠木类树种濒危的内在原因和外部因素，揭示其濒危机制；第四，开展种子迁地繁殖、人工辅助自然更新，注重其野生种群复壮和人工用材林储备；第五，尝试扦插等无性繁殖研究，重点关注其栽培关键技术研创，推进其资源开发利用进程（楚秀丽等，2023）。

3.3.3 赤皮青冈

3.3.3.1 赤皮青冈野生资源及保育研究现状

赤皮青冈生长快、适应性强，是优良的珍贵用材和生态修复树种，其天然林群落结构复杂，成层现象明显，乔木层中赤皮青冈占绝对优势，为主要建群种和优势种。因过度砍伐利用，现保存的天然起源的赤皮青冈种群数量较少，极大部分零星混生于其他群落中，且大多是古树名木，长期的地理隔离导致其遗传分化严重。赤皮青冈为广布种，广布种多维持有较高的遗传变异。此前利用 ISSR 技术研究发现赤皮青冈物种水平上有较高的遗传多样性，这与其生物学性质一致。此外赤皮青冈为风媒花，利用风媒传粉的植物遗传变异水平普遍高于依赖其他传粉机制的植物，花粉的远距离传播产生强大的基因流使群体间的基因交换频繁，不断进行基因重组，对维持个体与群体的遗传多样性有促进作用。

为了更好地保护和发展赤皮青冈这一珍贵用材树种资源，先后有多家机构开展了赤皮青冈种质资源的收集评价、良种选育等工作，现已全面掌握了赤皮青冈在我国南方主产省份的资源分布情况，并在浙江、福建、江西、湖南和贵州等主产区开展其幼树选择，通过多批次多地点的种源和优树家系遗传测定林，初选了一批优良家系和个体。同时，围绕赤皮青冈良种化的目标，系统开展赤皮青冈无性系种子园营建、矮化丰产等技术研究，解决促进母株生长、树冠形成和早实丰产等技术难题，为林业生产提供良种造林。

3.3.3.2 赤皮青冈保育策略及建议

保护物种是保护生物多样性的关键之一，其实就是保护物种的遗传多样性或各自的进化潜力。赤皮青冈物种水平表现出较高的遗传多样性，但资源量呈现逐年减少的趋势，这一现象出现的原因主要是受人为干扰，植被遭到严重破坏，进而引起生境碎片化，各居群间分布不连续。可从以下几方面对赤皮青冈种质资源进行保育：首先，降低人为因素的干扰频率，还给物种生长最适宜的自然环境，合理开采赤皮青冈资源，向林农及普通人民群众普及保护珍稀植物的重要性，增强民众护林意识。其次，建立赤皮青冈保护区。由于赤皮青冈多数的遗传变异存在于居群内，加上在片段化生境中生长的物种更易受到自然条件的影响，居群的遗传结构更加脆弱。因此，可以对赤皮青冈天然居群进行就地保护或迁地保护。就地保护时，对于遗传多样性较高的居群应该重点保护，也可以人为进行居群间的引种交流，防止近交衰退；迁地保护时，考虑到各居群间存在一定的遗传分化，收集样本时要从足够多的居群中选取足量的样本。再次，加强对赤皮青冈生态学特征、生长机制等方面的研究，并根据研究结果制定合理的保护措施。最后，建立种质资源库。由于赤皮青冈各居群存在一定的遗传分化，选择居群时要尽量广泛的选择，重点选择有代表性的居群（朱品红，2014）。

3.3.4 南方红豆杉

3.3.4.1 南方红豆杉濒危机制

在林区生活的人们素来喜欢用南方红豆杉的木材做棺木和生产各种生活器具，所以南方红豆杉被当地居民大量砍伐，致使植物资源减少。当人们得知红豆杉树皮可提取具有抗癌作用的紫杉醇时，世界各地的红豆杉资源遭到了毁灭性的破坏。20世纪60年代以后，我国西南地区的原生性森林遭到大肆砍伐，目前已很难见到成片高大的南方红豆杉，这一珍贵的树种正濒临灭绝。在浙江、福建等地，因南方红豆杉多散生在毛竹林中，农民在培育竹林的过程中，也可能会误砍红豆杉，造成一定的损失。此外，南方红豆杉一般分布在海拔1200m以下的山地，周边居民的开山垦荒等行为使其生境受到严重的破坏，目前生境多呈现碎片化或岛屿化。南方红豆杉本身就是一个在不断减小的植物种群，生境片段化和岛屿化阻断了传粉昆虫与鸟类的行动轨迹，从而加大了红豆杉种群间传粉及播种的阻力，导致该种群繁殖能力大幅降低（陈易展等，2018）。

南方红豆杉种子萌发率低、种群生殖能力弱、更新能力差等是其濒危的主要内部原因。其种皮坚硬致密，形成透水、透气的屏障，因而种子具有长时间休眠和深休眠的特性，自然状态下难以萌发，即使正常萌发，幼苗抗逆性也非常差，成活率很低。南方红豆杉的生殖周期较长，雌雄生殖系统发育不一，自然中雄多雌少，且在天然群落中常处于乔木层下层，植株间的间隔较大造成物种间隔离，林分中的花粉浓度低，雌球花授粉率低，还有异花授粉的花期不遇等问题，植株间传粉授精困难，结实率较低（陈易展等，2018）。

南方红豆杉具有较丰富的种群遗传物质基础。张蕊等（2009）对 15 个南方红豆杉种源的遗传多样性研究结果表明，种源平均多态性位点为 0.885，说明南方红豆杉种源的遗传多样性非常丰富，总的基因多样性为 0.4192，处于较高水平。虽然种源间的形态和生长特性差异显著，但在 DNA 水平上，基因分化系数为 0.1211，8.75% 的遗传变异存在于种源间，而种源内的变异占总变异的 91.25%，说明南方红豆杉的种源间遗传距离非常近（贺宗毅等，2017）。由于南方红豆杉属于小种群，各种群间距离相隔较远，多为高山所隔绝（吴杰等，2017），因而中国东部地区的野生资源量多，而偏南和偏西地区的野生资源量少。种群间隔较远，其固有的遗传漂移属性会引起等位基因的丢失，致使南方红豆杉丧失遗传多样性，同时小种群更易近缘个体间交配，引起种群生殖能力进一步下降，并更容易受到环境随机性和种群统计随机性影响。随着遗传多样性丧失，无论是统计随机性还是环境随机性，只要有一个因素发挥作用都会增加种群灭绝的危险（陈易展等，2018）。

3.3.4.2　南方红豆杉保育策略及建议

建立自然保护区和保护小区，是保护濒危物种最有效的手段。保护区的建立可以保护种群的生境、维持种群的稳定性和提高繁殖能力，有效地降低我国南方红豆杉因种群过小而灭绝的风险。可以在现有的南方红豆杉自然保护区内，开展人工规模化培育，通过适当密植种苗，以增加种群数量，同时适当地进行人为干扰，增加林下光照，保证幼苗生长所需的充足阳光，促进天然种群的更新和恢复。培育过程中要进行适当的除草、施肥等，以促进其对养分的吸收。为解决紫杉醇市场需求的问题，可以通过营建采穗圃，规模化生产无性系种苗；通过营建种植园，增加资源数量；通过不断的异地引种栽培来探索南方红豆杉的适应性，尽可能扩大物种的分布区域，以增强其种群的扩散能力。通过多年的研究，在南方红豆杉药用林的培育方面取得了突破性进展，实现了短周期栽植 2~3 年就能收获利用的目标。

同时，对南方红豆杉资源丰富的地区重点开展定位监测研究，系统地观察并记录其生长、发育、繁殖的特点及生长过程中的各项数据，采用人工促进的方法恢复发展以南方红豆杉为优势种的林分。目前，全球性气候变化较大，这将会改变植物的分布区域，已建立的自然保护区在多年后有可能会不再适宜该物种的生存，所以植物迁地保护也是很有必要的。不同地区的南方红豆杉对生境的要求有一定区别，所以在对不同地区南方红豆杉进行迁地保护后的管理也应有所不同，因地制宜才能达到最好的效果（陈易展等，2018）。

为了缓解红豆杉资源与制药原料之间的供需矛盾，应有计划地开展南方红豆杉的高含量紫杉醇良种和无性繁殖技术体系研究，充分利用南方红豆杉天然种群间和个体间的遗传变异，并积极探讨紫杉醇生物合成基因、控制及表达机理，采用基因工程和细胞工程技术手段，创制高产、稳产的优良新品种。同时，通过营建采穗圃，规模化无性繁殖富含紫杉醇的南方红豆杉良种壮苗，大力发展南方红豆杉药用林基地。

人为因素是对南方红豆杉进行资源保护的一个十分重要的环节，对林区居民进行保护植物资源的宣传教育是非常重要的。政府应根据《森林法》《野生植物保护条例》等相关法律法规，结合当地实际情况，制定切实可行的红豆杉资源保护管理办法，并由林业部门出面协调各相关部门共同保护现有的南方红豆杉资源，强化林政管理，对成熟的林木进行编号、挂牌等，并记录在案。林业部门和宣传部门要利用各种传媒和印发资料加强宣传，在通往南方红豆杉天然分布林区的道路口放置各种宣传标示牌和布告牌。在乡镇赶集时，也可以利用宣传车来回宣传，做到家喻户晓，提高老百姓对南方红豆杉的认知度。

遗传变异和良种选育及利用

植物对环境的适应和自身遗传结构在适应环境过程中的改变可通过生长和形质性状表达出来，通过对植物生长和形质性状变异进行研究，可掌握其遗传变异规律，提升其遗传改良潜力。同时，充分了解生长和形质性状的变异有助于准确地评估改良的可靠性。植物的生长和形质性状变异越丰富，越能体现其对环境的适应，而开展多点区域试验可为不同立地和地区选出具有稳定遗传性状的优良家系。国内学者针对红豆树、楠木（浙江楠和闽楠）、赤皮青冈、南方红豆杉的遗传变异和良种选育开展了一系列工作，包括在主要分布区开展优树选择，结合多点遗传测定建立种质资源库实现种质的长期保存，研究揭示生长、分枝、干形、抽梢和抗逆等种源、家系遗传变异规律及其与环境互作，发掘一批早期速生、干形通直和适生的优异种质，营建无性系种子园、实生种子园、微型杂交种子园和采穗圃，为这些特色珍贵树种高效培育奠定了坚实的物质基础和种植材料，推进了其良种化造林。

4.1 种质资源收集和育种群体构建

4.1.1 红豆树

红豆树现有自然保留的天然种群较少、较小，加之结实间隔期为 2~10 年，甚至长至 20 年，其优良种质资源收集保存比较困难。通过国内众多单位的共同努力，目前已收集到浙江龙泉，福建浦城，政和、顺昌、屏南，湖北秭归，陕西岚皋等红豆树种源、种质及龙泉、庆元优树种质共计 193 个优树家系和 229 个优树无性系。2017 年利用优株种子培育的 1 年生裸根苗分别保存于浙江龙泉和江西抚州两地，2017 年、2018 年又分别利用培育的 2 年生容器苗保存于浙江龙泉，2020 年利用 3 年生容器苗保存于浙江淳安。

苗期测定结果表明（表 4-1），红豆树种源和家系间苗高生长量差异较大，而地径生长量差异相对较小。在参试的 3 个种源中湖北秭归种源苗高生长量最大，平均苗高达 24.83cm，较福建浦城种源（平均苗高为 18.24cm）高出 36.1%。来源于浙江龙泉和庆元的 10 个参试家系其苗高变化在 12.54~21.84cm，最大的独田家系是最小的住龙家系的 1.72 倍，而地径则变化在 4.38~6.57mm，最小的住龙家系仅是最大铺云家系的 67%。分析表明，苗高生长量大的种源和家系似与其小叶片数多、叶片大有关。

表 4-1 收集保存的红豆树种源和家系种质苗期生长表现

种源/优树家系	苗高（cm）	地径（mm）	小叶数（片）	最大叶长（cm）	最大叶宽（cm）
湖北秭归	24.83	5.91	37.43	7.77	4.28
福建屏南	24.28	6.28	33.40	6.67	3.55
福建浦城	18.24	5.80	38.03	6.49	3.27
独田	21.84	5.43	37.26	6.94	3.97
于樟	20.92	5.62	44.73	6.66	3.14
龙1	20.27	6.51	47.83	7.17	3.54
铺云	19.34	6.57	35.97	7.57	4.10
溪口	18.90	5.70	34.40	7.35	3.31
龙2	15.94	6.25	29.83	6.99	3.52
庆元	15.68	5.93	30.50	7.55	4.18
龙5	15.03	5.39	30.86	6.74	3.49
八都	14.34	5.20	29.64	7.16	3.49
住龙	12.54	4.38	26.65	5.34	2.80

4.1.2 楠木

我国楠木种质资源较为丰富，占全球资源的近一半。人们习惯将楠属植物统称为楠木，广义上的楠木还应包括樟科（Lauraceae）的润楠属（*Machilus*）和赛楠属（*Nothaphoebe*）的树种。其中，楠属94种，主要分布在亚洲及热带美洲，我国约34种3变种，包括人们最注重的楠木、闽楠、浙江楠、紫楠和滇楠等，主要分布于长江流域及其以南地区，以西南、华南和华东地区为主。目前，针对楠木类树种资源保育，开展了就地保护和迁地保育等工作，同时围绕国家珍贵用材林储备，加强了其人工用材的资源培育。2011—2021年，国内学者针对浙江楠和闽楠开展了种质资源收集工作，在浙江楠主要分布区收集到9个种源和40个优树家系，在闽楠主要分布区收集到17个种源和121个优树家系。

4.1.3 赤皮青冈

2011年以来，中国林业科学研究院亚热带林业研究所（以下简称"亚林所"）与南方等各省（市）的科研和生产单位合作，全面掌握了赤皮青冈在我国南方主产省份的资源分布情况，并在浙江、福建、江西、湖南、贵州和重庆等产区选择优树资源300余份，嫁接保存优树150余份。在浙江建德和江西安远等地建立了国家级青冈良种基地，在浙江建德、庆元，福建邵武，江西安远，广西融水建立赤皮青冈无性系种子园100亩，实生种子园200亩，同时建立了多批次、多地点的优树家系遗传测定林，初步筛选出一批优良家系和个体。同时，研究突破了嫁接繁育技术，解决了赤皮青冈优树无性系保存和无性系种子园建立的嫁接技术难关，嫁接成活率超过80%。浙江庆元县实验林场赤皮青冈实生种子园种子浙R-SSO-CG-001-2019）和建德赤皮青冈无性系种子园种子［浙R-CSO（1）-CG-

001-2023〕先后通过浙江省林木品种审定委员会认定。2023 年 3 月，亚林所基于多年优树选择的成果，在浙江建德寿昌林场营建赤皮青冈育种群体 50 亩，为持续加强赤皮青冈优良种质资源保存、遗传测定、良种选育和优异性状分析奠定了坚实的物质基础。

4.1.4　南方红豆杉

2009—2019 年，国内学者合作采集安徽、浙江、江西、福建、湖北、湖南、四川、贵州、广西、云南 10 个省区共 25 个产地的 139 个优树家系的南方红豆杉天然林分的种子用于种源试验，天然林分所处海拔高度 500~800m 不等。在采种天然林分中选择 20 株以上优良母树采种，母树间距 50m 以上，每株母树等量采种、混合处理后作为该种源的种子，每个种源提供种子 2.5kg。种子经沙床层积 14 个月后播种育苗。

2009 年，利用 2 年生带土大苗分别在浙江省龙泉市林业科学研究院和安吉县刘家塘两个国家级林木良种基地营建南方红豆杉种源试验林兼种质保存林，25 个参试种源包括安徽黄山、福建明溪、福建宁化、福建沙县、福建土木关、福建柘荣、福建武平、福建武夷山、广西三江、贵州都匀、贵州梵净山、贵州锦屏、贵州黎平、湖北恩施、湖南靖洲、湖南桑植、湖南绥宁、湖南通道、江西井冈山、江西龙南、江西庐山、江西武宁、四川峨眉山、云南石屏、浙江龙泉。试验林采用完全随机区组设计，5 次重复，4 株单列小区，株行距为 2m×2.5m。2010 年底调查，两地点南方红豆杉种源保存率皆在 95% 以上，平均树高分别为 1.79m 和 1.89m。

4.2　遗传变异和良种选育

4.2.1　红豆树

4.2.1.1　遗传测定林营建

2015 年 10—11 月分别收集来自浙江、江西、福建和四川 4 个省份的 76 株红豆树优树自由授粉种子，2016 年 5 月于浙江省龙泉市林业科学研究院省级保障性苗圃进行育苗，2017 年利用培育的 1 年生家系裸根苗分别在浙江龙泉和江西抚州两地点营建红豆树优树家系测定林。浙江龙泉（东经 119°07′，北纬 27°99′）和江西抚州（东经 116°35′，北纬 27°98′）皆属于中亚热带季风气候区，龙泉年均气温 17.6℃，年降水量为 1699.4mm，无霜期为 263d，而抚州年均气温 17.8℃，年降水量为 1600mm，无霜期为 275d。两试验地点的土壤均为酸性红壤，土层在 80cm 以上，肥力中等。浙江龙泉和江西抚州两地点均采用完全随机区组设计，株行距 2.0m×2.5m，其中，浙江龙泉为 5 次重复，8 株单列小区；江西抚州为 7 次重复，5 株单列小区。浙江龙泉参试家系为 76 个，江西抚州参试家系为 71 个，两试验点共有家系 69 个。于 2019 年 11 月底对两地点红豆树优树家系试验林进行全林生长和形质性状调查。

4.2.1.2 红豆树生长和形质性状家系遗传变异

单点方差分析结果表明（表4-2），浙江龙泉和江西抚州两地点的3年生红豆树生长和形质性状都存在极显著家系差异。浙江龙泉点3年生家系树高、地径和当年抽梢长的变幅分别为0.94~2.02m、1.67~3.07cm和0.22~0.49m，树高、地径和当年抽梢长最大家系分别为最小家系的2.15、1.84和2.23倍。在江西抚州点，树高、地径和当年抽梢长的变幅分别为1.01~2.05m、1.93~3.53cm和0.34~0.95m，树高、地径和当年抽梢长最大家系分别为最小家系的2.03、1.83和2.79倍。因红豆树易形成多杈干，分枝数少且细的家系选育更具意义。与生长性状一样，红豆树的一级分枝数、最大分枝角、最长分枝长和树干通直度等在家系间也均达到极显著的水平，变异系数为23.3%~65.1%，如浙江龙泉和江西抚州两地点的红豆树家系最粗分枝基径变幅分别为0.62~1.28cm和0.65~1.45cm，这为早期速生和分枝习性优良的红豆树家系选择提供了较大潜力（肖德卿等，2021）。

表4-2 红豆树生长和形质性状的单点方差分析

地点	性状	均值	变幅	变异系数（%）	均方			
					重复	家系	重复×家系	机误
浙江龙泉	树高（m）	1.55	0.94~2.02	31.1	45.320 **	1.590 **	0.271 **	0.109
	地径（cm）	2.50	1.67~3.07	28.0	53.278 **	3.193 **	0.866 **	0.273
	冠幅（m）	0.59	0.39~0.73	37.1	8.077 **	0.183 **	0.078 **	0.027
	当年抽梢长（m）	0.37	0.22~0.49	65.1	19.812 **	0.145 **	0.080 **	0.021
	一级分枝数（个）	6.81	3.38~9.78	55.5	58.386 **	3.023 **	0.6676 **	0.342
	最大分枝角（°）	40	31~48	36.5	1.775 **	0.079 **	0.042 **	0.027
	最长分枝长（m）	0.51	0.25~0.71	55.5	8.055 **	0.321 **	0.118 **	0.055
	最粗分枝基径（cm）	1.02	0.62~1.28	40.1	18.541 **	0.641 **	0.229 **	0.114
	树干通直度	3.18	2.70~3.95	23.3	0.695	0.125 **	0.108 **	0.034
江西抚州	树高（m）	1.52	1.01~2.05	39.9	18.483 **	1.598 **	0.417 **	0.249
	地径（cm）	2.76	1.93~3.53	34.9	15.567 **	4.294 **	1.152 **	0.709
	冠幅（m）	0.53	0.29~0.81	61.1	4.273 **	0.369 **	0.125 **	0.078
	当年抽梢长（m）	0.63	0.34~0.95	51.9	8.087 **	0.406 **	0.145 **	0.062
	一级分枝数（个）	2.73	1.94~4.04	55.0	6.984 **	0.681 **	0.397 **	0.301
	最大分枝角（°）	43	31~52	46.7	0.512 **	0.132 **	0.079 **	0.063
	最长分枝长 *MBL*（m）	0.56	0.32~0.79	59.4	4.419 **	0.347 **	0.121 **	0.085
	最粗分枝基径（cm）	1.09	0.65~1.45	50.6	10.724 **	0.862 **	0.340 **	0.243
	树干通直度	3.36	2.92~3.90	23.9	1.918 **	0.119 **	0.073 **	0.037

注：浙江龙泉、江西抚州点的重复、家系、重复×家系和机误的自由度分别为4、75、285、2389和6、70、382、1832；** 为 $p < 0.01$；* 为 $p < 0.05$，下同。

4.2.1.3 红豆树生长和形质性状的遗传力估算

红豆树生长和形质性状的遗传力估算值表明（表4-3），除树干通直度外，其余性状在浙江龙泉和江西抚州两地点的家系遗传力估算值均较高，其变幅为0.36~0.83。如浙江龙泉点树高和地径的家系遗传力估算值分别为0.83和0.73，江西抚州点树高和地径的家系遗传力估算值均为0.70，意味着红豆树家系幼林生长受中等至偏强的家系遗传控制。与家系遗传力相比，两地点红豆树生长和形质性状的单株遗传力估算值较低，多数性状受中等至偏弱的遗传控制。

表4-3 红豆树生长性状和形质性状的遗传力估算值

性状	浙江龙泉		江西抚州	
	家系遗传力	单株遗传力	家系遗传力	单株遗传力
树高	0.83	0.87	0.70	0.44
地径	0.73	0.61	0.70	0.42
冠幅	0.58	0.31	0.62	0.30
当年抽梢长	0.45	0.23	0.57	0.33
一级分枝数	0.78	0.58	0.37	0.10
最大分枝角	0.47	0.14	0.36	0.09
最长分枝长	0.64	0.32	0.62	0.27
最粗分枝基径	0.65	0.32	0.57	0.22
树干通直度	0.12	0.04	0.28	0.09

4.2.1.4 红豆树生长和形质性状在地点间的相关性

从表4-4可以看出，红豆树家系生长和形质性状在浙江龙泉和江西抚州相关性差异较大。其中，红豆树家系的树高、地径、冠幅、当年抽梢长、最长分枝长和最粗分枝基径在两地点均呈极显著正相关，一级分枝数在两地点呈显著性差异，表明其家系×地点互作效应不明显，各家系树高、地径、冠幅、当年抽梢长、最长分枝长、最粗分枝基径和一级分枝数性状稳定，立地条件对其影响相对较小。红豆树家系的最大分枝角和树干通直度在两地点间相关性不显著，表明其家系×地点互作效应明显，随着种植生境条件的改变，最大分枝角和树干通直度会发生较大改变。

表4-4 红豆树生长和形质性状地点间的相关系数

地点	树高	地径	冠幅	当年抽梢长	一级分枝数	最大分枝角	最长分枝长	最粗分枝基径	树干通直度
浙江龙泉-江西抚州	0.607**	0.603**	0.479**	0.393**	0.300*	0.172	0.455**	0.497**	0.148

4.2.1.5 红豆树生长和形质性状的遗传与表型相关

从表4-5可以看出，两地点红豆树家系性状间遗传相关系数总体上大于表型相关系数。3 年生红豆树家系树高、地径和冠幅间均呈极显著的遗传正相关（$r_g = 0.344 \sim 0.728$），树高、地径与一级分枝数、最粗分枝基径间也呈极显著的遗传正相关（$r_g = 0.351 \sim 0.715$），这表明红豆树家系树高与地径的生长量越大，其一级分枝数越多且分枝越粗。在浙江龙泉点，最大分枝角与树高、冠幅、当年抽梢长、最长分枝长和最粗分枝基径等性状的遗传相关程度较弱（$r_g = -0.017 \sim 0.183$），为选择速生性较好、分枝角度较大和分枝较细的品系提供了可能。总体来看，红豆树家系生长性状与形质性状间普遍呈显著或极显著正相关，因此，为了培育速生优质干材，应对红豆树家系加强早期修枝和选育。

表 4-5　两试验点红豆树家系生长和形质性状间的遗传与表型相关系数

地点	性状	树高	地径	冠幅	当年抽梢长	一级分枝数	最大分枝角	最长分枝长	最粗分枝基径	树干通直度
浙江龙泉	树高		0.730 **	0.647 **	0.725 **	0.609 **	0.176	0.562 **	0.451 **	0.069
	地径	0.383 **		0.701 **	0.594 **	0.629 **	0.119	0.656 **	0.685 **	-0.021
	冠幅	0.711 **	0.728 **		0.587 **	0.538 **	0.168	0.625 **	0.592 **	-0.088
	当年抽梢长	0.817 **	0.815 **	0.542 **		0.475 **	0.191	0.557 **	0.469 **	0.002
	一级分枝数	0.351 **	0.452 **	0.155	0.109		0.236 *	0.387 **	0.387 **	0.045
	最大分枝角	0.090	0.225 *	0.183	-0.067	0.260 *		-0.105	-0.054	0.145
	最长分枝长	0.603 **	0.670 **	0.372 **	0.344 **	0.555 **	-0.070		0.814 **	-0.192
	最粗分枝基径	0.522 **	0.641 **	0.289 *	0.249 *	0.593 **	-0.017	0.392 **		-0.184
	树干通直度	0.660 **	0.802 **	0.527 **	0.565 **	0.598 **	0.724 **	-0.118	0.161	
江西抚州	树高		0.762 **	0.712 **	0.778 **	0.434 **	0.348 **	0.660 **	0.542 **	0.302 **
	地径	0.344 **		0.747 **	0.623 **	0.522 **	0.366 **	0.720 **	0.730 **	0.244 *
	冠幅	0.671 **	0.724 **		0.645 **	0.644 **	0.505 **	0.769 **	0.689 **	0.162
	当年抽梢长	0.720 **	0.745 **	0.477 **		0.362 **	0.305 **	0.611 **	0.459 **	0.211
	一级分枝数	0.532 **	0.657 **	0.438 **	0.405 **		0.690 **	0.525 **	0.547 **	0.199
	最大分枝角	0.660 **	0.739 **	0.651 **	0.544 **	0.612 **		0.371 **	0.425 **	0.180
	最长分枝长	0.719 **	0.769 **	0.500 **	0.519 **	0.460 **	0.300 *		0.844 **	0.148
	最粗分枝基径	0.600 **	0.715 **	0.388 **	0.417 **	0.327 **	0.205	0.394 **		0.140
	树干通直度	0.782 **	0.968 **	0.644 **	0.840 **	0.452 **	0.334 **	0.668 **	0.803 **	

注：对角线以上为表型相关系数，对角线以下为遗传相关系数，* 为 $p < 0.05$ 显著水平；** 为 $p < 0.01$ 极显著水平。

4.2.1.6　速生优质红豆树的初选

作为珍贵用材培育树种，红豆树优质家系要求速生、分枝细和干形好等。以树高高于两地点家系均值及最粗分枝基径低于两地点家系均值为选择标准，从浙江龙泉和江西抚州两地点分别初选出 11 个和 6 个优良家系（表 4-6），树高和最粗分枝基径均值变幅为 $1.54 \sim 2.02$ m 和 $0.89 \sim 1.08$ cm。其中，2-10 和 2-33 号家系为两地点共有的优选家系，说明其表现较好且稳定，同时筛选结果说明红豆树家系生长受立地条件的影响较大。

以树干通直等级为较通直（4）及以上等级，最粗分枝基径分别小于浙江龙泉（1.02cm）和江西抚州（1.09cm）两地点家系均值为筛选标准，按树高由大到小进行排秩后选出排名前15的优良单株，两地点共计30株红豆树优良单株。浙江龙泉点选出的红豆树优良单株树高和最粗分枝基径均值分别为2.80m和0.88cm，变幅分别为2.54~3.21m和0.68~1.00cm。其中，2株优良单株来自2-13号优良家系。江西抚州点选出的红豆树优良单株树高和最粗分枝基径均值分别为2.63m和0.78cm，变幅分别为2.38~3.25m和0.30~1.00cm。无来自优良家系的优良单株。浙江龙泉和江西抚州优良单株树高均值分别为优良家系值的1.81倍和1.73倍，浙江龙泉点优良单株树高和最粗分枝基径均值均大于江西抚州点，表现出较明显的速生性及优质的干形。

表4-6　2个地点的优选红豆树家系

地点	家系	树高（m）	排秩	最粗分枝基径（cm）	排秩
浙江龙泉	2-10	1.71	4	0.95	5
	2-11	1.74	3	0.99	7
	2-12	1.76	2	0.99	8
	2-13	2.02	1	0.99	7
	2-2	1.58	8	0.91	2
	2-22	1.63	7	0.91	3
	2-33	1.68	5	0.96	5
	2-4	1.55	10	0.94	4
	2-7	1.55	10	0.89	1
	3-25	1.56	9	0.94	4
	3-3	1.64	6	0.98	6
江西抚州	2-10	1.81	1	1.08	4
	2-17	1.63	2	0.89	1
	2-23	1.54	4	0.96	2
	2-28	1.61	3	0.98	3
	2-33	1.65	2	1.08	4
	3-17	1.64	2	1.08	4

注：浙江龙泉和江西抚州参试家系数分别为76和71个，其中，浙江龙泉红豆树家系树高和最粗分枝基径的均值分别为1.55m和1.02cm；江西抚州红豆树家系树高和最粗分枝基径的均值分别为1.52m和1.09cm。

4.2.2　楠木

4.2.2.1　浙江楠子代测定及其优良家系初选

浙江庆元县实验林场与浙江农林大学合作，针对浙江庆元洋岁6年生浙江楠子代测定林20个家系生长情况研究表明（表4-7），不同家系间树高差异显著，家系平均树高为2.91m，树高均值变幅为2.60~3.65m，最优单株树高达4.50m，年均生长量达0.75m；不同家系间胸径差异显著，家系平均胸径 4.20cm，胸径均值变幅为 3.39~5.36cm，最优单株胸径达 7.79cm，年均生长量达 1.30cm；不同家系间材积差异显著，家系平均材积 0.003768m^3，材积均值变幅为 0.002259~0.006857m^3，最优单株材积达 0.002693m^3，年均生长量达 0.000449m^3。

树高生长量前 4 位的家系分别为 5、14、7、6，家系间树高均值变幅为 3.04~3.65m，其树高增益分别为 25.43%、15.81%、6.19%、4.47%（表 4-8）。选择优良家系中树高前 20%单株发现其增益分别为 40.89%、37.80%、26.80%、26.80%（表 4-9）。胸径生长量前 4 位的家系分别为 5、14、6、7，家系间胸径均值变幅为 4.50~5.36m，其胸径增益分别为 27.62%、24.76%、12.14%、7.14%。选择优良家系中胸径前 20%的单株，发现其增益分别为 65.48%、65.71%、59.76%、44.52%。材积生长量前 4 位的家系分别为 5、14、6、7，家系间材积均值变幅为 0.004400~0.006857m^3，其材积增益分别为 81.98%、65.02%、29.56%、16.77%。选择优良家系中材积前 20%的单株发现其增益分别为 199.87%、179.34%、168.14%、112.43%。综合来看，最优家系为 5 号。

表 4-7　庆元洋岁子代测定林 6 年生浙江楠 20 个家系生长情况比较

家系号	树高			胸径			材积		
	均值（m）	变幅（m）	变异系数（%）	均值（cm）	变幅（cm）	变异系数（%）	均值（m^3）	变幅（m^3）	变异系数（%）
1	2.85	2.10~3.60	11.48	4.23	1.88~6.35	20.75	0.003624	0.000596~0.008257	42.28
2	2.70	2.20~3.00	8.59	3.79	1.90~5.95	20.11	0.002810	0.000631~0.006423	40.98
3	2.92	2.10~3.80	11.97	4.14	2.70~5.88	17.15	0.003464	0.001323~0.006382	34.66
4	2.60	2.20~3.10	11.99	3.39	2.50~4.60	23.11	0.002259	0.001155~0.004258	52.69
5	3.65	2.60~4.30	12.86	5.36	2.90~7.60	25.60	0.006857	0.001554~0.013909	51.24
6	3.04	2.10~4.20	13.24	4.71	2.10~7.78	27.35	0.004882	0.000742~0.014387	62.75
7	3.09	1.90~4.20	15.56	4.50	2.43~6.80	24.12	0.004400	0.001023~0.010982	51.12
8	2.87	2.30~4.10	10.56	4.31	2.20~6.51	22.47	0.003807	0.000862~0.008098	45.16
9	2.74	1.70~3.30	13.92	3.76	1.30~5.48	26.83	0.002926	0.000262~0.005993	50.04
10	2.85	2.10~3.60	11.57	4.40	2.00~5.92	20.29	0.003935	0.000700~0.006638	39.80
11	2.82	1.70~3.45	11.82	4.09	2.03~6.41	23.82	0.003446	0.000639~0.008731	52.71
12	2.94	1.95~3.70	16.82	3.75	1.80~5.60	29.00	0.003086	0.000577~0.006517	57.08
13	3.03	2.00~3.70	13.32	4.25	2.06~5.83	23.89	0.003840	0.000716~0.007213	46.62
14	3.37	2.00~4.20	15.80	5.24	2.15~7.79	25.60	0.006218	0.000806~0.012645	48.20
15	2.89	2.10~4.50	16.78	4.45	2.05~7.67	24.69	0.004177	0.000415~0.014554	63.63
16	2.81	1.90~3.60	14.35	3.97	0.40~5.70	25.70	0.003264	0.000032~0.006433	43.24
17	2.85	2.40~3.50	8.64	4.21	2.81~6.57	17.81	0.003548	0.001428~0.008388	38.78
18	2.65	2.00~3.00	9.40	4.00	2.40~5.71	21.20	0.003149	0.000950~0.006350	42.76
19	2.74	2.40~3.20	9.28	3.76	1.80~5.86	22.60	0.002848	0.000577~0.007016	47.44
20	2.86	2.00~3.90	17.60	3.63	1.40~5.77	28.68	0.002824	0.000323~0.006528	55.37
均值	2.91		12.78	4.20		23.54	0.003768		48.33

表4-8　庆元洋岁子代测定林6年生浙江楠优良家系选择效益比较

家系号	树高		胸径		材积	
	均值（m）	增益（%）	均值（cm）	增益（%）	均值（m³）	增益（%）
5	3.65	25.43	5.36	27.62	0.006857	81.98
14	3.37	15.81	5.24	24.76	0.006218	65.02
6	3.04	4.47	4.71	12.14	0.004882	29.56
7	3.09	6.19	4.50	7.14	0.004400	16.77
对照	2.91	0.00	4.20	0.00	0.003768	0.00

表4-9　庆元洋岁子代测定林6年生浙江楠优良家系中20%单株选择效益比较

家系号	树高		胸径		材积	
	均值（m）	增益（%）	均值（cm）	增益（%）	均值（m³）	增益（%）
5	4.10	40.89	6.95	65.48	0.011299	199.87
14	4.01	37.80	6.96	65.71	0.010526	179.34
6	3.69	26.80	6.71	59.76	0.010104	168.14
7	3.69	26.80	6.07	44.52	0.008004	112.43
对照	2.91	0.00	4.20	0.00	0.003768	0.00

4.2.2.2　闽楠子代测定及其优良家系初选

针对浙江庆元关门岙5年生闽楠子代测定林74个家系的生长情况研究表明（表4-10），不同家系间树高差异显著，家系平均树高2.40m，树高均值变幅为1.99~2.98m，最优单株树高4.10m，年均生长量达0.82m。树高生长量前15位的家系为25、26、27、77、73、94、30、67、46、47、56、24、37、28、71，家系间树高均值变幅为2.56~2.98m。

结合干形、分枝等特征，综合选择优良家系25、26、27、77、73、94、30、67、46、47、56、24、37、28、71，其树高增益分别为24.09%、24.05%、21.01%、13.68%、11.44%、10.20%、10.18%、9.57%、8.65%、7.92%、7.67%、7.29%、7.12%、7.08%、6.70%（表4-11）。选择优良家系中树高前20%的单株发现其增益分别为55.83%、45.00%、49.17%、43.33%、29.17%、27.50%、20.83%、33.33%、26.67%、30.83%、30.83%、35.42%、25.00%、41.67%、39.17%（表4-11）。综合来看，最优家系为25号。

表 4-10　庆元关门岙子代测定林 5 年生闽楠 74 个家系的生长情况比较

家系号	树高（m）	变幅（m）	变异系数（%）	家系号	树高（m）	变幅（m）	变异系数（%）
2	2.35	1.30~3.00	15.62	70	2.47	1.50~3.70	24.46
11	2.13	2.00~2.30	7.06	71	2.56	1.50~3.60	21.35
20	2.16	1.00~2.90	21.12	72	2.55	2.00~3.30	14.14
21	2.09	1.50~3.00	21.53	73	2.67	2.10~3.30	12.80
22	1.99	1.20~3.00	27.11	76	2.36	1.30~2.80	14.26
23	2.46	1.30~3.30	39.00	77	2.73	1.90~4.00	15.88
24	2.58	1.70~3.60	16.55	78	2.50	1.70~3.00	11.04
25	2.98	1.00~3.90	21.83	79	2.47	1.60~3.10	19.31
26	2.98	2.00~3.50	14.69	81	2.44	2.00~2.80	11.46
27	2.90	1.80~3.70	17.02	84	2.29	1.60~2.80	15.75
28	2.57	1.70~3.50	23.99	85	2.23	1.70~2.70	12.93
29	2.46	1.50~3.30	16.82	87	2.31	1.20~3.40	20.07
30	2.64	2.30~3.00	7.69	88	2.51	1.70~4.10	22.41
31	2.40	1.70~3.10	11.89	89	2.46	1.70~3.10	13.19
35	2.51	1.30~3.50	21.45	90	2.36	1.60~3.10	15.69
36	2.49	2.00~3.20	11.81	91	2.33	1.60~3.30	20.86
37	2.57	1.80~3.30	11.11	92	2.31	1.70~3.10	15.91
39	2.43	1.80~3.60	17.39	93	2.21	1.70~3.40	15.94
41	2.36	1.70~2.80	12.51	94	2.64	1.80~3.40	13.36
42	2.39	1.30~3.00	18.46	95	2.44	1.40~3.20	19.04
43	2.41	2.00~3.10	13.34	96	2.27	1.50~3.20	16.89
44	2.19	1.50~3.50	22.63	97	2.54	1.60~3.20	17.17
45	2.34	1.80~3.10	14.60	98	2.47	1.50~3.10	19.51
46	2.61	1.60~3.10	13.84	100	2.24	1.60~2.50	12.04
47	2.59	1.90~3.50	14.29	101	2.37	1.60~3.10	16.54
49	2.55	1.70~3.30	17.04	102	2.16	1.70~2.70	14.58
51	2.34	1.70~3.10	16.73	105	2.46	1.50~3.00	17.32
52	2.44	1.70~3.40	17.39	108	2.32	1.60~2.60	10.65
56	2.58	1.50~3.30	17.92	109	2.22	1.30~2.70	16.43
57	2.37	1.30~2.90	16.99	111	2.13	1.80~2.60	12.68
58	2.11	1.50~2.60	16.61	112	2.35	1.80~3.10	12.25
60	2.55	1.70~3.70	17.44	113	2.37	1.00~2.90	15.98
63	2.36	1.50~2.80	13.40	114	2.33	1.30~2.90	16.62
64	2.53	1.80~3.20	13.57	118	2.32	1.60~3.00	14.55
67	2.63	1.80~3.50	14.72	120	2.46	1.80~3.20	14.61
68	2.27	1.40~3.20	19.08	121	2.30	1.80~2.90	10.36
69	2.32	1.80~3.20	18.45	124	2.37	1.50~3.50	20.08

表4-11　庆元关门岙5年生闽楠优良家系树高速生家系均值及前20%优株均值比较

家系号	家系均值（m）	增益（%）	家系前20%优株均值（m）	增益（%）
25	2.98	24.09	3.74	55.83
26	2.98	24.05	3.48	45.00
27	2.90	21.01	3.58	49.17
77	2.73	13.68	3.44	43.33
73	2.67	11.44	3.10	29.17
94	2.64	10.20	3.06	27.50
30	2.64	10.18	2.90	20.83
67	2.63	9.57	3.20	33.33
46	2.61	8.65	3.04	26.67
47	2.59	7.92	3.14	30.83
56	2.58	7.67	3.14	30.83
24	2.58	7.29	3.25	35.42
37	2.57	7.12	3.00	25.00
28	2.57	7.08	3.40	41.67
71	2.56	6.70	3.34	39.17
均值	2.40	0.00	2.40	0.00
最小家系（179）	2.00	-16.67	2.00	-16.67

4.2.3　赤皮青冈

4.2.3.1　遗传测定林营建

营建赤皮青冈遗传测定林的参试家系共42个，分别来自福建建瓯（20个，FJJO1～FJJO20）、贵州天柱（1个，GZTZ1）、湖南城步（8个，HNCB1～HNCB8）、湖南会同（6个，HNHT2～HNHT7）、湖南桑植（1个，HNSZ1）、湖南永顺（3个，HNYS1～HNYS3）、江西上饶（2个，JXSR3和JXSR5）和浙江庆元（1个，ZJQY1）。在选优的林分中，按拟定的调查方法、标准，沿一定的线路调查，将符合植株高大、胸径粗、树冠匀称、冠幅窄、干型通直、分枝细等要求的单株作为候选树，采用优势木对比法对候选优树进行选择。

2017年11月采集上述优树种子，2018年3月在庆元县实验林场培育轻基质容器苗，2019年3月采用培育的1年生容器苗（平均株高和地径分别为30cm和0.35cm）在浙江建德（北纬29°37′，东经119°01′）和江西分宜（北纬27°49′，东经114°41′）、安远（北纬25°19′，东经115°11′）营建优树家系测定林。3个试验点均为赤皮青冈在该地区造林的代表性立地。浙江建德属于亚热带北缘季风气候，年均气温16.7℃，年均降水量1600mm，无霜期261d。江西分宜属于亚热带湿润性气候，年均气温17.2℃，年均降水量1600mm，无霜期270d。江西安远属于亚热带季风性湿润气候，年均气温18.7℃，年降水量1600～1800mm，无霜期282d。

　　3 个试验点的优树家系测定林均采用完全随机区组设计，5 次重复，建德和安远 10 株单列小区，分宜 8 株单列小区，株行距 2.5m × 2.5m。2021 年 11 月底开展赤皮青冈优树家系测定林生长和形质性状调查，测定指标包括树高、地径、冠幅、树干通直度（分为通直记为 5、较通直记为 4、一般记为 3、弯曲记为 2 和严重弯曲记为 1 共 5 个级别）、分叉干数、一级分枝数、最长分枝长和最粗分枝基径。对 3 个试验点每株调查，去除死亡、补植的赤皮青冈幼树外，建德点共调查 2050 株，分宜点共调查 1670 株，安远点共调查 2040 株。根据调查结果，每个试验点单个家系每个区组（重复）死亡后补植均不超过 2 株。

4.2.3.2　赤皮青冈家系生长和形质性状差异分析

　　3 年生赤皮青冈不同家系生长和形质性状以建德点变异最为丰富，其次为安远点和分宜点，建德点区组间的差异相对较小，安远点和分宜点相对较大，3 个试验点均存在极显著的家系×区组效应（表 4-12），总体而言，赤皮青冈家系遗传变异丰富，并且受栽植立地影响显著。变异系数分析表明，不同家系生长指标变异相对较小，形质指标变异相对较大。

　　从生长指标来看，3 年生赤皮青冈平均树高、地径和冠幅分别为 2.04m、3.15cm 和 1.01m，排序均为建德>安远>分宜，树干通直度平均为 4.35，排序为安远>建德>分宜。从形质指标来看，不同试验点赤皮青冈分叉干数差异较大，建德点不同家系分叉总体较少（0.16），但也存在分叉较多的家系（$CV = 59.78\%$），分宜点不同家系分叉均较多（1.83，$CV = 12.70\%$）。建德点的一级分枝数、最长分枝长和最粗分枝基径最高，分别为 26.22、0.96m 和 1.21cm，安远点的一级分枝数（17.45）、分宜点的最长分枝长（0.59m）和最粗分枝基径（0.73cm）相对较低。总的来看，偏北的浙江建德点水热资源虽然不如江西分宜和安远，但因立地条件较好，采用全垦整地和施用有机肥为基肥，不同家系生长状况总体较好。江西安远点水热资源最为丰富，其平均树高和地径介于浙江建德点和江西分宜点之间。此外，树高和地径等生长性状较好的试验点，通常林木较通直，分叉干少但分枝多、枝长且粗。

表 4-12　赤皮青冈不同家系生长和形质性状的方差分析

试验点	性状	均值	变幅	变异系数（%）	F 值 家系	F 值 区组	F 值 家系×区组	机误
浙江建德	树高（m）	2.38	1.78~2.79	8.61	2.34**	2.86*	2.14**	0.311
	地径（cm）	3.81	3.02~4.46	7.53	1.57*	2.37	2.06**	0.926
	冠幅（m）	1.31	0.98~1.59	10.28	2.20**	3.16*	2.27**	0.132
	树干通直度	4.49	4.00~4.89	4.22	1.60*	4.35**	1.66**	0.495
	分叉干数（个）	0.16	0.02~0.39	59.78	1.77**	0.14	1.32**	0.164
	一级分枝数（个）	26.22	16.15~32.15	13.57	2.05**	8.92**	2.79**	80.574
	最长分枝长（m）	0.96	0.65~1.20	12.18	2.42**	0.80	2.11**	0.099
	最粗分枝基径（cm）	1.21	0.97~1.46	8.01	1.70*	3.09*	1.65**	0.123

（续表）

试验点	性状	均值	变幅	变异系数（%）	F 值			机误
					家系	区组	家系×区组	
江西分宜	树高（m）	1.61	1.22~1.88	9.36	1.91**	9.72**	1.81**	0.214
	地径（cm）	2.44	2.09~3.10	9.25	1.96**	15.40**	1.58**	0.519
	冠幅（m）	0.78	0.58~0.92	9.78	1.75**	15.20**	1.93**	0.052
	树干通直度	3.60	3.25~4.33	4.83	1.03	15.14**	1.89**	0.499
	分叉干数（个）	1.83	1.26~2.24	12.70	0.86	5.63**	1.70**	1.108
	一级分枝数（个）	20.26	14.07~27.37	16.91	1.19	17.17	3.75**	74.994
	最长分枝长（m）	0.59	0.42~0.74	10.48	1.83**	12.87**	1.64**	0.042
	最粗分枝基径（cm）	0.73	0.26~0.90	11.24	1.05	11.57**	2.50**	0.067
江西安远	树高（m）	2.13	1.56~2.56	9.79	3.27**	6.82**	2.82**	0.19
	地径（cm）	3.19	2.36~3.77	9.76	3.54**	5.56**	2.71**	0.405
	冠幅（m）	0.93	0.70~1.08	9.91	2.26**	25.27**	3.08**	0.051
	树干通直度	4.96	4.82~5.00	0.80	0.68	3.30*	3.07**	0.034
	分叉干数（个）	0.30	0.02~0.56	37.38	0.99	16.36**	2.04**	0.278
	一级分枝数（个）	17.45	10.22~21.39	11.00	2.21**	43.29**	2.95**	24.949
	最长分枝长（m）	0.76	0.50~0.96	11.88	2.38**	9.76**	2.73**	0.049
	最粗分枝基径（cm）	0.99	0.74~1.12	9.02	2.34**	1.83	2.52**	0.056

注：浙江建德点、江西分宜点和江西安远点的区组、家系、区组×家系和机误的自由度分别为4、41、209、2049，4、41、209、1669和4、41、209、2039。* 为 $p<0.05$ 显著水平，** 为 $p<0.01$ 极显著水平，下同。

4.2.3.3 赤皮青冈生长和形质性状遗传力估算

不同试验点赤皮青冈家系遗传力和单株遗传力存在一定差异（表4-13）。3年生赤皮青冈树高、地径和冠幅等生长性状，以及分枝数量和基径等形质性状家系遗传力以安远点最高（≥0.579），通直度和分叉干数等性状家系遗传力以建德点较高（≥0.429），均受较强的家系遗传控制。分宜点不同生长和形质性状家系遗传力最低，可能是该试验点的环境异质性较大。从3个试验点联合分析来看，树高、地径、冠幅、最长分枝长和最粗分枝基径等性状家系遗传力较高（≥0.423），受较强的家系遗传控制，意味着当其他条件相同时，应优先考虑上述遗传力较高的性状，以取得较好的家系选择效果。与家系遗传力相比，除安远点树高和地径单株遗传力分别为0.479和0.519，受较强遗传控制外，3个试验点生长和形质性状的单株遗传力总体较低。从3个试验点联合分析来看，树高单株遗传力较高（0.224），受中等遗传控制，其他指标单株遗传力均较低，意味着其表型度量值不能有效预测其内在的基因型值，应加强家系和家系内个体的联合选择（杨孟晴等，2023）。

表4-13 赤皮青冈家系生长和形质性状的遗传参数估计

性状	家系遗传力				单株遗传力			
	浙江建德	江西分宜	江西安远	联合	浙江建德	江西分宜	江西安远	联合
树高	0.611	0.500	0.729	0.585	0.244	0.169	0.479	0.224
地径	0.393	0.518	0.753	0.471	0.101	0.164	0.519	0.123
冠幅	0.589	0.470	0.598	0.510	0.235	0.161	0.296	0.166
树干通直度	0.429	0.033	0.272	0.016	0.098	0.006	0.075	0.002
分叉干数	0.485	0.034	0.024	0.255	0.091	0.006	0.004	0.038
一级分枝数	0.547	0.191	0.579	0.230	0.233	0.072	0.267	0.066
最长分枝长	0.624	0.476	0.618	0.541	0.254	0.142	0.294	0.172
最粗分枝基径	0.451	0.111	0.605	0.423	0.106	0.029	0.263	0.089

4.2.3.4　赤皮青冈家系生长和形质性状的表型与遗传相关

赤皮青冈家系生长和形质性状间遗传相关系数总体上大于表型相关系数（表4-14），不同家系树高、地径和冠幅等生长性状皆呈现极显著的表型和遗传正相关（$r = 0.534 \sim 0.885$）；一级分枝数、最长分枝长和最粗分枝基径等形质性状之间，以建德点表型和遗传相关系数最高，分宜点和安远点略低；树干通直度与分叉干数除浙江建德点遗传相关系数为0.086外，其余表型和遗传均为负相关，其中江西安远点遗传负相关极显著（$p < 0.01$），意味着赤皮青冈家系幼树越通直，分叉相应越少。3个试验点家系树高、地径和冠幅等生长性状与一级分枝数、最长分枝长和最粗分枝基径等形质性状均呈现显著或极显著表型和遗传正相关（$r = 0.313 \sim 0.967$），意味着赤皮青冈优树家系树高和地径生长量越大，分枝越多、长且粗；通直度和分叉干数与其他性状的表型和遗传相关性相对较低。总的来看，不同试验点家系树高、地径和冠幅等生长指标与分枝数量、长度及枝粗之间联系密切，不易联合进行选择。

表4-14 赤皮青冈家系生长和形质性状间的表型和遗传相关系数

试验点	性状	树高	地径	冠幅	树干通直度	分叉干数	一级分枝数	最长分枝长	最粗分枝基径
浙江建德	树高		0.715 **	0.619 **	0.242	0.011	0.573 **	0.644 **	0.477 **
	地径	0.764 **		0.698 **	0.125	0.074	0.613 **	0.646 **	0.646 **
	冠幅	0.683 **	0.683 **		0.066	0.147	0.404 **	0.686 **	0.594 **
	树干通直度	0.456 **	0.164	0.144		-0.278	0.171	0.079	0.002
	分叉干数	0.008	0.050	0.135	0.086		-0.050	0.032	-0.006
	一级分枝数	0.524 **	0.900 **	0.562 **	0.012	-0.072		0.373 *	0.355 *
	最长分枝长	0.924 **	0.723 **	0.803 **	0.410 **	0.326 *	0.556 **		0.707 **
	最粗分枝基径	0.867 **	0.916 **	0.865 **	0.202	0.266	0.770 **	0.900 **	

（续表）

试验点	性状	树高	地径	冠幅	树干通直度	分叉干数	一级分枝数	最长分枝长	最粗分枝基径
江西分宜	树高		0.765**	0.758**	0.452**	0.085	0.482**	0.750**	0.470**
	地径	0.534**		0.798**	0.302	0.247	0.468**	0.748**	0.558**
	冠幅	0.733**	0.825**		0.269	0.205	0.383*	0.818**	0.592**
	树干通直度	0.450**	0.171	0.242		-0.240	0.293	0.266	0.109
	分叉干数	-0.207	0.320*	0.245	-0.153		-0.060	0.186	0.147
	一级分枝数	0.388*	0.573**	0.410**	-0.163	-0.182		0.363*	0.179
	最长分枝长	0.875**	0.678**	0.883**	0.558**	-0.132	0.291		0.597**
	最粗分枝基径	0.397**	0.313*	0.478**	0.063	0.176	0.308*	0.412**	
江西安远	树高		0.636**	0.551**	0.091	0.128	0.383*	0.633**	0.406**
	地径	0.885**		0.581**	0.084	0.105	0.466**	0.566**	0.596**
	冠幅	0.763**	0.671**		0.056	0.140	0.353*	0.588**	0.442**
	树干通直度	0.281	0.167	0.311*		-0.111	0.092	0.032	0.004
	分叉干数	0.200	0.376*	0.286	-0.620**		-0.153	0.178	0.041
	一级分枝数	0.808**	0.693**	0.670**	0.202	0.117		0.207	0.256
	最长分枝长	0.924**	0.841**	0.876**	0.235	0.200	0.688**		0.511**
	最粗分枝基径	0.884**	0.967**	0.740**	0.033	0.293	0.678**	0.905**	

注：对角线以上为表型相关系数，对角线以下为遗传相关系数。

4.2.3.5 赤皮青冈生长和形质性状的 B 型相关

B 型遗传相关用于定量分析基因型与环境互作（G×E），其值接近 1 时，表明基因型在不同环境中的表现几乎一致，G×E 效应甚微；其值小于 0.7 时，表明存在显著的 G×E 效应。赤皮青冈家系生长和形质性状除建德-分宜树高的 B 型相关系数>0.7，其基因与环境互作（G×E）效应不明显之外，其余均<0.7，表明存在显著的 G×E 效应，立地条件对各家系生长和形质性状影响较大（表 4-15）。树高和冠幅等指标的 B 型相关系数相对较高，与其家系遗传力较高和性状稳定有关。

表 4-15 赤皮青冈家系生长和形质性状的 B 型相关

性状	浙江建德—江西分宜	浙江建德—江西安远	江西分宜—江西安远
树高	0.798	0.469	0.652
地径	0.688	0.358	0.247
冠幅	0.563	0.459	0.652
树干通直度	0.263	0.219	0.436
分叉干数	0.612	0.425	0.516
一级分枝数	0.341	0.217	0.209
最长分枝长	0.497	0.470	0.704
最粗分枝基径	0.317	0.454	0.314

4.2.3.6 赤皮青冈优良家系初选

根据 3 个试验点赤皮青冈不同家系生长和形质性状前 3 个成分的方差累积贡献率（建德 85.16%、分宜 83.17%、安远 86.68%）计算综合得分，得分最高的家系排名第 1；以不同家系 3 个试验点排名的总得分按从低到高排序为横坐标（排名总得分越低意味着家系综合表现越好），以不同试验点排名值为纵坐标，得到不同家系在 3 个试验点的排序图（图 4-1）。总的来看，HNCB8 和 HNHT5 在 3 个试验点的排序均靠前；HNCB7、HNCB6 和 HNSZ1 在浙江建德和江西安远排序接近，在江西分宜排序相对靠后；HNHT4 在江西分宜和安远排序接近，在浙江建德排序相对靠后。来自福建建瓯的家系（FJJO1、FJJO11 等）在江西分宜的排序总体高于江西安远点和浙江建德点。HNCB4 在 3 个试验点排序接近，表现较稳定。FJJO7、HNYS1、JXSR5 和 JXSR3 等排名靠后的家系地点间的排序变动相应也较小。

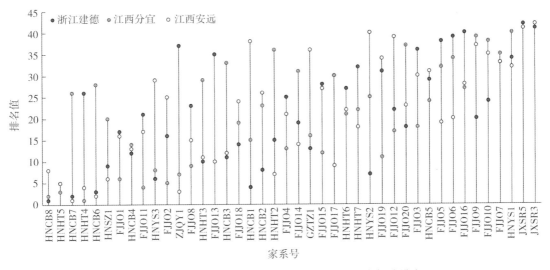

图 4-1 赤皮青冈不同家系生长和形质性状综合得分排序

3 个试验点根据 BLUP 方法得到的家系树高和地径 BLUP 值与其实际值呈良好的线性相关（$r>0.9$），说明 BLUP 值能够反映观测值。采用独立淘汰法对被试家系的树高和地径 BLUP 值进行排序，选取排名前 20% 的家系（图 4-2）。按照该标准，浙江建德点共选取 HNCB1、HNCB2、HNCB7、HNCB8 和 HNSZ1 5 个家系，其平均树高和地径分别为 2.65m 和 4.23cm，与家系平均值相比分别增加了 11.49% 和 11.14%；江西安远点共选取 ZJQY1、HNHT2、HNHT4、HNCB6、HNCB8 和 HNSZ1 6 个家系，其平均树高和地径分别为 2.37m 和 3.57cm，与家系平均值相比分别增加了 11.28% 和 11.93%；江西分宜点共选取 HNCB8 和 HNYS3 等 2 个家系，其平均树高和地径分别为 1.79m 和 2.86cm，与家系平均值相比分别增加了 11.20% 和 17.36%。3 个试验点共初选出 10 个优良家系，其中 HNCB8 为 3 个试验点均入选家系。

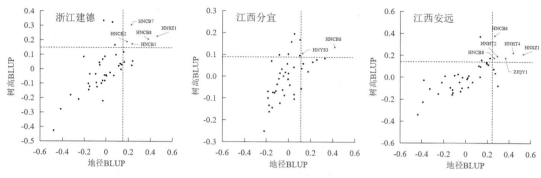

图 4-2　基于树高和地径 BLUP 值的赤皮青冈优良家系选择

4.2.4　南方红豆杉

4.2.4.1　不同产地南方红豆杉生长差异及其选择

4.2.4.1.1　试验林选择

试验在浙江省龙泉市林业科学研究院上圩林区和安吉县刘家塘林场两地点同时开展。两地点气候类型均属于亚热带季风气候，地理坐标分别为东经 119°07′、北纬 28°04′和东经 119°41′、北纬 30°38′。浙江龙泉年平均气温 17.6℃，1 月平均气温 8℃，7 月平均气温 30℃，年降水量 1699.4mm，无霜期 263d，全年日照时数 1849.8h，立地条件较优，土壤肥力中等偏上；浙江安吉年平均气温 16.6℃，1 月平均气温 5℃，7 月平均气温 29℃，年降水量 1344.1mm，无霜期 243d，全年日照时数 2001.3h，立地相对一般，土壤肥力较低。

以来自全国 10 个省份、24 个产地的南方红豆杉为试验材料。于 2006 年初在福建明溪育苗，2007 年在浙江龙泉市林业科学研究院农田上将其培育成 3 年生大苗（加苗龄），并于 2009 年 1 月将其栽植于两地点，此时苗木为 3 年生大苗。浙江龙泉点材料前期在庇荫条件下生长，后期伐除伴生树种；浙江安吉点材料在全光照条件下生长。两地南方红豆杉苗木至 2015 年底已生长 10 年（加苗龄）。

浙江龙泉和浙江安吉两地产地试验均采用完全随机区组设计，5 次重复，4 株单列小区，每地点每个产地种植 20 株，株距 2.0m，行距 2.5m。分别于 2009 年底、2012 年底和 2015 年底对其进行全林生长性状测定。测定性状包括树高、胸径、冠幅以及树干通直度，由于 2009 年苗木树高相对较矮，未测定胸径指标。树干通直度分为 1~5 个等级，记为 1、2、3、4、5，其中 1 代表严重弯曲，5 代表通直，数值越大表示树干越通直。

4.2.4.1.2　南方红豆杉生长的产地变异

方差分析结果表明（表 4-16），南方红豆杉生长性状中仅 7~10 年生树高生长量和 10 年生树干通直度在产地间未表现出显著差异，其余生长性状在产地间均存在显著或极显著差异。其中，南方红豆杉 10 年生树干通直度等级平均为 4.26，意味着南方红豆杉树干普遍较通直，具有良好的珍贵用材开发基础（肖遥等，2017）。

表 4-16 南方红豆杉生长性状方差分析

性状	变异来源均方			误差	
	产地	地点	产地×地点	均方（MS）	自由度（df）
4 年生树高	0.070**	0.304**	0.031	0.033	192
7 年生树高	0.144**	3.248**	0.116**	0.059	192
10 年生树高	0.265**	50.380**	0.299**	0.091	192
4~7 年生树高生长量	0.077*	4.411**	0.074	0.048	192
7~10 年生树高生长量	0.087	28.112**	0.115	0.094	192
7 年生胸径	0.552**	5.686**	0.318	0.255	192
10 年生胸径	3.625**	24.194**	3.006**	1.123	192
7~10 年生胸径生长量	2.551**	6.367*	2.070**	1.055	192
10 年生冠幅	0.272**	21.456**	0.315**	0.137	192
10 年生树干通直度	0.017	0.673**	0.012	0.011	192

注：*代表5%显著性差异，**代表1%显著性差异；产地、地点以及产地×地点的自由度分别为23、1和23。

从表 4-17 中的变异系数进行分析，浙江龙泉点不同产地幼林胸径、浙江安吉点幼林胸径和冠幅变异系数均超过15%。对比发现，浙江安吉点幼林各生长性状变异系数均大于龙泉点。从变异幅度进行分析，浙江龙泉点幼林 10 年生树高、胸径和冠幅最大值较最小值分别高出 16.75%、44.25%和17.67%；浙江安吉点 10 年生树高、胸径和冠幅最大值则分别高出最小值43.01%、127.11%和97.01%。以上均表明南方红豆杉生长在产地水平上具有较好的遗传改良基础，通过产地选择能取得良好的改良效果。

表 4-17 两地点不同产地南方红豆杉生长性状

编号	产地	浙江龙泉			浙江安吉		
		树高（m）	胸径（cm）	冠幅（m）	树高（m）	胸径（cm）	冠幅（m）
1	安徽黄山	3.97±0.36	6.32±1.44	2.60±0.62	3.71±0.56	7.06±0.68	2.57±0.23
2	福建明溪	4.22±0.24	6.79±0.45	2.71±0.21	2.83±0.41	6.26±1.39	1.79±0.36
3	福建宁化	4.12±0.27	6.42±1.59	2.80±0.34	3.40±0.32	5.23±0.81	2.11±0.14
4	福建沙县	4.40±0.16	7.07±0.66	2.77±0.38	3.14±0.12	7.54±0.81	2.10±0.30
5	福建武平	4.06±0.53	7.14±1.15	2.93±0.25	3.03±0.38	3.99±0.52	1.60±0.38
6	福建武夷山	3.98±0.42	6.32±0.38	2.59±0.11	2.98±0.33	6.36±1.72	2.32±0.36
7	福建柘荣	4.01±0.20	6.03±0.72	2.74±0.26	2.81±0.26	6.48±1.24	1.94±0.17
8	广西三江	4.21±0.16	6.93±1.37	2.78±0.32	3.12±0.39	5.95±1.16	2.48±0.86
9	贵州都匀	3.85±0.32	5.13±0.73	2.62±0.14	2.97±0.21	4.42±0.77	1.71±0.16
10	贵州梵净山	4.46±0.19	7.40±1.50	2.76±0.21	3.04±0.27	6.63±0.79	2.08±0.34
11	贵州锦屏	4.05±0.33	5.78±0.80	2.64±0.25	3.24±0.40	5.02±1.09	1.84±0.45
12	贵州黎平	4.08±0.34	6.47±0.80	2.68±0.25	2.98±0.28	5.17±0.86	2.13±0.24
13	湖北恩施	3.82±0.31	5.94±0.43	2.54±0.15	3.11±0.12	6.78±1.27	2.36±0.38

（续表）

编号	产地	浙江龙泉			浙江安吉		
		树高（m）	胸径（cm）	冠幅（m）	树高（m）	胸径（cm）	冠幅（m）
14	湖南靖州	4.11±0.27	6.42±0.80	2.86±0.51	3.28±0.21	5.60±1.01	2.34±0.46
15	湖南桑植	4.15±0.16	6.43±0.90	2.67±0.44	3.49±0.42	7.09±1.76	2.64±0.74
16	湖南绥宁	4.07±0.25	6.37±1.01	2.75±0.30	3.17±0.30	5.24±1.21	2.16±0.63
17	湖南通道	3.99±0.14	5.64±0.47	2.49±0.18	3.89±0.46	6.76±0.80	2.62±0.45
18	江西井冈山	4.11±0.48	6.86±1.58	2.73±0.27	3.73±0.25	6.03±0.47	2.06±0.12
19	江西龙南	4.01±0.08	6.40±0.76	2.84±0.32	2.72±0.24	4.97±0.68	2.16±0.43
20	江西庐山	3.91±0.41	6.09±1.90	2.67±0.43	3.10±0.09	6.10±0.84	2.06±0.42
21	江西武宁	4.17±0.26	6.86±0.61	2.88±0.41	3.19±0.29	4.97±1.03	2.07±0.11
22	四川峨眉山	4.04±0.29	6.36±1.21	2.69±0.40	3.32±0.35	5.87±0.53	1.89±0.29
23	云南石屏	4.15±0.16	6.67±0.99	2.80±0.31	3.06±0.22	6.10±1.81	2.37±0.51
24	浙江龙泉	4.15±0.13	6.34±1.09	2.54±0.19	2.79±0.11	3.32±0.61	1.34±0.16
	均值	4.09	6.42	2.71	3.17	5.79	2.11
	变幅	3.82~4.46	5.13~7.40	2.49~2.93	2.72~3.89	3.32~7.54	1.34~2.64
	变异系数（%）	6.58	15.14	11.18	9.17	17.18	17.14

注：表中树高、胸径和冠幅均为10年生测定值。

4.2.4.1.3 地点效应及产地×地点的互作

方差分析结果显示，不同产地的南方红豆杉各性状均表现出显著或极显著的地点效应，说明环境或立地条件对其生长影响显著。浙江安吉点南方红豆杉幼林树高在4年生时显著高于浙江龙泉点，而浙江龙泉点幼林树高和胸径在7年生和10年生时均显著高于浙江安吉点。就10年生树高和胸径而言，浙江龙泉点幼林分别高出浙江安吉点幼林28.77%和10.57%（图4-3）。另外，浙江安吉点幼林10年生树干通直度显著优于浙江龙泉点幼林。浙江龙泉点幼林4~7年生和7~10年生树高生长量分别显著高出浙江安吉点42.68%和99.03%，与此同时，浙江龙泉点幼林7~10年生胸径生长量较浙江安吉点幼林显著高

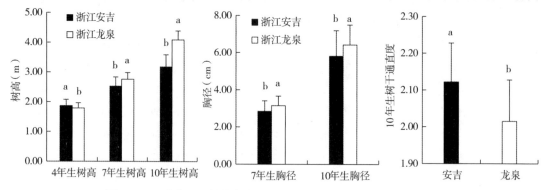

图4-3　两地点不同树龄南方红豆杉树高、胸径和树干通直度差异

注：不同小写字母代表5%的显著性差异，下同。

出 9.09%（图 4-4）。这表明随着树龄的增加立地差异对南方红豆杉生长的影响逐渐突显出来，差距也随之加大。经对比后发现，环境和立地因素对树高生长影响尤为明显，原因可能是浙江龙泉点立地条件较优，土壤肥力相对较高，且水热资源更加丰富，更适宜南方红豆杉高增长。此外，本研究还发现南方红豆杉 7 年生树高、10 年生树高、10 年生胸径、7~10 年生胸径生长量和 10 年生冠幅存在极显著的产地×地点的互作效应（表 4-16），但 4 年生树高和 7 年生胸径并未表现出显著的地点与产地互作。可见，不同生长阶段南方红豆杉产地×地点的互作效应存在差异。

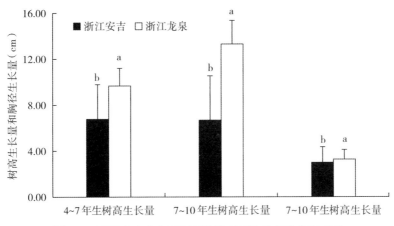

图 4-4　两地点南方红豆杉树高生长量和胸径生长量差异

4.2.4.1.4　不同产地南方红豆杉生长性状相关分析

相关分析结果表明（表 4-18），浙江龙泉和浙江安吉两地幼林树干通直度均与其他性状相关性不显著，说明树干通直度是相对独立的性状，筛选优良产地时可单独考虑该性状。而两地 4 年生、7 年生和 10 年生树高相互均呈极显著正相关，且均与 7 年生胸径呈极显著正相关，说明优良产地初选具有较好的可靠性。不同的是，浙江安吉点幼林 10 年生胸径与 4 年生、7 年生和 10 年生树高均未表现出显著的相关性，浙江龙泉点幼林 10 年生胸径则与其呈极显著相关，这可能和立地环境差异有关。此外，浙江安吉点和浙江龙泉点

表 4-18　不同产地南方红豆杉生长性状相关分析

性状	4 年生树高	7 年生树高	10 年生树高	7 年生胸径	10 年生胸径	10 年生树干通直度
4 年生树高		0.709 **	0.479 *	0.649 **	0.267	0.244
7 年生树高	0.744 **		0.780 **	0.895 **	0.306	0.299
10 年生树高	0.649 **	0.769 **		0.726 **	0.246	0.386
7 年生胸径	0.726 **	0.732 **	0.624 **		0.515 **	0.336
10 年生胸径	0.649 **	0.734 **	0.793 **	0.728 **		-0.074
10 年生树干通直度	0.189	0.162	0.062	-0.028	-0.019	

注：右上角为浙江安吉点，左下角为浙江龙泉点。

幼林7年生树高与10年生树高相关系数分别为0.780和0.769，均大于4年生树高与10年生树高的相关系数（两地点相关系数分别为0.479和0.649），意味着树龄越大，优良产地的选择效果越准确。

4.2.4.1.5 南方红豆杉优良产地筛选

采用独立淘汰法对浙江龙泉和浙江安吉两地分别进行优良产地的筛选（图4-5、图4-6）。以10年生树高、胸径及7~10年生树高、胸径生长量为两组筛选指标，只有每一组中所有性状均大于或等于群体均值的产地才可以被纳入优良产地范畴。在浙江龙泉点，根据10年生树高和胸径指标，筛选出10个产地，以7~10年生树高和胸径生长量为指标筛选出

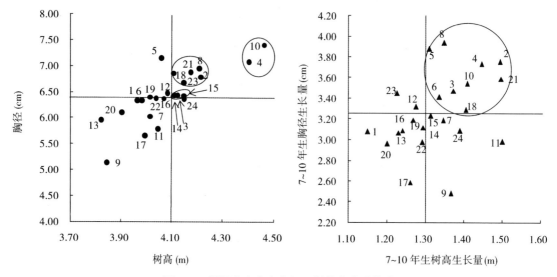

图4-5 浙江龙泉点南方红豆杉优良产地筛选

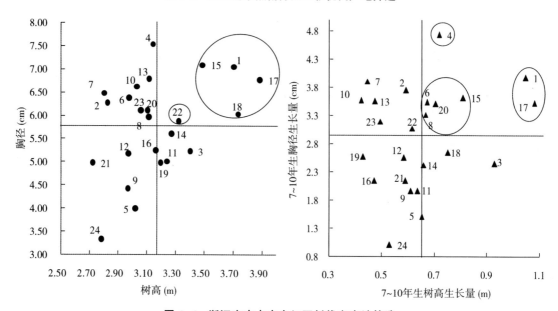

图4-6 浙江安吉点南方红豆杉优良产地筛选

9 个产地。两组所选的产地中有 7 个重叠产地，分别为福建明溪、福建宁化、福建沙县、广西三江、贵州梵净山、江西井冈山和江西武宁，其中福建沙县和贵州梵净山两个产地幼林生长表现最优。在浙江安吉点以同样的筛选方式，根据 10 年生树高和胸径指标筛选出安徽黄山、湖南桑植、湖南通道、江西井冈山和四川峨眉山 5 个产地，而以 7~10 年生树高和胸径生长量为指标筛选出安徽黄山、福建沙县、福建武夷山、广西三江、湖南桑植、湖南通道和江西庐山 7 个产地，其中安徽黄山、湖南桑植和湖南通道 3 个产地具有较大的生长潜力。

4.2.4.2 南方红豆杉早期速生优良种源选择

4.2.4.2.1 试验林选择

试验材料取自浙江龙泉（北纬 28.25°，东经 119.13°）和安吉（北纬 30.63°，东经 119.68°）的 4 年生南方红豆杉种源试验林，共有来自 10 个省区 25 个产地的种源参试。两片种源试验林是于 2009 年春利用在浙江省龙泉市林业科学研究院圃地人工庇荫条件下培育的 2 年生种源大苗带土球，分别在浙江省龙泉市林业科学研究院国家杉木良种基地上圩林区和安吉县刘家塘林场国家金钱松良种基地定植建成。两试验点的立地条件中等偏上，原分别为人工阔叶林和马尾松天然次生林，经采伐只保留上层较少的遮阳树。试验林皆按完全随机区组设计，5 次重复，4 株单列小区，株行距均为 2m×2.5m。试验林定植后分别于每年 5 月和 9 月劈抚 2 次。

2010 年底对两试验点 4 年生南方红豆杉种源试验林进行全林生长和分枝性状调查，测定性状包括树高、地径、冠幅、当年抽梢长、当年分枝数、最长分枝长和最粗分枝基径等。以单株测定值为单元，进行单点和两点方差分析，以检验种源、地点和种源×地点互作等效应的显著性。通过种源性状均值间的相关分析及产地地理气候因子的相关分析来揭示南方红豆杉种源生长和分枝性状的相关性及其地理变异规律。

4.2.4.2.2 南方红豆杉幼林生长和分枝性状的种源差异

南方红豆杉树高、地径、冠幅和当年抽梢长等生长性状存在显著或极显著的种源差异（表 4-19），当年分枝数、最长分枝长和最粗分枝基径等分枝性状在种源间也都存在显著的差异。不同种源的树高和地径会在生长过程中出现很大程度的分化。浙江龙泉点种源树高变幅为 158.2~199.5cm，安吉点为 163.5~216.4cm，其最大种源分别是最小种源的 126.1% 和 132.4%；在地径方面，两试验点种源间最大相差分别达到 26.0% 和 45.8%。各生长指标和分枝性状在不同种源间均存在较大的差异，为速生优质种源的选择提供了较大的空间。

表4-19　4年生南方红豆杉种源生长和分枝性状的方差分析

地点	性状	均值	变幅	变异来源			
				区组	种源	种源×区组	机误
浙江龙泉	树高（cm）	178.9	158.2~199.5	3205.56*	1790.42**	919.77	1068.26
	地径（cm）	3.33	2.84~3.58	1.22	4.00*	4.15	3.87
	冠幅（cm）	141.8	128.0~155.1	4027.55**	1198.18+	1182.97**	798.45
	当年抽梢长（cm）	40.5	30.7~48.4	523.40**	274.20*	125.00	147.09
	当年分枝数（个）	8.9	6.2~11.4	0.54	0.71*	0.38	0.40
	最长分枝长（cm）	110.6	96.4~123.4	613.13	677.78+	446.51	418.25
	最粗分枝基径（cm）	1.02	0.88~1.09	0.04	0.07	0.06	0.05
浙江安吉	树高（cm）	189.3	163.5~216.4	1091.97	1554.38**	1399.27	1290.20
	地径（cm）	3.71	2.84~4.14	2.87**	1.39**	0.96*	0.66
	冠幅（cm）	168.5	143.3~190.7	4909.03**	2588.75**	1035.38	986.91
	当年抽梢长（cm）	46.0	17.5~59.4	242.87	1327.27**	8.53	155.62
	当年分枝数（个）	10.9	7.0~14.6	0.76	0.95*	0.60	0.55
	最长分枝长（cm）	40.7	15.3~55.2	252.89	1188.33**	146.56	161.81
	最粗分枝基径（cm）	0.28	0.15~0.41	0.02	0.04**	0.012	0.016

注：浙江龙泉试验点区组、种源、种源×区组和机误的自由度分别为4、23、92和345；浙江安吉试验点区组、种源、种源×区组和机误的自由度分别为3、23、68和220。+、* 和 ** 分别为0.10、0.05和0.01显著水平，下同。

4.2.4.2.3　立地效应及种源与立地互作

南方红豆杉对栽培环境条件要求严格。通过对两地点进行联合方差分析（表4-20），发现两试点之间的种源生长和分枝性状差异非常显著。浙江安吉点的种源平均树高高出龙泉点5.8%，平均冠幅更是高出18.9%，可见立地效应十分明显，这也意味着栽培立地条件的选择对于南方红豆杉珍贵用材林的培育非常重要。而冠幅、当年抽梢长及最长分枝长等性状还存在显著的种源×地点互作效应，说明不同种源在不同试验点的抽梢生长和分枝状况表现不一致。因此，优选种源时需进行区域试验，分别在不同地区选择遗传稳定且性状优良的种源或性状不稳定但在较好立地条件上生长良好的种源，充分发挥种源的生长潜力（王艺等，2012）。

表4-20　两地点南方红豆杉生长和分枝性状联合方差分析

性状	地点	区组/地点	种源	种源×地点	种源×区组/地点	机误
树高	16793.85**	2293.28+	2557.02**	745.09	1123.56	1154.68
地径	11.02**	1.73	3.11*	6.72*	2.79	2.62
冠幅	118211.53**	4532.06**	2446.88**	1581.28**	1120.25*	871.83
当年抽梢长	5664.82**	444.30**	964.82**	718.73**	147.79	150.09
当年分枝数	15.49**	0.60	1.00**	0.88*	0.47	0.46
最长分枝长	848590.61**	507.12	1102.95**	778.86**	319.03	318.40
最粗分枝基径	96.12**	0.03	0.06	0.065+	0.040	0.04

从表4-21中可以明显看出，种源树高在两地点间呈极显著的正相关，两地点的种源树高性状表现较为一致，进一步说明南方红豆杉种源树高性状具有较高的遗传稳定性。种源的其他生长性状及分枝性状在两地点间的相关性较小，皆未达到显著性水平，遗传稳定性相对较小。

表4-21 种源生长和分枝性状在两地点间的相关性

性状	树高	地径	冠幅	当年抽梢长	当年分枝数	最长分枝长	最粗分枝基径
相关系数	0.5445 **	0.2489	0.2675	0.2663	0.1902	0.2166	0.1455

4.2.4.2.4 种源生长和分枝性状间的相关性

通过相关分析发现，浙江龙泉点种源树高生长与冠幅、当年抽梢长、当年分枝数、最长分枝长呈显著正相关，地径与冠幅、最粗分枝基径等也呈显著正相关（表4-22），表明树高和地径生长量大的种源通常冠幅也较大。浙江安吉点种源的冠幅与树高、地径呈极显著的正相关，可见种源的冠幅越大，其树高越高、地径越粗。综合两点的相关分析结果认为，树高与分枝粗相关性较小，这对选择高生长量大、分枝细小的种源是有利的。树高和地径生长量大的种源其冠幅也较大，这虽不符合珍贵用材林培育要求冠幅窄小的特点，但可以通过适当提高初植密度及加强林分密度调控加以解决。

表4-22 种源生长和分枝性状间的相关系数

	性状	树高	地径	冠幅	当年抽梢长	当年分枝数	最长分枝长
浙江龙泉	地径	0.3183					
	冠幅	0.6488 **	0.4181 *				
	当年抽梢长	0.4614 *	−0.1837	0.3652 +			
	当年分枝数	0.5657 **	−0.1806	0.4506 *	0.7682 **		
	最长分枝长	0.6647 **	0.3300	0.6321 **	0.3927 +	0.2750	
	最粗分枝基径	0.1051	0.4240 *	0.3334	0.1072	0.1517	0.3268
浙江安吉	地径	0.4512 *					
	冠幅	0.7052 **	0.5057 **				
	当年抽梢长	0.1784	0.1693	0.2098			
	当年分枝数	0.1283	0.4858 *	0.0851	0.2982		
	最长分枝长	0.3515 *	0.2871	0.4713 *	0.8766 **	0.1347	
	最粗分枝基径	−0.0641	0.3539 +	−0.0245	−0.0449	0.2912	0.1538

4.2.4.2.5 幼林生长和分枝性状的地理变异

表4-23为种源生长和分枝性状与其产地地理气候因子间的相关分析结果。从表4-23可以看出，浙江龙泉点种源生长和分枝性状与其产地经纬度并无明显的相关性，未呈现明显的地理变异模式，仅种源树高、冠幅、当年抽梢长和当年分枝数与其产地的年降水量呈显著或极显著负相关，这意味着来自降水量较少产地的种源在龙泉点树高生长较快，冠幅

较大、分枝较多。而在浙江安吉点，南方红豆杉种源生长和分枝性状与气候因子的相关性较弱，但当年抽梢长和最长分枝长与产地纬度，树高和冠幅与产地经度的负相关性达到0.10显著水平，同时树高、当年分枝数和最长分枝长与产地无霜期的正相关达到0.10显著水平，来自偏东部、无霜期长的地区的种源在浙江安吉点生长较快，分枝较多。

表4-23　种源生长和分枝性状与其产地地理气候因子间的相关系数

试验点	性状	纬度	经度	年平均气温	1月均温	7月均温	≥10℃积温	年降水量	无霜期
浙江龙泉	树高	-0.039	-0.0408	0.1665	0.1979	-0.5431	0.3900	-0.5431**	0.3900
	地径	-0.0148	-0.0503	0.0993	0.0094	-0.1722	0.2958	-0.1721	0.2958
	冠幅	-0.0083	0.0731	0.1181	0.2898	-0.3968	0.1694	-0.3968+	0.1694
	当年抽梢长	0.0325	0.0033	0.2798	0.2009	-0.4781	0.3842	-0.4781*	0.3842+
	当年分枝数	0.1835	0.1254	0.3813+	0.3672+	0.3812	0.3891+	-0.5978**	0.3891+
	最长侧枝长	-0.2417	-0.1930	-0.0806	0.0097	-0.3078	0.1590	-0.3078	0.1590
	最粗分枝基径	0.0492	0.1112	-0.0452	0.0178	0.0112	0.0892	-0.0112	0.0892
浙江安吉	树高	0.0552	-0.3626+	-0.1152	-0.0160	-0.0834	0.1228	-0.3139	0.3525+
	地径	-0.0658	0.0133	-0.1049	0.0770	0.2429	0.0626	-0.3347	0.2806
	冠幅	0.0208	-0.3799+	-0.0191	0.0695	-0.0466	0.1500	-0.2360	0.2345
	当年抽梢长	-0.3820+	-0.1917	-0.0502	0.1401	-0.2576	-0.1374	-0.1050	0.3404
	当年分枝数	0.1670	-0.1352	-0.2183	-0.0625	-0.1000	-0.0828	-0.4009+	0.2063+
	最长侧枝长	-0.3765+	-0.2058	-0.0024	0.1479	-0.2288	0.0016	-0.1105	0.3606+
	最粗分枝基径	-0.1182	0.1113	-0.0277	-0.0545	0.0020	-0.0423	-0.2284	0.8120

4.2.4.2.6　速生优良种源筛选

幼林期可以用树高生长作为速生优良种源选择的主要标准，同时结合种源在两个试验点生长的稳定性，选出南方红豆杉速生优良种源。图4-7显示为浙江安吉和龙泉两地点各种源的4年生树高平均值，其中来自湖南靖州、江西井冈山、福建沙县、江西武宁、云南石屏5个产地的种源其树高生长在两地均排名前十，较当地浙江龙泉种源分别高出3.7%～

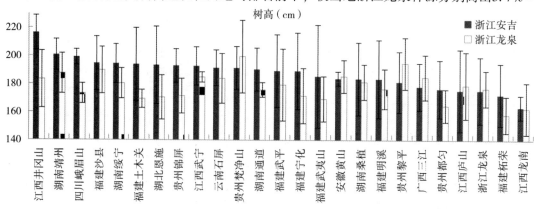

图4-7　浙江安吉和龙泉两试验点南方红豆杉种源4年生树高生长表现

7.4%和9.1%~23.4%，表现出良好的速生性。同时，它们的标准偏差值也较小，说明种源内个体生长较为一致，符合优良种源的标准。因此，这5个种源可初选为速生优良种源。

4.2.4.3 南方红豆杉生长和分枝性状家系变异与选择

4.2.4.3.1 遗传测定林营建

以来自浙江、江西和福建3个省份、8个产地的南方红豆杉家系为试验材料，2013年在浙江龙泉育苗。2014年将培育的1年生家系容器苗在浙江淳安（北纬29°37′，东经119°01′）、江西分宜（北纬27°49′，东经114°41′）和福建明溪（北纬26°21′，东经117°12′）3个地点培育成2年生轻基质容器大苗，于2015年2—3月在3个地点建立南方红豆杉优树家系测定林。3个地点均属亚热带季风气候区，其中浙江淳安年均气温17℃，年均降水量1430mm，全年无霜期263d；江西分宜年均气温17.2℃，年均降水量1600mm，全年无霜期270d；福建明溪年均气温18℃，年均降水量1800mm，全年无霜期261d。浙江淳安点和福建明溪点是栽植在马尾松（*Pinus massoniana* Lamb.）林冠下，江西分宜点栽植在冰雪灾后的湿地松（*P. elliottii* Englem.）和马尾松林冠下，3个地点立地条件中等。

浙江淳安点和江西分宜点采用完全随机区组设计，5次重复，8株单列小区，福建明溪点为完全随机设计，单株小区，重复40次，栽植密度均为2.0m×2.5m，每亩保留上层松树20株左右，郁闭度0.3左右。浙江淳安、江西分宜和福建明溪3个地点参试的家系数分别为55、39和32个，浙江淳安和江西分宜、浙江淳安和福建明溪及江西分宜和福建明溪的共有家系数分别为38、14和12个，3个地点共有的家系数为11个。2018年底对3个地点的南方红豆杉优树家系试验林进行全林测定，测定指标包括树高、地径、冠幅、当年抽梢长、一级分枝数、最大分枝角、最长分枝长和最粗分枝基径等。

4.2.4.3.2 南方红豆杉生长和分枝性状的家系遗传变异

方差分析结果表明（表4-24），各地点5年生南方红豆杉树高、地径、冠幅以及分枝性状都存在极显著的家系变异。在地处较北的浙江淳安点，5年生家系树高和地径变幅分别在1.47~2.06m和2.07~3.06cm，平均树高和地径分别为1.73m和2.57cm，树高最大家系（闽3）较最小家系（张村）高出40.1%，地径最大家系（三元11）较最小家系（张村）高出47.8%；江西分宜点水热资源更为丰富，平均树高和地径生长量显著大于浙江淳安点，分别为1.90m和3.40cm，家系树高和地径变幅分别在1.44~2.35m和2.17~4.20cm，最大家系分别较最小家系高出63.2%和93.5%；福建明溪点分布于南方红豆杉的主产区，但因立地条件与浙江淳安类似，其平均树高和地径生长量也较接近，家系树高和地径变幅分别在1.46~2.29m和2.26~3.42cm，最大家系分别较最小家系高出56.8%和51.3%。因南方红豆杉自然整枝能力弱，分枝数少且细的家系选育更具意义。与生长性状一样，南方红豆杉当年抽梢长及一级分枝数、最大分枝角、最长分枝长和最粗分枝基径等在家系间的遗传差异也均达到极显著的水平，变异系数在14.9%~43.9%，如浙江淳安、江西分宜和福建明溪3个地点的家系最粗分枝基径分别变化在0.70~1.06cm、0.63~

1.29cm 和 0.47～0.61cm。这为早期速生和分枝习性优良的南方红豆杉家系选择提供了很大潜力（罗芊芊等，2020）。

表4-24 各试验点南方红豆杉家系生长和分枝性状的方差分析

试验点	性状	均值	变幅	变异系数（%）	均方			
					重复	家系	重复×家系	机误
浙江淳安	树高（m）	1.73	1.47～2.06	23.8	9.6307**	0.7581**	0.2385**	0.1190
	地径（cm）	2.57	2.07～3.06	25.6	20.2364**	1.6273**	0.7665**	0.3023
	冠幅（m）	1.32	0.93～1.63	29.3	8.7109**	0.8963**	0.2364**	0.0928
	当年抽梢长（m）	0.42	0.32～0.57	43.9	1.8851**	0.1030	0.0562**	0.0240
	一级分枝数（个）	23	17～30	18.1	21.3156**	3.2028**	2.3964**	0.3978
	最大分枝角（°）	55	41～68	23.4	1448.4532**	889.9846**	255.1802**	123.9266
	最长分枝长（m）	1.02	0.80～1.29	30.1	4.0106**	0.3734**	0.1450**	0.0688
	最粗分枝基径（cm）	0.85	0.70～1.06	30.2	1.5667**	0.2169**	0.1146**	0.0508
江西分宜	树高（m）	1.90	1.44～2.35	23.3	1.8076**	1.1678**	0.1906**	0.1461
	地径（cm）	3.40	2.17～4.20	27.1	3.8980**	6.1559**	0.7608**	0.6180
	冠幅（m）	1.54	1.13～1.94	29.3	4.6051**	1.0733**	0.2612**	0.1346
	当年抽梢长（m）	0.57	0.41～0.73	32.0	0.3724**	0.1241**	0.0415**	0.0262
	一级分枝数（个）	37	24～46	16.1	26.0036**	5.6442**	0.9534**	0.5942
	最大分枝角（°）	64	47～76	17.1	321.9374**	511.1977**	152.3850**	97.6697
	最长分枝长（m）	1.11	0.84～1.36	29.0	1.3273**	0.4351**	0.0927	0.0843
	最粗分枝基径（cm）	1.03	0.63～1.29	32.5	1.1389**	0.5402**	0.1236**	0.0861
福建明溪	树高（m）	1.78	1.46～2.29	20.6		1.4862**		0.1003
	地径（cm）	2.75	2.26～3.42	26.5		2.8815**		0.4753
	冠幅（m）	1.17	1.03～1.34	17.5		0.2055**		0.0380
	一级分枝数（个）	12	10～13	14.9		0.6480**		0.2576
	最大分枝角（°）	45	36～62	35.0		1390.8700**		221.0022
	最长分枝长（m）	0.54	6.75～9.51	26.9		0.0564**		0.0207
	最粗分枝基径（cm）	0.80	0.47～0.61	36.2		0.1865**		0.0831

注：浙江淳安点、江西分宜点的重复、家系、重复×家系和机误的自由度分别为4、54、205、1635和4、38、141、907，福建明溪点的家系和机误的自由度为31和1247。** 为0.01极显著水平，下同。

4.2.4.3.3 南方红豆杉生长和分枝性状的遗传力估算

从表4-25可看出，5年生南方红豆杉树高、地径、冠幅、最大分枝角、最长分枝长和最粗分枝基径在3个地点的家系遗传力均较高，其变化在0.48～0.88。南方红豆杉生长性状的家系遗传力估算值虽因各地点的测定材料及立地条件不同而有所变化，但总体估算值均较高，如3个地点树高的家系遗传力估算值分别为0.69、0.84和0.87，说明南方红豆杉家系幼林生长受中等至偏强的家系遗传控制。与家系遗传力比较，3个地点南方红豆杉生长和分枝性状的单株遗传力估算值虽然稍低，但仍受中等至偏强的遗传控制。

表 4-25　5 年生南方红豆杉生长和分枝性状的遗传力估算值

性状	浙江淳安		江西分宜		福建明溪	
	家系遗传力	单株遗传力	家系遗传力	单株遗传力	家系遗传力	单株遗传力
树高	0.69	0.39	0.84	0.79	0.87	0.58
地径	0.53	0.25	0.88	0.96	0.82	0.42
冠幅	0.74	0.58	0.78	0.68	0.80	0.36
当年抽梢长	0.46	0.18	0.69	0.40	—	—
一级分枝数	0.28	0.15	0.84	0.86	0.56	0.13
最大分枝角	0.71	0.44	0.72	0.45	0.84	0.46
最长分枝长	0.63	0.32	0.80	0.53	0.61	0.15
最粗分枝基径	0.48	0.19	0.78	0.58	0.53	0.11

注：福建明溪点未测定当年抽梢长指标。

4.2.4.3.4　南方红豆杉生长和分枝性状的遗传与表型相关性

表 4-26 结果表明，3 个试验点南方红豆杉家系生长和分枝性状间的遗传相关系数总体上大于表型相关系数。5 年生家系树高、地径和冠幅间呈极显著的正遗传相关（$r_g = 0.799 \sim 0.984$），各生长性状与一级分枝数和最粗分枝基径也呈极显著的正遗传相关（$r_g = 0.495 \sim 0.994$），这意味着南方红豆杉优树家系树高和地径生长量越大，其分枝越多、越粗，冠幅也越大。在江西分宜和福建明溪点，最大分枝角与地径、一级分枝数、最长分

表 4-26　各试验点南方红豆杉家系生长和分枝性状间的遗传与表型相关系数

试验点	性状	树高	地径	冠幅	当年抽梢长	一级分枝数	最大分枝角	最长分枝长	最粗分枝基径
浙江淳安	树高		0.741**	0.729**	0.545**	0.501**	0.047	0.730**	0.702**
	地径	0.799**		0.704**	0.737**	0.507**	0.128	0.633**	0.486**
	冠幅	0.799**	0.984**		0.521**	0.375**	0.221	0.766**	0.596**
	当年抽梢长	0.930**	0.673**	0.798**		0.340*	0.063	0.520**	0.447**
	一级分枝数	0.591**	0.653**	0.737**	0.961**		−0.043	0.362**	0.355**
	最大分枝角	0.824**	0.825**	0.851**	0.846**	0.707**		0.087	−0.019
	最长分枝长	0.764**	0.997**	0.978**	0.686**	0.792**	0.713**		0.765**
	最粗分枝基径	0.495**	0.837**	0.752**	0.496**	0.484**	0.585**	0.850**	
江西分宜	树高		0.745**	0.809**	0.737**	0.687**	0.094	0.687**	0.482**
	地径	0.917**		0.758**	0.531**	0.595**	0.021	0.734**	0.686**
	冠幅	0.955**	0.947**		0.616**	0.526**	0.099	0.802**	0.604**
	当年抽梢长	0.977**	0.927**	0.983**		0.504**	0.033	0.554**	0.398*
	一级分枝数	0.936**	0.989**	0.972**	0.928**		0.040	0.474**	0.370*
	最大分枝角	0.424**	0.311	0.485**	0.434**	0.381*		−0.064	−0.109
	最长分枝长	0.786**	0.920**	0.870**	0.859**	0.893**	0.122		0.690**
	最粗分枝基径	0.781**	0.955**	0.856**	0.817**	0.947**	0.161	0.959**	

试验点	性状	树高	地径	冠幅	当年抽梢长	一级分枝数	最大分枝角	最长分枝长	最粗分枝基径
	树高		0.656**	0.496**		0.419*	0.253	0.508**	0.419*
	地径	0.948**		0.678**		0.542**	0.234	0.671**	0.733**
福建明溪	冠幅	0.888**	0.960**			0.459**	0.256	0.686**	0.517**
	一级分枝数	0.901**	0.939**	0.950**			0.236	0.572**	0.383*
	最大分枝角	0.488**	0.420*	0.512**		0.374*		0.237	0.151
	最长分枝长	0.843**	0.914**	0.942**		0.823**	0.058		0.613**
	最粗分枝基径	0.947**	0.994**	0.947**		0.944**	0.366*	0.984**	

注：对角线以上为表型相关系数，对角线以下为遗传相关系数，"*"为0.05显著水平。

枝长及最粗分枝基径等性状的遗传相关程度较弱（$r_g = 0.058 \sim 0.420$），为选择分枝角较大、分枝数少且细的品系提供了可能。

4.2.4.3.5 南方红豆杉生长和分枝性状在地点间的相关性

从表4-27和图4-8可以看出，5年生南方红豆杉家系生长和分枝性状在两两地点间的相关性差异较大。在测定的南方红豆杉家系生长与分枝性状中，最大分枝角在3个地点组合间均呈极显著正相关，表明其家系×地点互作效应不明显，各家系最大分枝角性状稳定，立地条件对其影响较小。而树高和一级分枝数这两个性状在3个地点组合间的相关性都不显著，表明其家系×地点互作效应明显，随着种植生境的改变，家系树高和一级分枝数会发生较大的变化。此外，从表4-27中还可以看出，除树高和一级分枝数外，其余生长和分枝性状在浙江淳安和江西分宜两地点间的相关性显著，其家系与立地互作效应不明显，这显示除林冠下光照条件外，这两个地点的立地条件较为相似。

表4-27　南方红豆杉家系生长和分枝性状在地点间的相关系数

性状	浙江淳安—江西分宜	浙江淳安—福建明溪	江西分宜—福建明溪
树高	-0.0086	0.4635	0.5693
地径	0.6250**	-0.1537	0.1061
冠幅	0.4678**	-0.1385	-0.2110
一级分枝数	0.2954	-0.0559	0.4259
最大分枝角	0.5547**	0.6932**	0.8224**
最长分枝长	0.5821**	-0.5567*	-0.0770
最粗分枝基径	0.4183**	-0.3591	-0.1659

注：浙江淳安和江西分宜的共有家系数为38个，浙江淳安和福建明溪的共有家系数为14个，江西分宜和福建明溪的共有家系数为12个。

4.2.4.3.6 速生优质家系的初选

作为珍贵用材培育目标，南方红豆杉速生优质家系要求速生、节少、分枝细和分枝平展等。树高以高于各地点家系均值为主要选择标准，家系最粗分枝基径和一级分枝数以低于各地点家系均值为次要选择标准，从浙江淳安、江西分宜和福建明溪3个地点初选出4、

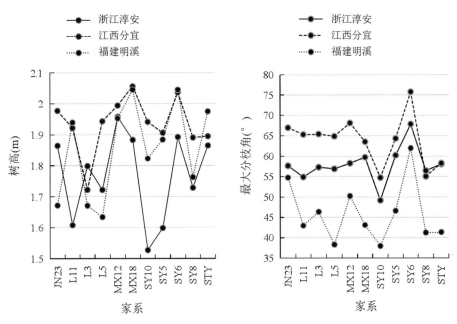

图 4-8　各试验点共有家系树高和最大分枝角在地点间的差异

5 和 1 个优良家系（表 4-28），其树高均值变化在 1.730~2.100m。在 3 个试验点中，以 SY7、HSX2 和 SY10 3 个家系的综合表现较好，其树高、最粗分枝基径和一级分枝数在参试家系中的综合排秩较靠前。在福建明溪点，其入选家系 SY10 树高 1.823m，高于均值 2.53%，最粗分枝基径（0.794cm）及一级分枝数（11 个）分别低于均值 1.78% 和 9.6%，且 SY10 在江西分宜点也被纳入速生优质家系范围内，可见 SY10 家系在多个地点皆表现较好且稳定。

表 4-28　各试验点的优选南方红豆杉家系 5 年生树高和分枝数值

试验点	家系	树高（m）	排秩	最粗分枝基径（cm）	<均值（%）	排秩	一级分枝数（个）	排秩
浙江淳安	M13	1.806	1	0.802	5.31	4	21	4
	SY7	1.757	2	0.701	17.24	2	17	1
	M17	1.738	3	0.700	17.36	1	18	2
	SY9	1.730	4	0.793	6.38	3	19	3
江西分宜	HSX2	2.100	1	0.907	10.77	4	24	1
	JGS17	2.085	2	0.872	14.27	2	31	5
	SY9	1.948	3	0.901	11.45	3	26	3
	SY10	1.941	4	0.838	17.64	1	25	2
	SY12	1.907	5	0.936	7.92	5	28	4
福建明溪	SY10	1.823	1	0.794	1.78	1	11	1

注：浙江淳安、江西分宜和福建明溪 3 个地点的参试家系数分别为 55、39 和 32 个。

4.3 繁育利用和良种生产

4.3.1 红豆树

4.3.1.1 红豆树嫁接技术

4.3.1.1.1 砧木及接穗处理

选择 2 年生容器苗作为嫁接砧木，高 80cm，地径 1.6~2.0cm，距地 8~10cm 处削平备用；每年的 10 月上旬采集树冠中上部的半木质化、粗壮、无病虫害枝条，选择饱满的芽，两端都削成斜面，长 2~3cm。

4.3.1.1.2 嫁接方法及时间

10 月上旬，采用腹接的方法成活率比较高。接穗最好随采随接，嫁接时先将接穗削成楔形，两个切面长宽一致，长度依接穗的粗细而定，然后根据接穗切面的长宽在砧木腹部斜下切开，将接穗插入砧木的切口中，对准双方形成层，用塑料薄膜扎紧。

4.3.1.1.3 日常管理

嫁接后注意保温、保湿，及时除去砧木枝叶和萌芽。来年春天嫁接成活的植株要及时去除绑扎的塑料膜，距接口上 2~3cm 处剪去砧木，植株密集摆放，防风并培养干型。接下来就是按照正常苗木做好水肥管理及病虫害防治工作。接穗的选择对嫁接成活率和成活后的生长量影响最大，成活较好的植株年底生长量可达 40~50cm。嫁接植株前期培育密植很重要，有些还要作支撑，以培养干型。基地嫁接苗仅作为种质资源收集保育和种子园建设需要，若在生产上推广利用，建议采用花榈木等同属的树种做砧木，进行嫁接育苗。

4.3.1.2 红豆树截干时间和截干高度对穗条生长的影响

4.3.1.2.1 研究材料的选择

红豆树截干促萌试验在浙江龙泉市林业科学研究院苗圃的钢构自控荫棚内开展，棚高 2.2m，内安装有自动供水系统，棚顶盖一层透光率 70% 的遮阳网。

试验材料采用浙江龙泉种源红豆树优树种子繁育的 2 年生容器苗，生长一致、长势较好，平均苗高 94.8cm、地径 15.73mm。分别于 2014 年 11 月 14 日、2015 年 1 月 9 日和 2015 年 3 月 7 日进行截干处理，每次截干按 5cm、15cm 和 30cm 共 3 个高度进行。2014 年 11 月 14 日和 2015 年 1 月 9 日进行的截干处理，每个高度处理 30 株苗木，3 次重复；2015 年 3 月 7 日进行的截干处理，每个高度处理 90 株，3 次重复；则 3 次进行截干处理的苗木共 1350 株。截干后进行穗条抽出时间统计及每个月进行生长测定，于 2015 年 12 月 18 日进行穗条数量和生长情况调查，包括穗条数量、离地高度、穗条长度和穗条直径等。

4.3.1.2.2 截干时间对穗条萌发和生长的影响

从图 4-9 可知，截干时间对穗条长度和穗条直径影响显著，11 月和 1 月截干的红豆树植株穗条较长、直径较粗，两者对应穗条长度和直径分别为 44.79cm、44.28cm 和

6.91cm、6.75cm，且此两时间节点间穗条性状差异不显著。3月进行截干的植株穗条长度和直径分别为38.37cm和5.87cm，不仅长度明显较11月和1月短，且其直径也显著低于11月和1月。然而，截干后主干萌发的穗条数量和穗条平均离地高度不受截干时间影响。据截干后观测记录，3月截干时植株已有穗条出现，可能造成了主干养分的分流，且在此时间节点截干处理的植株穗条萌动日期较晚，致使生长时间较短，进而影响穗条长度和基部粗度（徐肇友等，2017）。

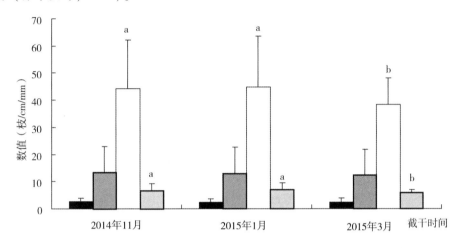

图4-9 截干时间对穗条生长的影响

注：图中不同小写字母表示不同截干时间截干穗条性状在0.05水平上差异显著。

进一步对相同截干高度在不同截干时间的穗条进行比较（表4-29），同一截干高度下，穗条数量的时间效应不显著，而穗条平均离地高度和穗条长度均随截干高度的降低受截干时间的影响变强，穗条直径则随截干高度的降低受截干时间的影响变弱。截干高度为30cm时，3个时间节点间穗条平均离地高度和穗条长度差异不明显；截干高度为15cm和5cm时，11月和1月截干的植株穗条的离地高度和穗条长度明显大于3月截干的植株。而穗

表4-29 相同截干高度下不同截干时间及相同截干时间下不同截干高度对穗条生长的影响

截杆高度（cm）	截杆时间（年．月）	穗条数量（枝）	离地高度（cm）	穗条长度（cm）	穗条直径（mm）
	2014. 11	2.82 ± 1.35^a	24.38 ± 6.86^a	42.11 ± 15.70	$6.88\pm2.14a$
30	2015. 01	2.63 ± 1.21^a	24.31 ± 6.40^a	41.26 ± 16.96	$7.07\pm2.51a$
	2015. 03	2.48 ± 1.16	24.18 ± 3.20^a	42.20 ± 10.34^a	$5.74\pm1.24b$
	F 值	1.372	0.022	0.102	7.914**
	2014. 11	2.73 ± 1.19^a	$12.16\pm3.94a^b$	$46.63\pm19.62a$	$6.93\pm2.51a$
15	2015. 01	2.66 ± 1.12^a	$11.33\pm3.77ab^b$	$46.46\pm17.37a$	$6.79\pm2.44a$
	2015. 03	2.52 ± 1.44	$10.72\pm2.37b^b$	$38.70\pm8.92b^b$	$5.97\pm0.96b$
	F 值	0.571	3.135*	5.484**	4.180*

（续表）

截杆高度（cm）	截杆时间（年.月）	穗条数量（枝）	离地高度（cm）	穗条长度（cm）	穗条直径（mm）
	2014.11	2.54±1.13[b]	3.58±1.30a[c]	45.20±18.18a	6.92±2.76
	2015.01	2.27±0.98[b]	3.07±2.27a[c]	45.09±21.27a	6.40±2.66
5	2015.03	2.64±1.20	2.17±0.97b[c]	34.37±8.09b[c]	5.89±1.24
	F值	2.932	6.133**	7.136**	0.986

注：表中小写正体字母为相同截干高度不同截干时间处理的穗条性状比较结果，右上角小写斜体字母为相同截干时间不同截干高度处理的穗条性状比较结果；* 表示处理间差异 0.05 水平显著，** 表示处理间差异 0.01 水平显著。

条直径，在截干高度为 30cm 和 15cm 时，3 个时间节点间差异显著，11 月和 1 月截干的植株穗条直径均明显较 3 月大；在截干高度为 5cm 时，不同时间节点间差异则不显著。

4.3.1.2.3　截干高度对穗条萌发和生长的影响

从图 4-10 可以看出，截干高度明显影响穗条平均离地高度和穗条长度。穗条平均离地高度随截干高度的增加而增加；穗条长度则表现为，截干高度为 15cm 时，萌发的穗条最长，为 44.58cm，显著大于截干高度 30cm 的穗条长（穗条长 41.17cm），但与截干高度 5cm 处理的穗条长度（穗条长 42.51cm）差异不明显，而不同截干高度下，穗条数量和穗条直径差异不显著，表明较高的截干高度并不代表能够促进更多较高质量的穗条萌发。

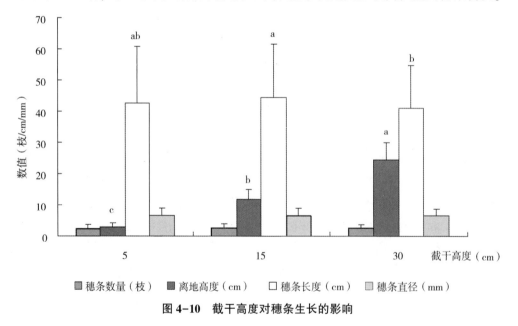

图 4-10　截干高度对穗条生长的影响

针对各个时间节点，比较不同截干高度处理的穗条性状（表 4-29），与上述情况类似，不同截干高度间植株穗条平均离地高度差异极显著，穗条离地高度直接受截干高度的影响。而不同截干时间节点的截干高度对穗条数量的影响表现为，1 月和 11 月截干植株的穗条数量具有明显的截干高度效应，两时间节点下 15cm 和 30cm 的截干高度植株穗条数量显著多于 5cm 的截干高度植株；3 月截干植株则表现出随截干高度增高穗条长度愈长的现象，比较结果显示，30cm 截干高度的植株穗条长度显著大于 15cm 截干高度的植株穗条，同时，15cm 截干高度植株穗条长度显著大于 5cm 截干高度植株。

4.3.1.2.4　截干时间和截干高度对穗条生长的双因素互作效应

对截干时间和截干高度对穗条性状的双因素互作效应进行分析（表 4-30），结果表明，穗条长度存在显著的截干时间和截干高度互作效应，穗条长度是穗条生长的关键指标，因此，实施促萌措施时应当考虑截干时间和截干高度及两者的互作效应。从单因素看，穗条数量的截干高度效应较大，而穗条长度和穗条直径的截干时间和截干高度效应较明显。

表 4-30　截干时间和截干高度及其互作对穗条生长的影响

因素	穗条数量		离地高度		穗条长度		穗条直径	
	F	Sig.	F	Sig.	F	Sig.	F	Sig.
截干时间	0.348	0.706	2.029	0.132	8.816 **	0.000	10.752 **	0.000
截干高度	3.495 *	0.031	1650.143 **	0.000	1.572	0.208	1.933	0.145
截干时间×截干高度	2.050	0.086	0.507	0.731	2.764 *	0.027	0.681	0.605

4.3.1.3　红豆树母树林

庆元县实验林场红豆树母树林，面积 30 亩，于 1984 年 3 月建园。

（1）建园地点

建园于庆元县实验林场国家良种基地上坑区块。2020 年种子产量 55kg，2021 年种子产量 73kg 左右。2021 年获得浙江省良种审定。

（2）亲本来源及特性

该母树林建园亲本家系来源于庆元县黄田镇双沈村和龙泉市锦溪镇岭根村周边坡地，海拔高 360~450m，最大亲本单株位于庆元双沈村后山，胸径 1.05m，树高 45m，冠幅 13m×14m，树干通直，枝叶茂盛。1984 年，庆元县林业科学研究所利用从以上两地选择的优良母树上采收种子培育实生苗，在上坑珍贵树种基地（庆元县国家珍贵树种良种基地）内进行人工造林。经改造选育，伐除生长表现差、结实少的单株，现每亩保留结实母树 16 株，连续 6 年开花，结实母树达 50% 以上。母树干形通直满圆、生长优势明显、林分无明显病虫害。该母树林早期速生，花期为 4—5 月，果熟于 10—11 月，荚果呈近圆形、扁平，种子呈近圆形或椭圆形，种皮鲜红色。2021 年 6 月，对母树林中红豆树的胸径、树高开展全面调查，母树平均胸径 21.90cm、树高 11.94m，其中最大母树高达 20.00m、胸径 48.40cm。

（3）主要经济技术指标

利用红豆树母树林所产种子在庆元培育轻基质网袋容器苗，生长良好，对培育的 1 年生、2 年生和多年生容器苗生长量测定结果表明：母树林子代容器苗长势旺、生长快，1 年生子代容器苗地径均值 0.42cm、苗高均值 27.8cm，2 年生子代容器苗地径均值

1.27cm、苗高均值 109cm，苗高、地径生长量均大幅度高于浙江省地方标准《主要造林树种苗木质量等级》（DB33/T 177—2014）及《主要珍贵树种大规格容器苗培育技术规程》（DB33/T 2213—2019）。红豆树千粒重 620~850g。场圃发芽率≥70%。

（4）优点

母树速生且高生长突出，较耐寒，干形通直圆满，材质优良，抗逆性好，结实性能优良，不同立地生长适应性较强、较高。

（5）子代苗培育及试验情况

利用红豆树母树林 2015—2020 年所生产的种子在庆元县省林业保障性苗圃累计培育 1~2 年生容器苗 8.52 万株。2020 年，针对来自该母树林的子代容器苗生长进行测定，数据明显优于对照的普通容器苗。其中，1 年生子代容器苗地径均值为 0.42cm、苗高均值为 27.8cm，分别比对照的普通容器苗地径均值（0.36cm）、苗高均值（21.7cm）提高了 16.6%、28.1%；2 年生子代容器苗地径均值为 1.27cm、苗高均值为 109.0cm，分别比对照的普通容器苗地径均值（0.88cm）、苗高均值（79.3cm）提高了 44.3%、29.7%。母树林子代容器苗生长速度快，适应性强，遗传稳定性高。

（6）子代造林试验情况

①2013 年在浙江、福建、湖北、江西等地采集红豆树 23 个家系种子在林场苗圃培育 2 年生容器苗，并于 2015 年在关门岙、桃洲汇两个地点试验造林。2021 年 6 月调查，来自该母树林的 1 号、2 号家系的平均胸径、平均树高、通直度、枝下高等表现最优，平均胸径 10.2cm 和 10.68cm 分别比所有家系均值（8.49cm）超出 20.1%和25.8%，平均树高 6.16m 和 6.25m 分别比所有家系均值（4.93cm）超出 24.9%和26.7%，且杆材通直，枝下高明显优于其他。

②2017 年，利用该红豆树母树林种子培育的 2 年生容器苗，在实验林场关门岙林区营造红豆树+杉木萌条混交示范林 63 亩。造林当年成活率96%，各树种当年树高平均生长量59cm，第 2 年树高生长量 90cm。2021 年 6 月调查，红豆树造林后 4 年平均胸径 6.2cm，平均树高 5.08m。试验结果表明：该母树林子代不仅在苗期生长快，造林后，4~7 年的幼树其各项指标继续表现优良。

4.3.2 楠木

4.3.2.1 闽楠嫁接技术

在庆元县实验林场苗圃，选择 1 年生闽楠容器苗，在秋季苗圃地嫁接成活率 70%以上，补接一次后保存率可达 85%以上。其技术方法如下。

（1）砧木选择

10 月中下旬，选用一年生闽楠容器苗作为砧木，要求苗杆直，健康粗壮、无病虫害，且地径在 0.5cm 以上，苗高在 30cm 以上，符合嫁接对砧的规格。

（2）接穗选择

选择健康通直、无病虫害、结果率高且树龄 35~45 年的闽楠母树树冠外围上部，向阳，粗度在 0.4cm 以上，半木质化成熟枝条作为接穗，要求枝条粗壮、顶芽和腋芽饱满。

（3）切砧木

用枝接刀在砧木离容器苗木基质面高 8cm 左右处横切一刀，将砧木截顶，再在断面平直的一侧，沿木质部与韧皮部之间，杆纵向切一刀，要求长度 0.7~1cm，切口宽视接穗大小而定，以达到木质部而不削木质部或略带木质部为宜。退刀时向外稍压，以利于插入接穗。

（4）削接穗

选用同砧木粗度大小的穗条，长度 5~7cm 一段，上方留 1~2 个芽，倒拿穗条，将接穗枝条的下端斜切 1 刀，使切口呈 45° 的斜断面，将穗枝反转过来，从反面向前平削，深度达木质部刚到形成层，要求长形的削面平滑不起毛，穗条削面长度 1~1.5cm，剪去接穗上端的叶片，形成一个穗接条。

（5）插接穗

将接穗与砧木伤口消毒处理，将接穗的形成层与砧木的形成层对齐，接穗薄面朝内，厚面朝外，把削好的接穗沿切口一侧快速插入，用宽 3cm 的塑料薄膜把砧木切口及接穗除芽眼外的部位自下向上包绑，松紧适宜，一气呵成，完成嫁接。

（6）接后管理

将嫁接后的一年生容器苗植株移植到 20cm×20cm 的美植袋容器内，摆放成畦，用遮阳率 70% 的遮阳网搭荫棚遮阴培育，保持圃地湿润而不积水，截剪生长过快的砧木侧枝，保持其长势旺而不盛，消除其对接穗的生长竞争，嫁接后 45d 左右，进行嫁接绑带松带，嫁接 60~80d 后完全解带，之后每月喷洒 1% 复合肥水溶液 1 次，拆除遮阴棚之后不施肥，苗木培育至嫁接后第二年 10 月出苗圃，去除无纺布美植袋后，带基质种植。

4.3.2.2 浙江楠母树林

庆元县实验林场浙江楠母树林，面积 20 亩，于 2012 年 3 月建园。

（1）建园地点

建园于庆元县实验林场洋岁林区。2020 年种子产量 180kg，2021 年种子产量 132kg 左右。2017 年获得浙江省良种认定。

（2）亲本来源及特性

浙江楠母树林的亲本共有 451 株，是从 15000 株浙江楠大规格苗中根据早期生长表现精选而来的"超级苗"。其中，有 370 株"超级苗"选自浙江临安万禾植物资源开发利用研究所，种源是杭州西湖地区，苗龄 9 年；有 81 株"超级苗"来自宁波市林业局林特种苗繁育中心，种源来自宁波宁海，苗龄 10 年。这些"超级苗"均具有生长优势明显，干形通直圆满，生命力强、无明显病虫害等特性。至今，浙江楠"超级苗"作为母树移栽到庆元已有 10 年，移植时按胸径 1：10 比例，完好保留一级侧枝，剪去大部分二级、三级侧枝，使移栽后缓苗期较短，"超级苗"保存率达到99.3%，生长良好。目前，全部母树已开花结果，花期5—6月，果熟于11月。核果呈椭圆状卵圆形，长1.2~1.5cm，熟时黑褐色，外被白粉。在2017年初经测量发现，上述选自宁波的81株15年生浙江楠母树平均胸径、树高分别为18.12cm、7.29m；选自临安的370株14年生浙江楠母树平均胸径、树高分别为16.7cm、6.3m。相对于2012年移栽时，宁波浙江楠母树平均胸径、树高分别为8.55cm、5.8m，临安浙江楠母树平均胸径、树高分别为7.15cm、4.5m，浙江楠母树胸径、树高年平均生长量均达到1.74cm、0.299m，苗木长势旺、速度快。

（3）主要经济技术指标

利用浙江楠母树林所产种子在庆元培育轻基质网袋容器苗，生长良好，对培育的1年生、2年生容器苗生长量测定结果表明：母树林子代容器苗长势旺、生长快，1年生子代容器苗地径均值0.48cm、苗高均值30.19cm，2年生子代容器苗地径均值1.22cm、苗高均值108.99cm，苗高、地径生长量均高于省地方标准《主要造林树种苗木质量等级》（DB33/T　177—2014）Ⅰ级标准。

（4）区域试验

2016年和2017年初，利用浙江楠母树林所生种子培育出的2年生苗在浙江庆元营建子代遗传测定试验林2片，面积共37亩。造林试验均采用完全随机区组设计，将庆元本地大泽种源容器苗作为对照，10~20株小区，5次重复。试验林按一般生产要求进行整地、栽植和抚育管理。造林一年后，对区域试验林3年生浙江楠子代苗进行测定，测定结果表明，来自母树林的子代苗生长明显优于对照的普通苗木，普通容器苗2年生苗移栽一年后平均苗高只有141.5cm、平均地径只有1.35cm；而母树林子代苗平均苗高228.6cm、平均地径1.97cm，树高和地径比普通苗分别提高61.55%、45.93%。

4.3.2.3　浙江楠实生种子园

庆元县实验林场浙江楠实生种子园，面积53亩，于2013年10月建园。

（1）建园地点

建园于庆元县实验林场国家良种基地桃洲汇区块。2019年种子产量63kg，2020年种子产量86kg。2018年获得浙江省良种认定。

（2）亲本来源及特性

庆元县实验林场浙江楠实生苗种子园的建园亲本家系共有111个，2018年春移除前期生长势较弱或结实较差的25个亲本家系及保留家系的弱势单株，目前保留86个家系。建园亲本家系来源于浙江楠的全分布区（浙江、江西、安徽和福建等地）优选单株，遗传基础广，根据优株家系内子代早期生长（2~3年）表现精选而来，同时，建园后依其家系平均生长以及家系内单株生长表现进行移除，现保留的建园亲本材料具有早期（苗期和幼林期）速生、幼年期生长竞争力强、树干通直圆满、开花结实正常、无明显病虫害等特性。

（3）品种特性

具有早期（苗期和幼林期）速生、干形通直满圆，适应性强，遗传多样性高，在不同立地生长遗传稳定性好。3月中下旬至4月上旬开始萌芽抽梢，新梢枝叶表现为淡红色、黄绿色，逐渐转为绿色；7月中下旬至8月下旬进行二次抽梢；4月中下旬至5月上旬开始开花，圆锥花序，呈淡黄色；结实正常，核果呈椭圆状卵圆形，10月下旬至11月上旬成熟。

（4）选育方法

2009年、2010年在浙江、安徽南部、福建西北部、江西东部与北部等浙江楠的全分布区开展优树选择，因浙江楠天然林分稀少，多为小群落或孤立木，依照树形高大、干形通直圆满、枝叶色泽正常、生长势好、无病虫害等标准均选为优良单株；人工林优株选择，要求林龄20年以上、起源明确。从天然林与人工林中共选择了胸径10cm以上的优良单株273株，经复选、比对，共入选采种优树111株。2010年10月，开始分优株采种，并在庆元县实验林场苗圃分家系培育优株子代苗木。2012年12月，进行2年生浙江楠优树家系苗期生长测定。2013年12月，开始在庆元县实验林场国家珍贵树种良种基地桃洲汇片区，选择苗期优良家系内的优良个体营造实生苗种子园53亩，每家系约40株，严格控制同一家系植株至少相距20m以上种植，家系配制完全随机。2013年初，开始分别在浙江庆元、遂昌、义乌、鄞州和宁海等5个地点营建优树家系子代区域测定林6片，共159亩。当年年底全面调查造林成活率和苗高生长量，2017、2018年全面调查种子园和测定林树高、胸径、冠幅、树干通直度、分枝性状（枝下高、最大分枝角、最粗分枝基径和分叉干数）及母树结实情况等。根据子代苗期测定和试验林测定结果结合优树家系种子园中开花结实和生长表现，从中筛选出子代幼林期生长快、生长势与竞争力强、抗逆性好的优树家系86个，保留用作浙江楠实生苗种子园的建园母树材料。根据子代测定结果发现，浙江楠优株家系间苗期与幼树生长量、生长势和抗逆性变异丰富，86个建园亲本材料基本覆盖了浙江楠全分布区。

（5）主要经济指标

对培育的2年生优株家系苗期生长方差分析表明，子代苗高生长差异极显著（$p<0.01$），苗高均值91.3cm，庆元大泽优株（Q1）家系苗高均值达到118.2cm，最高单株154.8cm，显著高于临安天目山优株（L1）家系苗高均值（74.1cm）；地径生长差异不显著，均值1.01cm，最大的是临安天目山优株（L4）家系（1.09cm），最小的是庆元大泽优株（Q3）家系（0.92cm）。

（6）区域试验

2013年开始在浙江庆元、遂昌、义乌、鄞州和宁海等5地营建家系子代遗传测定试验林6片，确保每个家系同时在2~3个地点造林，每片试验林的参试家系数在28~63个不等，累计测定优树家系111个，试验林面积159亩，造林试验均采用完全随机区组设计，8~10株小区，4次重复。5地6片测定林当年造林平均成活率高达97.83%，苗高年均生长量31.4cm。庆元2片测定林5年生家系子代测定结果显示：种源家系间树高生长差异极显著（$p<0.01$），平均树高379.6cm，平均胸径5.39cm，对照当地商品种的树高和胸径分别提高了17.38%和11.81%。遂昌、义乌、鄞州和宁海4地于2018年8月初步测定，家系间、家系内均有明显分化，林分总体生长优良、生长势强，无明显病虫害，2016年初的

连续低温对其没有任何危害。

（7）适种范围

适宜浙江各地区海拔 600m 以下的丘陵低山沟谷地或山坡林地造林以及道路、城镇园林栽培，也适于地理、气候环境条件相似的江西、江苏、安徽、福建等周边地区以及湖南、湖北、四川、重庆、贵州等地区栽培。

4.3.3 赤皮青冈

4.3.3.1 赤皮青冈无性扩繁技术

4.3.3.1.1 赤皮青冈切接方法

（1）砧木选择

选择生长健壮、根系发达、无病虫害、与接穗有亲和力的植株。

（2）接穗选择

选择向阳的、节间短的、发育充实的 1 年生枝条。

（3）接穗处理

①先截接穗：接穗长 5~10cm，带有 2 个以上的叶芽。

②削接穗：用切接刀在接穗基部没有芽的一面起刀，削成一个长 2.5cm 左右平滑的长斜面，一般不要削去髓部，稍带木质部较好。最喜爱另一面削成长不足 1cm 的短斜面，使接穗下端呈扁楔形。

③要求：削接穗时，切接刀要锋利，手要平稳，保证削面要平整、光滑，最好一刀削成。

（4）砧木处理

①砧木选择：砧木宜选用 1~2cm 粗细的幼苗，以 2 年生本砧嫁接最佳。

②处理：将砧木从距离地面 5~8cm 处剪断，并将砧木修剪平整，再按接穗的粗度，在砧木比较平滑的一侧，用切接刀略带木质部垂直下切，切面长 2.5cm 左右。

（5）嫁接操作

将削好的接穗长的削面向里插入砧木切口中，并将两侧的形成层对齐，接穗削面上端要露出 0.2cm 左右，即"露白"，以利于砧木与接穗的愈合生长。

（6）绑扎

接好后用宽 0.5cm 的塑料带将接口绑扎，并涂以接蜡，以防干燥。绑扎时，不要移动砧穗形成层对准的位置，松紧要适度，既不要损伤组织，又要牢固。

4.3.3.1.2 赤皮青冈扦插方法

（1）插穗选择

选择 1~2 年生健壮赤皮青冈实生苗，在主茎或枝条上采集穗条，将采下的穗条放在清水中冲洗（欧阳泽怡，2020）。

（2）插穗处理

将穗条洗净后，用枝剪制成插穗，要求插穗长度为 8~10cm，保留顶部 3 个叶片，每片叶修剪为原有 2/5 面积大小，插穗上切口为平口，有利于减少水分散失，下端靠近叶节处斜切，增大接触面积。

（3）插穗消毒

将插穗下部对齐，并捆扎成束，浸入质量浓度 0.3% 的多菌灵水溶液中消毒 1min，取出后使用蒸馏水冲洗干净。

（4）激素处理

对冲洗干净的穗条进行激素处理，激素中包括 200mg/L 的绿色植物生长调节剂 GGR 或者 3000mg/L 的 3-吲哚丁酸钾盐，将穗条下端浸泡在激素中，浸泡时间不少于 2h。

（5）穴盘扦插

准备好穴盘，穴盘内的扦插基质原料组成重量比为珍珠岩：泥炭土：黄心土 = 1：2：2（扦插前 2 天给原料淋灌质量浓度为 0.1% 的多菌灵消毒），将浸泡过激素的穗条扦插到穴盘内，深度以 4cm 为宜。

（6）浇水遮阳

扦插完穗条后浇透水，用黑色遮阳网作遮光处理。

（7）后续管护

①温度控制在 13~28℃，相对湿度保持在 80% 以上。

②每周使用 1 次多菌灵消毒，每天视实际情况浇水 1~3 次。

③扦插生根过程中要及时防治病虫害，及时拔除苗床内杂草，促进插穗健壮生长。

4.3.3.1.3 砧木年龄和嫁接方式对赤皮青冈嫁接成活率的影响

2021 年 3 月上旬，在建德新安江林场朱家埠林区开展赤皮青冈嫁接试验，主要研究砧木年龄和嫁接方法对赤皮青冈嫁接成活率的影响。采集苗圃地赤皮青冈 1 年生枝条作为接穗，将赤皮青冈 2 年生和 3 年生实生苗作为砧木，以切接和腹接 2 种不同嫁接方法进行本砧嫁接。嫁接后在苗圃地按照生产性管理培育嫁接苗，并记录其成活情况。

试验结果显示（表 4-31），砧木年龄和嫁接方式对赤皮青冈嫁接成活率有明显影响。切接平均成活率为 76.67%，比腹接平均成活率高 13.33%。2 年生砧木切接成活率为 86.67%，比 3 年生砧木切接成活率高 20.00%；2 年生砧木腹接成活率为 76.67%，比 3 年生砧木腹接成活率高 26.67%。因此，赤皮青冈宜选择 2 年生砧木并采用切接方式进行嫁接。

表 4-31 砧木年龄和嫁接方法对赤皮青冈嫁接成活率的影响

砧木	切接			腹接		
	嫁接数量（株）	成活数量（株）	成活率（%）	嫁接数量（株）	成活数量（株）	成活率（%）
2 年生	30	26	86.67	30	23	76.67
3 年生	30	20	66.67	30	15	50.00
平均	30	23	76.67	30	19	63.34

4.3.3.2 赤皮青冈实生种子园

赤皮青冈实生种子园面积 50 亩，于 2011 年 3 月建园。

（1）建园地点

庆元县实验林场国家良种基地关门岙区块。2019 年种子产量 110kg，2020 年种子产量 130kg。2019 年获得浙江省良种认定。

（2）亲本来源及特性

庆元县实验林场赤皮青冈实生种子园的建园亲本家系共有 21 个，分别来源于赤皮青冈浙江主要分布区的浙江宁波鄞州区（11 个）和福建主要分布区的建瓯龙村（10 个）所选优树，入选优树要求树体高大、通直、生长健康、结实较好，优树间距 50m 以上。2011 年，利用 1 年生轻基质容器苗造林，按完全随机区组设计，10 株小区，5 次重复，株行距 2m×2.5m。因造林五节芒多及当年造林成活率低，每小区只有 5~6 株，最后平均株行距在 3.5m×3.5m 左右。2018 年 11 月，根据子代测定结果，伐除生长表现差、结实少的单株，现每亩保留结实母树 60 株，现有母树具有早期速生、干形通直满圆、适生性强、开花结实稳定的特性。

（3）品种特性

具有早期速生，干形通直满圆，适应性强，在不同立地生长遗传稳定性好，抗瘠薄，耐干旱等特性。3 月中下旬至 4 月上旬开始萌芽抽梢，新梢表现为淡黄色，逐渐转为绿色，小枝密生灰黄色或黄褐色星状绒毛，叶片呈倒披针形或倒卵状长椭圆形，叶缘中部以上有短芒状锯齿，7 月中下旬至 8 月上旬进行第二次抽梢；5 月上旬开始开花，雄花花序为下垂的柔荑花序，雌花序自立，穗状，淡黄色；结实正常，壳斗单生，11 月至 12 月上旬成熟。木材边材呈黄褐色，心材呈暗红褐色，纹理直，质坚重，强韧有弹性，为优良硬木之一。

（4）主要经济指标

7 年生家系苗测定，选出赤皮青冈优良家系（宁赤 3、宁赤 2、宁赤 4、宁赤 10、福赤 8、宁赤 6、宁赤 7 和福赤 7），种子园平均胸径 12.26cm，树高 6.72m，其中最优家系宁赤 3 树高达 7.2m，胸径 15.9cm。

（5）区域试验结果

2011 年在浙江庆元、龙泉和福建建瓯 3 地营建家系子代遗传测定试验林 3 片，共有赤皮青冈、小叶青冈和福建青冈优树家系等 58 个参试，其中赤皮青冈优树家系 21 个，试验林面积分别在 20~40 亩，造林试验均采用完全随机区组设计，10 株小区，5 次重复。庆元测定林 8 年生家系子代测定结果显示，家系间树高生长差异显著（$p < 0.01$），平均树高 6.41m，平均胸径 10.88cm。龙泉、建瓯两地于 2018 年 12 月初步测定，林分总体生长优良、生长势强，无明显病虫害。

（6）适宜种植范围

适宜浙江各地区海拔 300~800m 的丘陵山沟谷地或山坡林地造林以及道路、城镇园林栽培。

4.3.3.3 赤皮青冈无性系种子园

4.3.3.3.1 选育品种的亲本来源及特性

建德赤皮青冈无性系种子园面积42亩，共46个无性系，建园无性系原株（优树）分别来自浙江宁波（14个）、福建建瓯（3个）、湖南城步（16个）、湖南绥宁（8个）和湖南张家界市永定区（5个）。建园无性系植株于2019年3月嫁接，于2021年3月定植造林。2022年已有部分建园无性系植株开花结实，2023年有一半的母株开花，2024年即将投产。

建德赤皮青冈无性系种子园具有保存优树良好的遗传特性和原有品质、提早开花结实、树形矮化、便于种子生产管理等特性。

4.3.3.3.2 选育过程

（1）优树选择

2017年，在赤皮青冈主要分布区的选优林分，按拟定的调查方法、标准，沿一定的线路调查，将符合植株高大、胸径粗、树冠匀称、冠幅窄、干型通直、分枝细等要求的单株作为候选树，采用优势木对比法对候选优树进行选择。共选择赤皮青冈优树80株。

（2）优树穗条采集与嫁接保存

2019年2月，选择优树穗条进行冷藏。2019年3月上旬，在建德市朱家埠苗圃基地利用地径达0.8cm的2年生本砧容器苗采用切接的方法进行优树穗条的嫁接保存。

（3）无性系种子园营造

2021年3月，在建德市寿昌林场营建赤皮青冈无性系种子园。种子园面积42亩，共46个无性系完全随机排列，株行距6m×6m。建园时同一无性系分株间距保持在25m以上，并力求在整个园区均匀分布，同时避免各无性系之间的固定搭配，使各无性系充分随机授粉。

（4）遗传测定

2017年11月，采集赤皮青冈优树种子；2018年3月，在庆元县实验林场培育轻基质容器苗；2019年3月，利用培育的1年生容器苗在浙江建德和江西安远营建优树家系测定林，株行距2.5m×2.5m；2021年5月利用培育的3年生容器苗在浙江庆元营建测定林兼实生种子园，株行距5m×3m。2021年11月对浙江建德和江西安远赤皮青冈优树家系测定林、2023年6月对浙江庆元测定林兼实生种子园进行生长和形质性状测定，调查指标包括树高、地径、冠幅、树干通直度、分叉干数、一级分枝数、最长分枝长和最粗分枝基径。根据调查结果进行建园无性系优树子代生长分析。

4.3.3.3.3 主要经济指标和优缺点

利用赤皮青冈建园无性系优树种子在庆元培育轻基质网袋容器苗，种子出苗率高，生长良好，对培育的1年生容器苗生长量测定结果表明：子代容器苗长势旺、生长快，1年生子代容器苗苗高均值为34.47cm，地径均值为0.48cm，均高于江西上饶天然林混系种子（对照）培育的容器苗。

建德试验点子代林 3 年生时，建园无性系优树子代平均树高和地径分别为 2.39m 和 3.85cm，较对照（采用江西上饶天然林混系种子造林，下同）分别高 27.43% 和 25.57%；安远试验点子代林 3 年生时，建园无性系优树子代平均树高和地径分别为 2.14m 和 3.17cm，较对照分别高 35.52% 和 32.50%。庆元试验点子代林 5 年生时，建园无性系优树子代平均树高和地径分别为 2.80m 和 4.85cm，较对照分别高 25.11% 和 20.03%。选择江西上饶赤皮青冈天然林混系种子作为对照，主要是该林分为 3 个试验点所组成区域内已知唯一的赤皮青冈天然分布种群，其他赤皮青冈资源多以古树存在。

这些种子园建园无性系优树种子具有速生性较好、干形通直满圆、生长适应性较强、遗传稳定性较高等优点。

4.3.4 南方红豆杉

4.3.4.1 南方红豆杉嫁接繁育技术

4.3.4.1.1 试验地概况与试验材料

试验位于福建省明溪县城关育苗大棚（北纬 26°08′~26°39′，东经 116°47′~117°35′），属于中亚热带海洋性季风气候。年平均气温 18.0℃，1 月平均气温 7.6℃，7 月平均气温 27.0℃，极端最低气温 -8.1℃，极端最高气温 39.1℃；年日照时数 1767.1h；年降水量 1737mm，最高达 2200mm，主要集中在春夏雨季；降水天数 178d；年蒸发量 1374.7mm，年降水量大于年蒸发量；年平均相对湿度 80%。气候环境适宜南方红豆杉生长。试验砧木为人工培育的南方红豆杉 6 年生移栽苗，地径 2~3cm，砧木保留最低的一轮侧枝 3~4 枝截干，并在嫁接的上一年 11 月下旬定植于育苗圃，接穗来自种源明溪县人工培育的南方红豆杉母本，均采用 1 年生半木质化枝条。穗条采集后及时插入水中，并随采随接。

（1）不同嫁接方法试验

采用枝接方法分别为腹接、"7" 字形嫁接方式。"7" 字形嫁接方式是指在砧木的腹部，横向切一刀长度约 0.5cm，纵向切一刀长度约 2cm，深达形成层，横、纵两刀形如 "7" 字；将切口自上而下撬开皮；接穗长度 5~8cm，面向砧木的面削面长度约为 2cm，背对砧木的面削小斜面长约 0.3cm；将接穗插入砧木接口，并互相对准形成层后，用塑料薄膜将穗条与砧木缚紧。腹接方式是指在接穗正面削一个马耳形大斜面，在接穗反面削一个较小的马耳形斜面，在砧木中部（腹部）向下斜切一深口，将接穗削的马耳形大斜面的面朝向砧木，并将接穗插入砧木接口，互相对准形成层后，用塑料薄膜将穗条与砧木缚紧。采取完全随机设计，除不同处理因素外，试验在相同的环境下统一管理。

（2）不同嫁接时间试验

采用 "7" 字形嫁接方式时，嫁接时间为 2012 年 12 月 4 日、2013 年 2 月 18 日、2013 年 3 月 2 日；采用腹接嫁接方式时，嫁接时间为 2012 年 2 月 18 日、2012 年 9 月 28 日、2012 年 12 月 4 日。每个处理接穗 20 株以上，3 次重复。不同嫁接时间试验的接穗材料均采用穗条粗壮、芽饱满的接穗。并于 2013 年 6 月 6 日对嫁接的愈合率及抽梢率进行全样调查。

（3）不同接穗质量试验

设3个处理：A1，接穗较细，芽不饱满，离接口最近的接芽与接口的距离在1cm以上；A2，指接穗较粗，芽饱满，离接口最近的接芽与接口的距离在1cm以上；A3，接穗较粗，芽饱满，离接口最近的接芽与接口的距离在1cm以内。于2013年2月采用"7"字形嫁接方式进行嫁接，每个处理接穗20株以上，3次重复。于2013年6月5日对嫁接的愈合率、抽梢率、抽梢长度进行全样调查。

4.3.4.1.2　嫁接苗生长发育起始期

根据2013年2—9月对2013年2月在明溪县城关南山采用"7"字形嫁接方式嫁接的嫁接苗跟踪观察情况，南方红豆杉嫁接苗2—9月生长发育过程，可划分为5个起始期：砧木树液流动起始期，2月中旬砧木树液开始流动；芽膨胀起始期，3月1日起，接芽开始膨胀，芽变绿色；春梢起始期，3月8日起，接穗开始抽春梢；夏梢起始期，5月17日起，接穗开始抽夏梢；秋梢起始期，9月3日起，接穗开始抽秋梢。

4.3.4.1.3　不同嫁接时间对嫁接愈合率及抽梢率的影响

南方红豆杉不同嫁接时间的愈合率和抽梢率差异明显（表4-32），用"7"字形嫁接法，2月18日嫁接愈合率100%，抽梢率96.4%；3月2日嫁接愈合率63.4%，抽梢率58.5%；12月4日愈合率20.0%，抽梢率0%。用腹接法，2月18日嫁接愈合率93.3%，抽梢率91.1%；9月28日嫁接愈合率40.0%，抽梢率40.0%；12月4日嫁接愈合率5.0%，抽梢率0%。

表4-32　不同嫁接时间愈合率和抽梢率

嫁接方法	嫁接时间	靠近的二十四节气	愈合率（%）	抽梢率（%）
"7"字形嫁接	2013年2月18日	雨水	100.0	96.4
	2013年3月2日	惊蛰	63.4	58.5
	2012年12月4日	大雪	20.0	0.0
腹接	2012年2月18日	雨水	93.3	91.1
	2012年9月28日	秋分	40.0	40.0
	2012年12月4日	大雪	5.0	0.0

不同嫁接时间对南方红豆杉的愈合率和抽梢率的影响达到极显著水平（表4-33），说明南方红豆杉在2月中旬树液开始流动，气温回暖，芽未萌动，是南方红豆嫁接最佳时期，南方红豆杉的愈合率与抽梢率最高。枝接一般在早春树液开始流动、芽尚未萌动时为宜。3月上旬，嫁接的南方红豆杉出现接穗掉芽现象；9月下旬，晴天多、雨水少，温度较高，空气相对干燥；12月上旬，嫁接南方红豆杉处在休眠期，气温较低，不利于南方红豆杉伤口愈合。

表4-33　不同嫁接时间愈合率和抽梢率方差分析

项目	变差来源	离差平方和	自由度	均方	F
"7"字形嫁接	处理间	71.56	2	35.78	318.03 **
愈合率	处理内	12.71	113	0.11	
	总和	84.27	115		
"7"字形嫁接	处理间	74.99	2	37.50	3157.58 **
抽梢率	处理内	1.34	113	0.01	
	总和	76.34	115		
腹接	处理间	41.85	2	20.93	200.68 **
愈合率	处理内	8.55	82	0.10	
	总和	50.40	84		
腹接	处理间	39.98	2	19.99	194.11 **
抽梢率	处理内	8.44	82	0.10	
	总和	48.42	84		

注：** 为0.01极显著水平。

4.3.4.1.4　不同接穗质量对嫁接愈合率、抽梢率及抽梢长度的影响

（1）不同接穗质量对愈合率的影响

不同嫁接质量对愈合率影响明显（表4-34），接穗质量A3与A2愈合率均达100%，接穗质量A1愈合率为55.1%。

表4-34　不同嫁接质量愈合率、抽梢率及抽梢长度

接穗质量（处理）	愈合率（%）	抽梢率（%）	平均抽梢长度（cm）
接穗较细，芽不饱满， 离接口最近的接芽与接口的距离在1cm以上（A1）	55.1	5.2	0.3
接穗较粗，芽饱满， 离接口最近的接芽与接口的距离在1cm以上（A2）	100.0	71.9	7.1
接穗较粗，芽饱满， 离接口最近的接芽与接口的距离在1cm以内（A3）	100.0	98.8	15.1

方差分析表明（表4-35），不同接穗质量在 $a=0.01$ 检验水平上对南方红豆杉嫁接愈合率的影响极显著。再将各处理愈合率进行多重比较S检验，在 $a=0.01$ 的水平上，处理A2的平均值与处理A1的平均值差为44.9（$>D_{12}=0.085$），差异极显著；处理A3的平均值与处理A2的平均值差为0（$<D_{23}=0.120$），差异不显著；处理A3的平均值与处理A1的平均值差为44.9（$>D_{13}=0.105$），差异极显著；不同接穗质量在对南方红豆杉嫁接愈合率的影响A3与A1之间、A2与A1之间存在极显著差异（表4-36）。接穗质量A3（A3为接穗较粗，芽饱满，离接口最近的接芽与接口的距离在1cm以内）与A2（A2为接穗较粗，芽饱满，离接口最近的接芽与接口的距离在1cm以上）更有利于促进南方红豆杉嫁接的愈合。

表 4-35 不同接穗质量愈合率方差分析

变差来源	离差平方和	自由度	均方差	F	F_a
处理间	324.47	2	162.24	1038.74	$F_{0.01}(2,575)=4.65$
处理内	89.81	575	0.16		
总和	414.28	577	0.72		

表 4-36 不同接穗质量愈合率多重比较 S 检验结果

处理 A	$\overline{xi}$	$xi-$	$\overline{x1}$	$xi-$	$\overline{x2}$
A3	100	44.9	**	0	
A2	100	44.9	**		
A1	55.1				

注：在 $a=0.01$ 的水平，$D_{12}=0.085$，$D_{23}=0.120$，$D_{13}=0.105$。

（2）不同接穗质量对抽梢率的影响

根据表 4-34 可以看出不同嫁接质量对抽梢率的影响明显，接穗质量 A3 抽梢率达 98.8%，接穗质量 A2 抽梢率达 71.9%，接穗质量 A1 抽梢率达 5.2%。经方差分析（表 4-37），不同接穗质量在 $a=0.01$ 的检验水平上对南方红豆杉抽梢率的影响达极显著水平。再将各处理抽梢率进行多重比较 S 检验，在 $a=0.01$ 的水平，处理 A2 的平均值与处理 A1 的平均值差为 66.6（$>D_{12}=0.061$），差异极显著；处理 A3 的平均值与处理 A2 的平均值差为 26.9（$>D_{23}=0.086$），差异极显著；处理 A3 的平均值与处理 A1 的平均值差为 93.5（$>D_{13}=0.076$），差异极显著；不同接穗质量在对南方红豆杉嫁接抽梢率的影响 A3、A2 与 A1 间存在极显著差异（表 4-38）。这说明采用接穗质量 A3（A3 为接穗较粗，芽饱满，离接口最近的接芽与接口的距离在 1cm 以内）进行南方红豆杉嫁接抽梢率最高。

表 4-37 不同接穗质量抽梢率方差分析

变差来源	离差平方和	自由度	均方差	F	F_a
处理间	148.37	2	74.18	921.34	$F_{0.01}(2,575)=4.65$
处理内	46.30	575	0.08		
总和	194.66	577	0.34		

表 4-38 不同接穗质量抽梢率多重比较 S 检验结果

处理 A	$\overline{x_i}$	$\overline{x_i}-$	$\overline{x_1}$	$\overline{x_i}-$	$\overline{x_2}$
A3	98.8	93.5	**	26.9	**
A2	71.9	66.6	**		
A1	5.2				

注：在 $a=0.01$ 的水平，$D_{12}=0.061$，$D_{23}=0.086$，$D_{13}=0.076$。

（3）不同接穗质量对抽梢长度的影响

据表4-34可以看出不同嫁接质量对抽梢长度的影响明显，接穗质量A3平均抽梢长度达15.1cm，接穗质量A2平均抽梢长度达7.1cm，接穗质量A3平均抽梢长度达0.3cm。不同接穗质量对南方红豆杉嫁接抽梢长度的影响差异极显著（表4-39），将各处理抽梢长度进行多重比较S检验，在 $a = 0.01$ 的水平，处理A2的平均值与处理A1的平均值差6.8（$>D_{12} = 0.874$），差异极显著；处理A3的平均值与处理A2的平均值差为8.0（$>D_{23} = 1.233$），差异极显著；处理A3的平均值与处理A1的平均值差14.8（$>D_{13} = 1.079$），差异极显著（表4-40）；不同接穗质量对南方红豆杉嫁接抽梢长度的影响在A3与A1、A2与A1、A3与A2之间存在极显著差异。这说明采用接穗质量A3（A3为接穗较粗，芽饱满，离接口最近的接芽与接口的距离在1cm以内）进行南方红豆杉嫁接抽梢长度最长。

表4-39　不同接穗质量抽梢长度方差分析

变差来源	离差平方和	自由度	均方差	F	F_a
处理间	25108.49	2	12554.25	764.88	$F_{0.01}(2,575) = 4.65$
处理内	9437.67	575	16.41		
总和	34546.16	577	59.87		

表4-40　不同接穗质量抽梢长度多重比较S检验结果

处理A	$\bar{x}_i$	$\bar{x}_i -$	$\bar{x}_1$	$\bar{x}_i -$	$\bar{x}_2$
A3	15.1	14.8	**	8.0	**
A2	7.1	6.8	**		
A1	0.3				

注：在 $a = 0.01$ 的水平，$D_{12} = 0.874$，$D_{23} = 1.233$，$D_{13} = 1.079$。

4.3.4.2　南方红豆杉主梢隐性腋芽嫁接技术

4.3.4.2.1　试验地概况及材料方法

试验位于福建省明溪县城关明溪红豆杉产业研究所试验基地大棚。试验分别探索不同部位的芽、接穗芽是否带叶片、不同塑料嫁接带等因素对南方红豆杉嫁接成芽、抽梢率、抽主梢率的影响。试验砧木材料为人工培育的南方红豆杉3年生无纺布容器苗，地径1~2cm，砧木保留最低的一轮侧枝3~4枝截干，接穗来自明溪县人工培育的南方红豆杉母本，均采用1年生半木质化主梢和侧枝枝条。嫁接采用芽接方法，"7"字形芽接嫁接方式。试验采取完全随机设计，除对应的处理因素不同外，其他因素一致。每种试验的每个处理1株1个重复，30个重复以上，接穗30株以上。

（1）不同部位的芽嫁接试验

A1指主梢隐性腋芽带叶1片，A2指主梢顶芽带叶2~3片，A3指侧枝顶芽带叶2~3片，嫁接时间为2017年2月19日。

（2）接穗是否带叶嫁接试验

A1 指主梢隐性腋芽带叶 1 片，A6 指主梢隐性腋芽不带叶，嫁接时间为 2018 年 2 月 19 日。A4 指侧枝侧芽带叶 1 片，A5 指侧枝侧芽不带叶，嫁接时间为 2017 年 2 月 19 日。

（3）不同嫁接带嫁接试验

B1 指用食品级保鲜膜，带宽 2.5～3cm；B2 指用常规嫁接塑料带，带宽 2.5～3cm。嫁接用的接穗均为主梢隐性腋芽带叶 1 片。嫁接时间为 2018 年 2 月 19 日。

4.3.4.2.2 主梢隐性腋芽、主梢顶芽嫁接苗生长发育起始期

（1）主梢隐性腋芽嫁接苗生长发育起始期

经多年嫁接观察，发现南方红豆杉主干的叶腋处与侧枝上的叶腋处具有生长点。主干的叶腋处常常在春季、夏季、秋季萌动成芽并多抽主梢，侧枝上的叶腋处常在春季、夏季、秋季萌动形成芽并抽侧梢。用主干的叶腋嫁接成为可能，可增加优良品种的扩繁量。

2017 年 2 月明溪县城关南山嫁接的南方红豆杉主梢隐性腋芽嫁接苗成芽及抽梢情况观察结果表明，显性芽形成起始期为 4 月 17 日起开始形成芽。谷雨节气嫁接 60d 时四成已成芽，立夏节气嫁接 75d 有 8 成已成芽，小满嫁接 90d 有 9 成已成芽。抽梢起始期为 5 月 8 日开始抽主梢。立夏节气嫁接 78d 有 3 成开始抽主梢，芒种节气嫁接 105d 有 8 成抽主梢，大暑节气嫁接 150d 有 9 成抽主梢。

（2）主梢顶芽嫁接苗生长发育起始期

2017 年 2 月明溪县城关南山嫁接的南方红豆杉主梢顶芽嫁接苗成芽及抽梢情况观察结果表明，形成于上年冬的休眠芽，4 月 5 日清明节气嫁接 45d 开始抽梢，4 月 20 日谷雨嫁接 60d 抽梢 9 成多。

4.3.4.2.3 不同部位的芽对嫁接成活率及抽梢的影响

2017 年 7 月 20 日调查，A1、A2、A3 处理抽梢成活率达 90% 以上。采用处理 A1 与 A2 的芽嫁接能抽主梢形成完整冠型，处理 A3 仅抽侧梢（表 4-41）。方差分析表明（表 4-42），A1、A2、A3 在抽梢成活率方面差异不显著，不同部位的芽在 $a = 0.01$ 检验水平上对南方红豆杉嫁接主梢形成率的影响达极显著水平，在主梢形成率方面 A1、A2 与 A3 的差异极显著。这表明 3 种不同的芽处理均可用于嫁接材料，成活率均较高，A1、A2 处理抽主梢可形成完整冠型，嫁接效果相对较好。

表 4-41　不同部位的芽对嫁接成活率及抽梢的影响（调查时间：2017 年 7 月 20 日）

处理	嫁接时间	嫁接株数（株）	抽梢株数（株）	抽梢成活率（%）	主梢形成率（%）	备注
A1 指主梢隐性腋芽带叶 1 片	2017 年 2 月	83	77	93	93	全抽主梢
A2 指主梢顶芽带叶 2～3 片	2017 年 2 月	30	29	97	97	全抽主梢
A3 指侧枝顶芽带叶 2～3 片	2017 年 2 月	36	35	97	0	全抽侧梢

表 4-42　不同部位的芽嫁接苗抽梢与抽主梢方差分析

	变差来源	离差平方和	自由度	均方	F	F_a
抽梢率	组间	0.07	2	0.03	0.64	$F_{0.05}(2,146)=3.06$
	组内	7.51	146	0.05		
	总和	7.57	148			
抽主梢率	组间	24.06	2	12.03	268.82**	$F_{0.01}(2,146)=4.76$
	组内	6.53	146	0.04		
	总和	30.59	148			

4.3.4.2.4　接穗是否带叶对嫁接成活的影响

表 4-43 可以看出，接穗是否带叶对嫁接抽梢的影响明显，2017 年 6 月调查结果表明，A4 处理的抽梢率 89%；不带叶 A5 的抽梢率 4%，并抽侧梢。2018 年 8 月调查带叶的 A1 处理的抽梢率 85%；不带叶 A6 的抽梢率 3%，并抽主梢。经方差分析（表 4-44），2 组试验（A1 与 A6、A4 与 A5）接穗是否带叶对南方红豆杉抽梢率的影响达极显著水平。这表明接穗带 1 片叶可显著提高南方红豆杉嫁接的抽梢成活率。

表 4-43　接穗是否带叶对嫁接抽梢的影响

处理	嫁接时间	调查时间	嫁接株数（株）	抽梢株数（株）	抽梢率（%）	备注
A1 指主梢隐性腋芽带叶 1 片	2018 年 2 月 19 日	2018 年 8 月	93	79	85	全抽主梢
A6 指主梢隐性腋芽不带叶	2018 年 2 月 19 日	2018 年 8 月	34	1	3	全抽主梢
A4 指侧枝侧芽带叶 1 片	2017 年 2 月 19 日	2017 年 6 月	315	280	89	全抽侧梢
A5 指侧枝侧芽不带叶	2017 年 2 月 19 日	2017 年 6 月	53	2	4	全抽侧梢

表 4-44　接穗是否带叶对嫁接抽梢率的影响方差分析

	变差来源	离差平方和	自由度	均方	F	F_a
主梢隐性腋芽（A1 与 A6）抽梢率	组间	16.74	1	16.74	$F=177.02$**	$F_{0.01}(1,136)=6.82$
	组内	12.86	136	0.09		
	总和	29.61	137			
侧枝侧芽（A4 与 A5）抽梢率	组间	32.87	1	32.87	$F=365.12$**	$F_{0.01}(1,367)=6.71$
	组内	33.04	367	0.09		
	总和	65.90	368			

4.3.4.2.5　不同嫁接绑带对嫁接成效的影响

从表 4-45 可以看出，不同嫁接绑带对嫁接成效的影响明显，根据 2018 年 4 月 27 月调查，处理 B1 接穗形成主梢芽为 96.6%，B2 接穗形成主梢芽为 29.1%，处理 B1 接穗形成主梢芽时间整体更早、更整齐。经 2018 年 4—7 月的观察，处理 B1 的保鲜膜更薄，芽萌动时会穿破保鲜膜，萌动抽梢；处理 B2 的芽萌动时无法穿破常规嫁接塑料带，需人工解带，增加人工成本。根据 2018 年 7 月 17 日调查处理 B1 与 B2 均抽主梢，处理 B1 主梢成活率为 96.6%，高于 B2 主梢成活率（74.5%）。经方差分析（表 4-46），不同嫁接绑带在 $a=0.01$ 检验水平上对嫁接提早成芽、成芽整齐与主梢成活率的影响达极显著水平。这表明处理 B1 可促进接穗提早形成主梢芽，提高接穗主梢成活率。

表 4-45　不同嫁接绑带对嫁接成效的影响

处理	嫁接时间	嫁接株数（株）	主梢芽形成率（%）	主梢成活率（%）
调查时间			2018 年 4 月 27 日	2018 年 7 月 17 日
B1 指用食品级保鲜膜	2018 年 2 月	89	96.6	96.6
B2 指用常规嫁接膜	2018 年 2 月	55	29.1	74.5

表 4-46　不同嫁接带对嫁接成效的影响方差分析

性状	变差来源	离差平方和	自由度	均方	F	F_a
成芽率 （4 月 27 日调查）	组间	15.51	1	15.51	$F=155.66^{**}$	$F_{0.01}(1,143)=6.82$
	组内	14.24	143	0.1		
	总和	29.75	144			
抽主梢率	组间	1.66	1	1.66	$F=17.78^{**}$	$F_{0.01}(1,143)=6.82$
	组内	13.34	143	0.09		
	总和	15.00	144			

4.3.4.3　南方红豆杉实生种子园营建技术

4.3.4.3.1　实生种子园优良家系选择

通过来自 10 个省 25 个产地的南方红豆杉种源试验，结果表明福建明溪、三元、武夷山，浙江龙泉，江西分宜等幼林树高、胸（地）径较速生、冠幅较窄、树干较通直，初选为优良种源。从优良种源的天然保护的居群中，采用 5 株对比木法选出树体高大、树干通直和结实正常的优良单株为优树，并分别优树单系采种育苗。再从苗期的 113 个用材林家系中初选出生长表现优良、较速生的 52 个家系营建实生种子园。

4.3.4.3.2　按单株小区建立实生种子园

利用培育的 2 年生大规格容器苗，按单株小区建立实生种子园。优良家系内生长表现不好的个体直接淘汰。家系的配置排列根据单株小区设计根据随机数表进行随机排列。52 个家系分 2 组交错随机排列，以避免出现同一个家系 2 棵植株相邻和固定邻居搭配。

4.3.4.3.3　母树矮化管理

树体管理就是对南方红豆杉实生种子园进行合理的人工修剪，促使树形张开矮化，提高母树结果，同时方便采种工作。

母树整形修剪技术要求：一是树高控制在 3m 左右，树冠似雨伞形，顶梢修剪后第二年萌发生长有若干主梢，只保留 3 个健壮主梢，每层侧枝间距 30cm；二是修剪时间，从每年"小寒"至"立春"为最佳时间；三是四剪三留，剪掉有病虫害枝叶，剪去过密的枝条，剪除萌条和徒长枝侧芽，剪除被压生长的弱枝，留主枝，留扩大树冠枝，留结果的母枝。

4.3.4.3.4 促进提早结实技术

种子园土壤较板结，必须施已发酵的农家肥，改良土壤，有利于根系发育，促进母树生长。多施磷、钾肥，少施氮肥。采用施磷酸二氢钾（含磷54%、含钾34%）配水800倍，喷施叶面肥，每10~15d为1次，喷施2~3次，促进根系发达，提高光合作用效能，保花保果，可提早1~2年结实。

4.3.4.4 南方红豆杉微型移动嫁接种子园营建技术

4.3.4.4.1 最优家系的父本和母本选择及嫁接

树干通直，树冠较窄的父、母本选择：在明溪县沙溪乡梓口坊村盘井山场，从优良种源人工林中选择最优雄株，16年生，树高8.5m（年平均树高53cm），胸径16.4cm（年平均胸径1.02cm），作为父本（68号）；在明溪县瀚仙镇际上山场，从优良种源人工林中选择最优雄株，19年生，树高9.6m（年平均树高50.5cm），胸径17.5cm（年平均胸径0.93cm），作为父本（69号）；在明溪县石珩村景成坑山场营造南方红豆杉用材林家系子代林选择最优家系，7年生，树高3.8m（年平均树高54cm），地径6.4cm（年平均地径0.91cm），作为母本（20号）；原家系18号，7年生，树高3.75m（年平均树高53cm），地径6.5cm（年平均地径0.92cm），作为母本，18号的优树母株的侧芽作为嫁接材料，选好家系苗砧木进行嫁接。利用上述2个母本和2个父本植株的顶梢隐性腋芽作为嫁接的材料，培育雌性和雄性无性系嫁接苗，这些雌性和雄性无性系的花期一致。凡采用这些母树的树冠顶梢和上部侧芽进行嫁接，可以提早5年开花结实。

4.3.4.4.2 母株和雄株花期、配置、隔离

观察和记录南方红豆杉雄株花蕊开花、撒花粉时间和花粉数量比例，1月下旬开花和撒花粉的植株占5%左右，2月上旬开花和撒花粉的植株占30%左右，2月中旬开花和撒花粉的植株占55%左右，2月下旬开花和撒花粉的植株占10%左右。母株授粉时间一般在2月中下旬。雄株和母株开花和授粉时间与气温、日照等条件有一定关系。

南方红豆杉雄株花蕊数量很多，全株都生长着花蕊，花粉数量也很多，在静风手动树枝时，花粉可飞到20m范围，其撒粉面积为$20m \times 3.1416 = 63m^2$。例如，微型种子园植株行距设计为$1.8m \times 1.8m$，在$63m^2$面积内可定植19株，如此雄株和母株的株数配比可设计为1:19。只要微型杂交种子园周边没有雄株出现，即可实现花粉隔离。如果发现受四周雄株花粉影响，可通过塑料薄膜进行隔离，隔离时间为每年2月，约28d。

4.3.4.4.3 建立杂交微型种子园

选择最优父本68号、69号和最优母本18号、20号进行授粉。种子园中定植母本20号15株、18号41株，合计56株，母本固定不移动。父本配置4株，移植在营养袋中，

营养袋规格口径 50cm、高 40cm、底径 40cm。根据需求，每 1~2 年更换父本，父本的植株可移动。种子园的父本和母本配置见图 4-11。种子园株行距 1.8m×1.8m。种子园的树体绑扶管理，抹除砧木萌芽，水肥管理以多施磷、钾肥为主，按时开展修枝，人工辅助授粉，除草和防治病虫害，夏天强光照时进行遮阳等工作。

		←小路		
♀	♀	♀	♀	♀
♀	♀	♀	♀	♀
♀	♀	♀	♂	♀
♀	♂	♀	♀	♀
♀	♀	♀	♀	♀
♀	♀	♀	♀	♀
♀	♀	♀	♀	♀
♀	♀	♀	♀	♀
♀	♀	♀	♀	♀
♀	♂	♀	♂	♀
♀	♀	♀	♀	♀
♀	♀	♀	♀	♀
1 行	2 行	3 行	4 行	5 行
		←水沟		

图 4-11　南方红豆杉微型杂交种子园示意图

注：父本为 69 号 4 株、68 号 4 株。母本为 20 号 15 株定植在 1 行 12 株，2 行的倒数 3 株；18 号 41 株，除了 20 号，其余母本全部为 18 号。

苗木繁育技术

种苗是林业生产最基本的生产资料，种苗业是林业中带有全局性、超前性和战略性的基础产业，种苗的数量和质量直接关系到重点林业生态工程建设的成败、效益的高低和建设的进程，并在农民致富中发挥着举足轻重的作用。实践证明，采用良种壮苗造林，是确保林木速生丰产优质的前提。随着生产力的发展，林木种子由一般性种子提升到良种甚至高世代良种，这是从遗传品质层面提高种子质量。同时，作为当前主流的林木育苗方式，容器苗在林业先进国家的占比在90%以上，对于提高营造林成效意义重大。由于生物学特性不同，容器育苗措施因树种而异。在容器育苗中，基质配比、缓释肥施用量和容器规格是影响容器苗生长和育苗成本的重要因子。以泥炭为主的基质容器苗出圃质量高，网袋容器苗根系发达，而施用缓释肥能显著提高容器苗质量。因此，明确基质配比、容器规格、缓释肥施用量等对红豆树、楠木（浙江楠和闽楠）、赤皮青冈和南方红豆杉等珍贵树种轻基质网袋容器苗生长发育的影响，可为实现其工厂化容器育苗提供重要科技支撑。

5.1 种子采集和处理

5.1.1 红豆树

红豆树结实年龄迟，且有大小年之分，宜选择50年以上生长健壮的天然林或20年以上人工林的优良母树进行采种。红豆树开花一般为4—5月，果熟期10—11月，豆荚内一般含有1~2粒种子，光亮而艳丽。当荚果成熟且快要开裂时，收集荚果。采回的荚果稍加曝晒后放室内摊开，使荚果自然开裂脱粒，收集种子，阴干后放入器皿或布袋内贮存。

红豆树种粒大，李峰卿等（2017）对红豆树优树种子性状测定表明，红豆树优树间种子性状的差异均达到显著（$p<0.05$）或极显著（$p<0.01$）水平。不同红豆树优树种子性状中变幅最大的为百粒质量，变幅为55.28~158.04g，最大值为最小值的2.86倍，其表型变异系数达18.73%；种长、种宽、种厚和种子长宽比的变幅分别为11.49~18.03mm、10.38~15.41mm、6.06~9.80mm和1.01~1.48，最大值分别为最小值的1.57、1.48、1.62和1.47倍，4个性状的表型变异系数接近，分别为9.04%、7.79%、9.18%和8.07%。

红豆树种子不同水温浸泡与不同贮藏方式等催芽处理后发芽率结果表明（王运昌等，

2015），未经催芽处理的红豆树种子发芽率极低，最高仅为 1.60%；不同水温浸泡处理的红豆树种子发芽率存在极显著差异（$p<0.01$），发芽率大小依次为 100℃（82.30%）>60℃（23.80%）>20℃（1.60%）；不同贮藏方式处理的红豆树种子发芽率存在极显著差异（$p<0.01$），发芽率的大小依次为湿沙贮藏（82.32%）>湿沙+黄土贮藏（61.40%）>黄土贮藏（42.70%）。最佳催芽处理方式为 100℃高温的水浸泡处理后，再采用湿沙贮藏。

5.1.2 楠木

浙江楠和闽楠等楠属植物多为高大乔木，结实年龄迟，花期 4—5 月，果期 9—11 月，大小年现象明显。造林宜选用经国家和省审（认）定的母树林和种子园种子等良种，或选择适生种源的 20 年生以上、生长健壮、无病虫害、干形通直圆满、冠型优美、进入结实盛期、光照充足的优良母树种子。10—11 月当浆果变成深褐色时，采用自然脱落采收或人工敲落浆果采收。采下的果实及时去掉果皮，用清水漂洗干净后放在室内通风处阴干。种子风干后，可直接在大棚沙床上播种，也可在室内湿沙贮藏，每隔 10~15d 翻动 1 次，或湿润状态下用编织袋包装后置于 0~5℃冷库贮藏。

5.1.3 赤皮青冈

赤皮青冈一般在 10 月下旬采种，种子千粒重 1500~2000g，为顽拗性、淀粉类种子，难贮藏、易受虫害，自然条件下的萌发时间很长，发芽率较低。在母树林、优良林分（种源）中选择结实 5 年以上的优树作为采种母树。果实采回后用水除去浮粒，拌杀虫剂用润沙层积贮藏，沙藏时需防治老鼠危害。未经贮藏的赤皮青冈种子室内发芽率为 44.2%，发芽时间长达 68d。研究表明，其他萌发条件相同时，当赤皮青冈种子去掉内果皮后，层积时间明显缩短，发芽率显著提高；当同时去掉内果皮和种皮后，种子所需的发芽时间最短，发芽率达到最高，这说明内果皮和种皮的机械阻力和透气性是导致种子休眠的重要因素，内果皮和种皮一旦被剥除，休眠即解除，种子的通水透气能力提高，内部参与相关生理反应单位活性激活提高，呼吸作用增强，种子迅速进入萌发状态（景美清等，2012）。

5.1.4 南方红豆杉

南方红豆杉种子 11—12 月成熟，果实表皮转为深红色时即为种子成熟，可开始采摘，因成熟时间先后不一致，成熟一批采摘一批。南方红豆杉结实期长，一般在母树林、优良林分（种源）中选择采种母树。采回的果实堆沤在阴凉湿润处，待果皮软化后，用清水漂洗掉果肉，取出种子，搓去表层蜡质；去蜡的种子晒半天，然后进行普通沙藏，按种子与河沙为 1 : 3 的比例贮藏，直至翌年播种。种子贮藏期间，要注意保持河沙的湿度，翻动透气，以防种子发霉腐烂。南方红豆杉种子在自然条件下发芽需要 2~3 年，休眠期长，导致其深休眠的主要因素是种子内所含的萌发抑制物质及种胚的发育程度等；对新鲜种子进行层积处理后，能很好地消除体内抑制物含量，且以 25℃层积 130d 后，再转入 5℃层积 80d 的"暖温-低温"湿沙变温层积处理，消除发芽抑制物的效果较好（刘成功等，2015）。

5.2　1年生轻基质容器苗精细化培育

5.2.1　红豆树

5.2.1.1　轻基质容器苗培育处理

试验在浙江省龙泉市林业科学研究所育苗基地大棚内进行。棚高 2.2m，大棚内安装有供水系统，每槽中间安装工条滴水灌带，棚顶盖一层 30% 遮阳率的荫网。试验地地理位置（北纬 28°1′41″，东经 119°05′43″，海拔 210m，年平均气温 17.6℃，1 月均温 6.8℃，7 月均温 27.8℃，极端最低温 −8.5℃，极端最高温 40.7℃，无霜期 263d，年降水量 1664.8mm，年均相对湿度 79%，属中亚热带湿润季风气候区。供试种子由龙泉本地提供，育苗基质由东北产泥炭和谷壳组成。东北产泥炭自然含水量 82%，吸湿水 12.10%，纤维含量 20%，pH 值 6.0，粗灰分 15.80%，有机质 72.09%，总腐殖酸 38.18%，全氮 1.42%，全磷 0.07%，全钾 0.27%，干容重 $0.3g/m^3$；谷壳腐熟一年。缓释肥选用美国生产的爱贝斯（APEX）长效控释肥，其全氮含量为 180g/kg，有效磷含量为 80g/kg，全钾含量为 80g/kg，肥效 9 个月。

2009 年，设计缓释肥施用量（A）、容器规格（B）、基质配比（C）及空气切根与否（D）4 个因素的红豆树轻基质容器育苗试验。具体如下：每立方米基质中缓释肥施用量设置 5 个水平（A1 为 $1.0kg/m^3$；A2 为 $1.5kg/m^3$；A3 为 $2.0kg/m^3$；A4 为 $2.5kg/m^3$；A5 为 $3.0kg/m^3$）；容器规格按无纺布容器袋的长度设 3 个水平（B1 为 4.5cm×8cm；B2 为 4.5cm×10cm；B3 为 4.5cm×12cm）；泥炭和谷壳的基质配比设 4 个水平（C1 为 5∶5；C2 为 6∶4；C3 为 7∶3；C4 为 8∶2，均为体积比）。空气切根与否设置为未切根（D1）和切根（D2）2 个处理。2009 年 11 月中旬，测定苗木生长量和苗木质量，每个重复测定 36 株，分别调查其苗高和地径。

5.2.1.2　基质配比对 1 年生红豆树容器苗质量的影响

由表 5-1 可以看出，在相同缓释肥施用量、容器规格、切根不切根的情况下，不同基质配比对红豆树平均苗高和平均地径影响均不显著，说明基质配比对红豆树容器苗的质量影响不大。但随着配比基质中泥炭比例的提高，红豆树容器苗高径比呈现降低的趋势。表 5-1 的数据同时表明并非基质中配比泥炭越多越好，原因是基质中泥炭量过多会导致其饱和持水量过高，基质板结，透气性比较差，从而影响容器苗根部的呼吸和生长。在基质中配比一定量谷壳，有利于改善基质的物理性质，促进容器苗木的生长和根系发育，同时降低容器育苗成本。从表 5-2 4 个因素优化配置表前 10 位占比情况也可以看出，5∶5 基质处理占 40%，8∶2 基质处理占 30%，7∶3 基质处理占 20%，6∶4 基质处理占 10%。通过红豆树容器苗生长情况及结合育苗成本考虑，基质最优配比为（C1）5∶5 处理（胡根长等，2010）。

表 5-1 不同处理条件下 1 年生红豆树容器苗生长表现

处理		苗高（cm）	地径（cm）	高径比	处理		苗高（cm）	地径（cm）	高径比
基质配比	5∶5（C1）	19.15a	4.12a	47.44a	空气切根与否	切根（D2）	20.08a	4.37a	46.89a
	6∶4（C2）	18.84a	4.15a	46.24a		未切根（D1）	18.24b	4.00b	46.63a
	7∶3（C3）	19.27a	4.27a	46.12a	缓释肥施用量（kg/m³）	3.0（A5）	19.60a	4.24a	47.29a
	8∶2（C4）	19.38a	4.18a	47.24a		2.5（A4）	19.35a	4.24a	46.56a
容器规格（cm）	12（B3）	19.34a	4.26a	46.26a		2.0（A3）	19.38a	4.29a	46.04a
	10（B2）	19.24a	4.19ab	46.85a		1.5（A2）	19.16ab	4.14ab	47.08a
	8（B1）	18.90a	4.09b	47.17a		1.0（A1）	18.31b	4.01b	46.83a

注：同列中不同的小写字母表示差异显著（$p<0.05$）。

表 5-2 10 个苗高生长量最大的 4 因素优化配置试验处理

因素配置处理号	切根与否	基质配比	容器规格（cm）	缓释肥量（kg/m³）	苗高（cm）	地径（cm）	高径比
1	切根	8∶2	12	3.0	23.71	5.07	47.63
2	切根	5∶5	8	3.0	23.23	4.51	52.60
3	切根	8∶2	12	2.0	22.88	4.92	47.40
4	切根	5∶5	10	2.0	22.71	4.48	51.31
5	切根	5∶5	10	3.0	22.60	4.33	53.77
6	切根	7∶3	10	2.5	22.39	4.93	46.26
7	切根	5∶5	10	1.5	22.08	4.38	50.96
8	切根	6∶4	10	2.0	21.91	4.27	51.97
9	切根	8∶2	10	3.0	21.89	4.35	51.59
10	切根	7∶3	12	1.5	21.79	4.71	46.90

5.2.1.3 容器规格对 1 年生红豆树容器苗质量影响

容器规格对红豆树容器苗地径存在显著差异，对平均苗高和高径比则差异不显著（表 5-1）。从表 5-1 可以看出，随着无纺布网袋容器规格的增长，苗高和地径生长明显提高，高径比降低，这与容器网袋增大使其营养空间和施用的缓释肥绝对量增加有关。8cm 容器规格无纺布网袋的红豆树容器苗生长质量明显低于 10cm 和 12cm 容器规格无纺布网袋的容器苗，容器苗平均苗高和地径值最小，高径比最大；10cm 规格的无纺布网袋的容器苗和 12cm 规格的无纺布网袋的容器苗在苗高、地径和高径比方面均不存在显著差异，但 10cm 规格的无纺布网袋容器生产成本低于 12cm 规格的无纺布网袋容器。因此，红豆树轻基质无纺布容器的适宜规格为 4.5cm×10cm（B2）。

5.2.1.4 缓释肥量对 1 年生红豆树容器苗质量的影响

基质中每立方米缓释肥量的多少对红豆树容器苗的平均苗高和地径差异显著，而对高径比不存在显著差异（表 5-1）。基质中缓释肥量 3.0kg/m³ 处理的红豆树容器苗平均苗高和地径比 1.0kg/m³ 处理分别提高了 7.0% 和 5.7%。基质中缓施肥量为 1.0~1.5kg/m³ 对红豆树容器苗平均苗高、地径和高径比影响比较大；而基质中每立方米缓释肥量 2.0 ~ 3.0kg/m³ 对红豆树平均苗高、地径和高径比影响较小，对苗木地径、高径比基本没有影响。这表明施用的缓释肥在达到一定量时即可满足红豆树容器苗的生长，随后缓释肥施用量增加不会明显促进容器苗苗高和地径生长，反而会在一定程度上影响红豆树容器苗生长，造成红豆树幼苗生理缺水，生理干旱胁迫，从而降低容器苗保存率。通过试验比较分析，处理（A3）2.0kg/m³ 为较适宜的缓释肥施用量。

5.2.1.5 空气切根与否对 1 年生红豆树容器苗质量的影响

空气切根与否对红豆树容器苗的平均苗高和地径影响显著（表 5-1）。经过空气切根处理的红豆树平均苗高和地径分别比未切根处理提高了 10.0% 和 9.3%。可通过因素间的多种优化配置达到培育红豆树优质容器苗的目标。以容器苗苗高为标准，表 5-2 列出 10 个苗高生长量最大的 4 因素优化配置试验处理，综合考虑容器苗木质量和育苗成本，2 号、4 号 2 个因素配置处理最优，可在生产中应用。

5.2.1.6 不同因素及其交互作用对红豆树容器苗质量的影响

要确切地反映不同因素对 1 年生红豆树容器苗质量的影响，必须考虑各因素间的交互作用。4 个因素联合方差分析结果（表 5-3）表明，影响容器苗平均苗高和地径大小的因素依次为容器空气切根与否>生长施肥用量>容器规格>基质配比。一方面说明红豆树容器苗空气切根与否主要影响苗木地上部分，即苗高和地径的生长，原因是容器苗空气切根增强了透气性和透水性，有利于苗木生长。另一方面也说明轻基质无纺布容器保湿，更重要的是其具有透水不积水的特性。从表 5-3 结果发现，容器规格×基质配比交互作用对容器的苗高、地径和高径比影响较小，说明容器规格大小对 1 年生红豆树容器苗质量的影响随基质配比而增减，从而可以通过调整缓释肥施用量来保证红豆树容器苗苗高和地径生长。

表 5-3　红豆树容器苗生长的多因素方差分析

变异来源	自由度	苗高	地径	高径比
P	2	321.932**	1.534**	8907.358**
A	4	605.296**	8.193**	419.559*
B	2	71.210**	2.131**	390.490
C	3	3217.347**	88.350**	999.905**
D	1	18341.289**	169.751**	24150.381**
P×A	8	42.535**	1.143**	151.986
P×B	4	7.186	0.443	361.526
P×C	6	58.392**	3.278**	1902.865**
P×D	2	26.427	3.338**	1134.317**
A×B	8	225.017**	3.718**	1158.166**

变异来源	自由度	苗高	地径	高径比
A×C	12	541.930 **	9.020 **	1864.820 **
A×D	4	750.290 **	8.071 **	2507.717 **
B×C	6	152.937 **	3.933 **	522.822 **
B×D	2	8.398	0.731	250.237
C×D	3	33.036 *	5.085 **	1868.706 **
P×A×B	16	30.076 **	1.038 **	502.856 **
P×A×C	24	26.409 **	0.737 **	379.635 **
P×A×D	8	41.079 **	1.385 **	362.131 *
P×B×C	12	9.412	0.458	197.297
P×B×D	4	16.583	0.885 *	700.329 **
P×C×D	6	19.452	1.224 **	348.676
A×B×C	24	133.631 **	1.926 **	459.498 **
A×B×D	8	109.240 **	3.400 **	600.916 **
B×C×D	6	57.313 **	1.091 **	120.868
A×C×D	12	188.765 **	2.996 **	958.834 **
P×A×B×C	48	12.334	0.544 **	227.660
P×A×B×D	16	28.739 **	0.868 **	346.480 **
P×B×C×D	12	39.108 **	0.453	137.196
A×B×C×D	24	105.471 **	2.279 **	592.504 **
P×A×C×D	24	20.817 **	0.611 **	156.737
P×A×B×C×D	48	21.381 **	0.527	145.646
机误	10440	10.032	0.415	85.240

注：P 为试验重复；A 为缓释肥施用量处理；B 为容器规格处理；C 为基质配比处理；D 为空气切根与否处理。

5.2.2 楠木

5.2.2.1 基质配比和缓释肥加载处理

实验地位于浙江省庆元县实验林场育苗基地，地理坐标为东经 119°1′25″、北纬 27°38′48″，海拔 510m；属亚热带季风气候，温暖湿润、四季分明；年平均气温 17.6℃，年降水量 1721.3mm，无霜期 245d。实验在具有自动喷雾设施的钢构大棚内进行。棚高 2.2m，棚内通风良好，棚顶安装有自动滴灌系统，顶盖用透光率 70% 的遮阳网遮光。育苗试验过程中及时喷雾并长期保持基质湿润和大棚通风，其他栽培措施与一般生产性轻基质网袋容器育苗一致。

供试浙江楠和闽楠的种子分别采自浙江庆元和福建松溪，以直径 4.5cm、高 10cm 的无纺布容器袋为育苗容器。缓释肥为美国爱贝施（APEX）长效控释肥，总氮含量

180mg/g以上、有效磷含量60mg/g以上、有效钾含量120mg/g以上，肥效9个月。

①基质配比实验：按体积比将泥炭与珍珠岩、谷壳、树皮粉和香菇废料分别混合作为基质，4个基质分别为泥炭-珍珠岩（C1）、泥炭-谷壳（C2）、泥炭-树皮粉（C3）和泥炭-香菇废料（C4），每个基质各设置4个比例（体积比），5∶5、6∶4、7∶3和8∶2。实验前谷壳、树皮粉和香菇废料均经腐熟处理。配制基质时，按2.5kg/m³加入缓释肥，将上述基质分别装入无纺布容器袋。2011年4月上旬，将长至1芽2子叶的实生苗移入容器袋。

②缓释肥加载实验：试验采用完全随机区组设计，根据缓释肥加载量的不同共设置5个处理，分别为F1 = 1.5kg/m³，F2 = 2.0kg/m³，F3 = 2.5kg/m³，F4 = 3.0kg/m³，F5 = 3.5kg/m³。将泥炭与珍珠岩按6∶4的比例混合作为基质，每平方米基质中施入1.5~3.5kg的缓释肥。2011年4月上旬，将长至1芽2子叶大小的浙江楠和闽楠芽苗移入无纺布容器袋。

5.2.2.2　基质组成对浙江楠和闽楠容器苗生长和根系发育的影响

5.2.2.2.1　对苗高和地径生长的影响

不同基质组成对浙江楠和闽楠容器苗生长和根系发育的影响见表5-4。采用C1（泥炭-珍珠岩）、C2（泥炭-谷壳）和C3（泥炭-树皮粉）3种基质，浙江楠容器苗的苗高和地径生长量的差异幅度均未超过4.0%，最大苗高和地径分别为25.2cm和4.73mm，分别比C4（泥炭-香菇废料）基质高47.4%和18.3%，显示C1、C2和C3基质均符合浙江楠容器苗苗高和地径的生长要求。采用C1、C2和C3基质，闽楠容器苗的苗高均在40cm以上，地径均在3.85mm以上；而采用C4基质，闽楠容器苗的苗高和地径均最小，仅为35.0cm和3.46mm，分别比最大值低20.5%和11.5%。但考虑其苗高也超过30cm以上，符合优质容器苗的出圃要求，因此，4种基质均可满足闽楠容器苗地上部生长的需求。多重比较结果表明，采用C1、C2和C3基质，浙江楠和闽楠容器苗的苗高和地径差异不显著。单因素方差分析结果表明，采用不同基质，浙江楠和闽楠容器苗的苗高和地径均存在极显著差异（王艺等，2013b）。

表5-4　不同基质组合对浙江楠和闽楠容器苗生长和根系发育的影响

基质组合	苗高（cm）	地径（mm）	总干质量（g）	根冠比	根系总长（cm）	根表面积（cm²）	根体积（cm³）
			浙江楠 *Phoebe chekiangensis*				
C1	25.2a	4.73a	3.7159a	0.47b	427.11a	117.85a	2.60a
C2	24.4a	4.71a	3.5550a	0.56a	419.71a	119.04a	2.70a
C3	25.1a	4.69a	3.6425a	0.43bc	427.70a	115.47a	2.49a
C4	17.1b	4.00b	2.7773b	0.39c	337.95b	91.48b	1.98b
			闽楠 *Phoebe bournei*				
C1	43.5a	3.91a	4.3386a	0.22a	307.58ab	77.11ab	1.54ab

基质组合	苗高（cm）	地径（mm）	总干质量（g）	根冠比	根系总长（cm）	根表面积（cm²）	根体积（cm³）
C2	44.0a	3.85a	4.3562a	0.20b	305.05ab	78.25a	1.60a
C3	43.1a	3.90a	4.4038a	0.18c	316.19a	79.57a	1.60a
C4	35.0b	3.46b	3.7268b	0.21ab	282.81b	71.92b	1.46b

注：同列中不同的小写字母表示同一种类不同基质间差异显著（$p<0.05$）。C1 为泥炭-珍珠岩；C2 为泥炭-谷壳；C3 为泥炭-树皮粉；C4 为泥炭-香菇废料。

5.2.2.2.2 对根系发育的影响

由表 5-4 还可见，采用 C4 基质，浙江楠容器苗的根系总长、根表面积和根体积分别仅为 337.95cm、91.48cm² 和 1.98cm³，显著低于其他 3 种基质处理组；且采用 C1、C2 和 C3 基质，浙江楠容器苗根系总长、根表面积和根体积的差异均不显著。采用 C3 基质，闽楠容器苗根系发育最好，其根系总长、根表面积和根体积分别为 316.19cm、79.57cm² 和 1.60cm³，较根系发育最差的 C4 基质处理组分别高 11.8%、10.6% 和 9.6%，差异达显著水平。比较结果表明，C1、C2 和 C3 基质更有利于浙江楠和闽楠容器苗根系的发育。单因素方差分析结果表明，采用不同基质，浙江楠容器苗的根系总长、根表面积和根体积均有极显著差异，而闽楠容器苗的根系总长、根表面积和根体积均无显著差异。

5.2.2.2.3 对总干质量和根冠比的影响

据表 5-4 显示，采用 C1、C2 和 C3 基质，浙江楠和闽楠容器苗的总干质量均显著高于 C4 基质，浙江楠和闽楠容器苗的总干质量最高值分别达到 3.7159g 和 4.4038g，分别较 C4 基质处理组高 33.8% 和 18.2%。采用 C2 和 C1 基质，浙江楠和闽楠容器苗的根冠比最大，分别为 0.56 和 0.22。总体上看，闽楠容器苗的总干质量明显高于浙江楠容器苗，表现出更好的速生性；而浙江楠容器苗的根冠比则远高于闽楠容器苗，说明浙江楠容器苗根系发育较好而地上部生长相对较弱，闽楠容器苗的地上部生长则明显优于其根系的发育。单因素方差分析结果表明，采用不同基质，浙江楠容器苗的总干质量和根冠比均有极显著差异，而闽楠容器苗的总干质量无显著差异、根冠比则有极显著差异。

5.2.2.3 基质组成和配比对浙江楠和闽楠容器苗生长和根系发育影响

5.2.2.3.1 对浙江楠容器苗生长和根系发育的影响

不同基质组成和配比对浙江楠容器苗生长和根系发育的影响见表 5-5。除 C4（泥炭-香菇废料）基质外，其他 3 种基质均以体积比 7：3 最佳。其中，采用 $V_{(泥炭)}$：$V_{(树皮粉)}$ = 7：3 的基质，浙江楠容器苗的苗高和地径最大，分别为 28.4cm 和 5.08mm；采用 $V_{(泥炭)}$：$V_{(香菇废料)}$ = 6：4 的基质，其苗高和地径均最小，分别仅为 15.7cm 和 3.83mm；最大苗高和地径分别是最小苗高和地径的 1.81 和 1.33 倍。这说明泥炭比例低的基质显然更有助于根系发育，若采用 $V_{(泥炭)}$：$V_{(珍珠岩)}$ = 5：5 和 $V_{(泥炭)}$：$V_{(谷壳)}$ = 5：5 这 2 种基质，浙江楠容器苗根系发育均较好；若采用 $V_{(泥炭)}$：$V_{(树皮粉)}$ = 7：3 的基质，根系发育也较好。干物质积累量的大小体现出容器苗的速生性，采用 $V_{(泥炭)}$：$V_{(树皮粉)}$ = 7：3、$V_{(泥炭)}$：$V_{(珍珠岩)}$ = 5：5 和

$V_{(泥炭)}$：$V_{(谷壳)}$＝7：3 这 3 种基质，浙江楠容器苗的苗高、地径和根系发育均具有一定优势，其总干质量分别比最小值（2.6523g）高 60.6%、48.1% 和 47.0%，速生性良好。单因素方差分析结果表明，采用不同基质和不同配比，浙江楠容器苗的各项生长和根系发育指标均有极显著差异。综合考虑以上分析结果，以总干质量为主，并以苗高和地径均不低于平均值的 1.1 倍作为优选标准，$V_{(泥炭)}$：$V_{(谷壳)}$＝7：3 和 $V_{(泥炭)}$：$V_{(树皮粉)}$＝7：3 这 2 种基质可用于浙江楠容器苗的培育。

表 5-5　不同基质组成和比例对浙江楠容器苗生长和根系发育的影响

基质组合及体积比	苗高（cm）	地径（mm）	总干质量（g）	根冠比	根系总长（cm）	根表面积（cm²）	根体积（cm³）
C1（泥炭-珍珠岩）							
5：5	24.5bcde	4.76abcd	3.9287abcd	0.52ab	490.52ab	135.04ab	2.97ab
6：4	25.0bcd	4.50cdef	3.4867cde	0.42defg	399.55cdef	104.25def	2.18efg
7：3	25.6bc	4.84abc	3.9077abcd	0.40g	391.51cdef	109.17cde	2.44cdef
8：2	25.7bc	4.80abcd	3.6407abc	0.54cdefg	426.86bcd	122.96abc	2.83abc
C2（泥炭-谷壳）							
5：5	23.0de	4.56defg	3.6653abcd	0.59a	517.90a	141.05a	3.08a
6：4	23.8cde	4.64cde	3.3727de	0.49bcde	413.41cde	116.81bcd	2.64bcd
7：3	23.6ab	4.71bcd	3.8983ab	0.50bcdef	400.84cdef	114.70cd	2.62bcd
8：2	24.5bcde	5.05ab	3.2837abcd	0.67abc	346.71f	103.59def	2.48cde
C3（泥炭-树皮粉）							
5：5	25.0bcd	4.62cde	3.7167abcd	0.41fg	446.14bc	116.99bcd	2.46cde
6：4	24.5bcde	4.68cde	3.7127bcde	0.41efg	434.24bcd	114.84cd	2.42cdef
7：3	28.4a	5.08a	4.2597a	0.42defg	484.17ab	134.91ab	3.00ab
8：2	22.4e	4.36efg	2.8810ef	0.49efg	346.23f	95.13efg	2.09efg
C4（泥炭-香菇废料）							
5：5	18.3f	4.12gh	3.1003fg	0.34fg	350.18ef	93.59efg	2.00fg
6：4	15.7g	3.83h	2.6523h	0.30fg	273.17g	79.02g	1.83g
7：3	16.9fg	3.88h	2.6710gh	0.43bcd	349.75ef	90.51fg	1.88g
8：2	17.6fg	4.16fgh	2.6857fgh	0.52ab	378.70def	102.80def	2.23defg

注：同列中不同的小写字母表示差异显著（$p<0.05$）。

5.2.2.3.2　对闽楠容器苗生长和根系发育的影响

不同基质组成和配比对闽楠容器苗生长和根系发育的影响见表 5-6。随着基质中泥炭比例的提高，在 C1（泥炭-珍珠岩）和 C2（泥炭-谷壳）基质中闽楠容器苗的苗高和地径生长量呈先升高后降低的趋势，当基质中泥炭体积分数为 70% 时，苗高和地径均最大。采用 C3（泥炭-树皮粉）基质，当基质中泥炭体积分数达到 80% 时，闽楠容器苗的苗高最大（46.0cm）；当基质中泥炭体积分数为 70% 时，其地径最大（4.13mm），分别较泥炭体积分数 50% 时高 18.9% 和 9.8%。随着基质中泥炭比例的提高，闽楠容器苗根系的各项指标均呈逐渐减小的趋势，但在泥炭体积分数70%的基质中根系各项指标总体上最小，当基质中泥炭体积分数提高至80%时，各项指标或略有减小或明显增加。其中，采用 $V_{(泥炭)}$：$V_{(珍珠岩)}=5：5$ 的基质，闽楠容器苗的根系总长、根表面积和根体积均最高，分别达到 375.02cm、92.14cm^2 和 1.81cm^3，比采用 $V_{(泥炭)}$：$V_{(珍珠岩)}=7：3$ 基质分别高 40.5%、33.9% 和 27.5%；采用 $V_{(泥炭)}$：$V_{(树皮粉)}=8：2$ 基质，其根系发育也较为良好，其根表面积和根体积仅次于采用 $V_{(泥炭)}$：$V_{(珍珠岩)}=5：5$ 基质，其根系总长也较长。对总干质量进行比较结果表明，采用 $V_{(泥炭)}$：$V_{(谷壳)}=8：2$ 和 $V_{(泥炭)}$：$V_{(树皮粉)}=8：2$ 基质，闽楠容器苗的总干质量均较高；根据优选标准，选取这2种基质作为闽楠的优化容器育苗方案。单因素方差分析结果表明，采用不同配比的基质，闽楠容器苗的生长和根系发育指标均存在极显著差异（王艺等，2013b）。

表5-6 不同基质组成和比例对闽楠容器苗生长和根系发育的影响

基质组合及体积	苗高（cm）	地径（mm）	总干质量（g）	根冠比	根系总长（cm）	根表面积（cm^2）	根体积（cm^3）
C1（泥炭-珍珠岩）							
5：5	41.5cd	3.88bc	4.3027bcde	0.23bcd	375.02a	92.14a	1.81a
6：4	45.4ab	3.95abc	4.6157abc	0.20cde	320.07bc	80.21abcd	1.61abcde
7：3	46.8a	4.18a	4.6731ab	0.20cde	266.85ef	68.82cdefg	1.42def
8：2	40.4de	3.61def	3.7540efg	0.23bcd	268.39def	67.27efg	1.35ef
C2（泥炭-谷壳）							
5：5	39.8de	3.75cde	3.8397defg	0.24bc	311.84bcde	80.47abc	1.66abcd
6：4	45.4ab	3.83cd	4.4530abcd	0.18cdef	319.46bc	80.32abcd	1.61abcd
7：3	46.1a	3.95abc	4.4620abcd	0.19cdef	264.50ef	68.23defg	1.41def
8：2	45.0ab	3.86cd	4.6825ab	0.14ef	324.40b	84.00ab	1.74abc
C3（泥炭-树皮粉）							
5：5	38.7ef	3.76cd	3.9868def	0.22cd	349.40ab	84.80ab	1.65abcd
6：4	43.3bc	3.85cd	4.1933bcde	0.20cde	321.40bc	78.73bcde	1.54bcdef
7：3	44.3ab	4.13ab	4.3917abcde	0.17def	273.85cdef	69.77cdefg	1.42def
8：2	46.0ab	3.85c	5.0420a	0.13f	320.09bc	84.99ab	1.80a
C4（泥炭-香菇废料）							
5：5	34.7gh	3.50ef	5.1613fg	0.29b	315.05bcd	76.65bcdef	1.49cdef
6：4	33.2h	3.39f	2.7797h	0.43a	258.17f	65.31fg	1.32f
7：3	35.8gh	3.46f	3.1983gh	0.40a	251.02f	63.66g	1.29f
8：2	36.3fg	3.49f	3.7680efg	0.23bcd	307.02bcde	82.04ab	1.75ab

注：同列中不同的小写字母表示差异显著（$p<0.05$）。

5.2.2.3.3 基质组成和配比对浙江楠和闽楠容器苗生长和根系发育的交互作用分析

基质组成和配比对浙江楠和闽楠容器苗生长和根系发育的交互作用分析见表5-7。浙江楠和闽楠容器苗生长和根系发育不仅受基质组成和配比的影响，同时还受两者交互作用的显著影响。方差分析表明，基质组成是对浙江楠容器苗生长和根系发育影响最大的变异来源，其次为基质配比。闽楠容器苗苗高、地径、总干质量及根冠比受基质组成影响较大，而其根系总长、根表面积和根体积则主要受基质配比的影响。同时，基质组成及基质配比的交互作用均对浙江楠容器苗7个生长和根系发育指标以及闽楠容器苗除地径外的其他6个生长和根系发育指标有显著影响，说明调整基质中的泥炭比例有助于控制容器苗的生长和出圃质量。

表5-7　基质组成和配比对浙江楠和闽楠容器苗生长和根系发育影响的方差分析

变异来源	Df	F 值						
		苗高	地径	总干质量	根冠比	根系总长	根表面积	根体积
浙江楠 *Phoebe chekiangensis*								
SC	3	93.19**	31.97**	25.77**	23.31**	13.66**	15.29**	16.22**
SP	3	5.22**	2.41	8.70**	19.80**	8.78**	5.73**	3.64**
SC×SP	9	3.19**	3.47**	2.62**	2.59**	4.61**	4.08**	3.74**
闽楠 *Phoebe bournei*								
SC	3	75.51**	21.27**	15.97**	36.60**	2.70*	2.33	2.04
SP	3	15.41**	5.07**	1.96	7.95**	12.19**	9.49**	7.82**
SC×SP	9	4.89**	1.83	2.75*	4.87**	2.01*	2.21*	2.54**

注："*""**"分别为0.05和0.01显著水平。SC为基质组合；SP为基质配比。

5.2.2.4　缓释肥加载对浙江楠和闽楠容器苗生长和养分库构建影响

5.2.2.4.1　缓释肥加载对浙江楠和闽楠容器苗生长性状的影响

单因素方差分析结果表明，缓释肥加载极大影响2种楠木容器苗的苗高、地径生长及根系发育。表5-8显示，施肥水平在F4（3.0kg/m³）时，浙江楠和闽楠的苗高生长量皆达最大值，分别为25.4cm和45.1cm，较F1（1.5kg/m³）施肥水平分别显著提高了16.1%和9.9%；当施肥水平提高至F5（3.5kg/m³）时，苗高生长量反而降低。根系发育在F1施肥水平时达到最佳，该施肥水平下2种楠木的各项根系参数均为所有处理中最大值，而不同施肥水平间根系总长差异显著，浙江楠和闽楠根系总长在F1施肥水平下较其他处理高出13.5%和2.8%以上，较大的根系生长量使得F1施肥水平的根冠比显著高于其他处理。而整株干质量在5个施肥水平间未表现出显著差异。可见适当提高缓释肥加载量有利于2种楠木地上部分的生长，但应控制在一定范围内，过量施肥可能造成基质中部分元素浓度过量，抑制容器苗对其的吸收利用，进而导致苗木质量下降。根系发育则在低施肥水平下表现较好。

表 5-8 不同缓释肥施肥水平下浙江楠和闽楠容器苗的生长

树种	施肥水平	苗高（cm）	地径（mm）	整株干质量（g）	根冠比	根系总长（cm）	根表面积（cm²）	根体积（cm³）
浙江楠	F1	21.8±3.9b	4.73±0.53b	3.56±0.95ab	0.55±147.98a	520.64±147.98a	142.91±47.07a	3.14±1.25a
	F2	23.1±4.7ab	4.57±0.61b	3.44±1.06b	0.52±0.19ab	392.67±121.13c	111.92±37.09b	2.55±0.93b
	F3	25.3±4.5a	4.68±0.69b	3.78±1.11ab	0.50±0.15ab	446.61±113.21bc	124.61±33.65ab	2.78±0.86ab
	F4	25.4±4.6a	4.58±0.46b	3.98±0.93a	0.46±0.11b	458.83±91.38ab	124.69±25.13ab	2.71±0.61ab
	F5	23.7±4.0ab	5.05±0.53a	3.87±0.99ab	0.49±0.12ab	418.39±126.82bc	114.01±40.46b	2.51±1.09b
显著性（p）		0.0093	0.0091	0.2221	0.0515	0.0013	0.0141	0.0969
闽楠	F1	41.0±5.4c	3.94±0.50a	4.55±1.40ab	0.24±0.05a	384.92±119.76a	97.66±28.33a	1.98±0.55a
	F2	43.2±5.0abc	3.91±0.53a	4.58±1.28ab	0.20±0.04b	323.16±108.56b	82.13±26.46b	1.66±0.52b
	F3	42.0±5.5bc	3.78±0.54ab	4.18±1.43b	0.20±0.04b	331.96±105.54b	83.10±28.22b	1.67±0.63b
	F4	45.1±5.0a	4.02±0.49a	5.04±1.64a	0.21±0.04b	364.44±113.36ab	92.16±27.43ab	1.87±0.56ab
	F5	44.3±5.1ab	3.64±0.53b	4.55±1.63b	0.21±0.04b	374.26±123.46ab	92.42±30.05ab	1.77±0.60ab
显著性（p）		0.0322	0.0400	0.2835	<0.0001	0.0061	0.1568	0.1586

5.2.2.4.2 缓释肥加载对浙江楠和闽楠容器苗氮养分库构建的影响

（1）缓释肥加载对 N 含量的影响

如图 5-1 所示，当施肥水平从 F1（1.5kg/m³）提高到 F2（2.0kg/m³）时，2 种楠木的根系 N 含量均有所下降，当施肥水平继续提升至 F5（3.5kg/m³）时则又显著提高，分别较 F2 时提高 98.0% 和 87.4%。地上部分的 N 含量则在 F4（3.0kg/m³）时取得最大值，该施肥水平下浙江楠和闽楠茎的 N 含量分别是 F1 时的 1.35 和 2.13 倍，叶的 N 含量分别为 F1 时的 1.23 和 1.61 倍。这一结果表明，低施肥水平条件下，苗木选择将养分更多地储存于养分库的源即根系中，这对苗木持续生长较为有利。当施肥量较高时，N 素更多地向地上部分养分库转移，整株 N 含量随之增大，浙江楠和闽楠的最大整株 N 含量分别出现在 F5 和 F4 施肥水平时，较 F1 时高出 43.8% 和 17.6%。为满足浙江楠生长对 N 素的需求，缓释肥加载量最好达到 3.5kg/m³，而 3.0kg/m³ 缓释肥加载量已基本满足闽楠生长所需（王艺等，2013a）。

（2）缓释肥加载对 N 浓度的影响

图 5-2 结果显示，2 种楠木在 F1、F3 和 F5 这 3 个施肥水平时的根系 N 浓度较高，F2 和 F4 时则较低。浙江楠在 F1 与 F5 施肥水平间的根系 N 浓度仅相差 0.461mg/g，显然施肥水平的提升并未显著提高根系 N 浓度，地上部分的 N 浓度总体上随施肥水平的提高呈上升趋势；但方差结果显示，不同施肥水平的浙江楠茎、叶的 N 浓度差异并不显著，因此无法说明缓释肥加载对其影响是否显著。在闽楠容器苗中，随着施肥水平从 F1 提高到 F4，茎、叶及整株 N 浓度分别提升 39.2%，23.2% 和 12.3%，增幅明显。由此判断，缓释肥加载可有效提高闽楠养分库的 N 浓度水平，对浙江楠的提升作用较小。

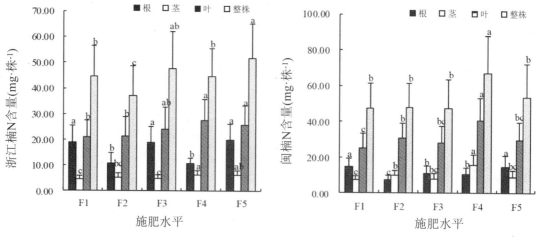

图 5-1 缓释肥加载对容器苗根、茎、叶及整株 N 含量的影响

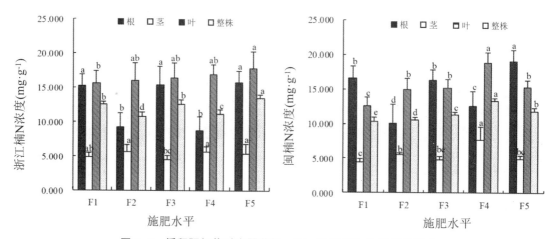

图 5-2 缓释肥加载对容器苗根、茎、叶及整株 N 浓度的影响

5.2.2.4.3 缓释肥加载对浙江楠和闽楠容器苗磷养分库构建的影响

（1）缓释肥加载对 P 含量的影响

在磷养分库构建方面，浙江楠和闽楠的根系最大 P 含量均出现在 F1（1.5kg/m³）施肥水平，分别达 1.76mg/株和 3.68mg/株。茎的 P 含量在 F2（2.0kg/m³）施肥水平时最大，该水平下的浙江楠和闽楠分别较最大施肥水平时高出 26.6% 和 24.6%。从整体上看，5 种施肥水平的浙江楠整株 P 含量差异显著，最大值出现在 F1 施肥水平，闽楠则未表现出显著差异（图 5-3）。分析认为，低施肥水平下根系表现出积极的 P 吸收效率，地上部分对 P 需求不大，提高施肥水平对 P 的吸收量提升十分有限，甚至有所下降。初步推断 1.5kg/m³ 的施肥量即可满足 2 种楠木容器苗养分库构建的 P 需求。

（2）缓释肥加载对 P 浓度的影响

不同施肥水平的浙江楠容器苗中，F1 施肥水平的根系 P 浓度最高（2.961mg/g），F1 施肥水平下的闽楠根系 P 浓度（1.996mg/g）亦显著高于其他施肥水平（图 5-4）。地上

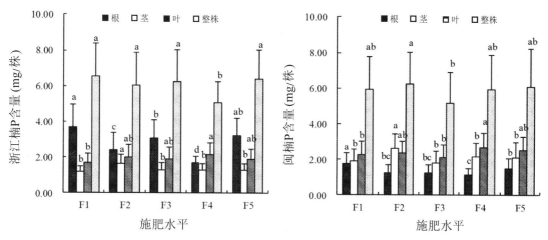

图5-3　缓释肥加载对容器苗根、茎、叶及整株 P 含量的影响

部分的茎 P 浓度在不同施肥水平间差异显著，2 种楠木的最大值均出现在 F2 施肥水平。浙江楠最大叶片 P 浓度出现在 F2 施肥水平时，高出其他施肥水平 14.5% 以上，闽楠叶片 P 浓度则对施肥量的变化不敏感。显然，低施肥水平下苗木的 P 浓度反而更高。从容器苗整体 P 浓度变化也可看出，当施肥水平从 F1 提升至 F4 时，2 种楠木整株 P 浓度均呈下降趋势。可见，P 浓度的变化直接反映出 P 含量的变化，提高施肥量将同时抑制 P 浓度和 P 含量的提升。

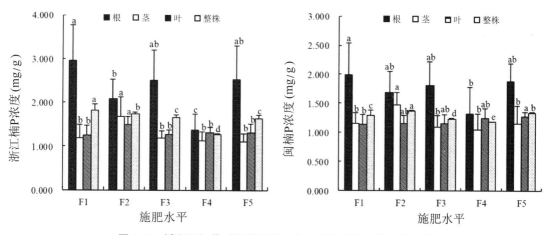

图5-4　缓释肥加载对容器苗根、茎、叶及整株 P 浓度的影响

5.2.2.4.4　氮磷含量、浓度与浙江楠和闽楠容器苗生长的相关性

相关性分析表明，植株 N、P 含量与 2 种楠木容器苗的苗高、地径生长和根系发育呈极显著正相关（表5-9），这说明提高 N、P 含量可促进容器苗的生长，对容器苗生长和干物质的积累有着积极意义。对 N、P 浓度与各形态指标进行相关分析则发现，闽楠除根冠比外其他生长性状与 N、P 浓度的相关性均不显著，而根冠比与 N 浓度呈显著负相关，与 P 浓度呈显著正相关。浙江楠的苗高、根冠比及根系参数与 P 浓度显著相关，其中除苗

高外均为正相关。可见，N、P 含量主要影响容器苗的形态发育和干物质量的积累，N、P 浓度则对干物质量的分配影响较大。因此，积极构建氮磷养分库时，提高 N、P 养分的转化和吸收将有利于苗木的生长发育，而调整 N、P 浓度将有助于控制容器苗根冠比的大小，N 浓度越低，闽楠根冠比越大；P 浓度越高，2 种楠木根冠比越大。由此表明，N 更趋向促进植物地上部分生长，而 P 则促进植物根系发育。

表 5-9　氮磷含量和浓度与生长性状之间的表型相关系数

树种	项目	苗高	地径	整株干质量	根冠比	根系总长	根表面积	根体积
浙江楠	N 含量	0.40221 **	0.67543 **	0.89008 **	0.13556	0.13556 **	0.52923 **	0.52963 **
	N 浓度	-0.04644	0.12134	0.08008	-0.07928	0.00140	-0.0355	-0.05344
	P 含量	0.52058 **	0.62923 **	0.95065 **	-0.08716	0.41398 **	0.43230 **	0.42373 **
	P 浓度	-0.34515 **	0.13805	-0.13040	0.48384 **	0.16762 *	0.18524 *	0.18947 *
闽楠	N 含量	0.71093 **	0.77726 **	0.98273 **	0.06418	0.72316 **	0.76398 **	0.77167 **
	N 浓度	0.00264	-0.15791	-0.03415	-0.09419 **	-0.03642	-0.05727	-0.07183
	P 含量	0.70377 **	0.72440 **	0.95296 **	-0.00881	0.66709 **	0.70454 **	0.71338 **
	P 浓度	0.01311	0.19400	0.05289	0.09616 **	0.06224	0.08106	0.01498

5.2.3　赤皮青冈

5.2.3.1　基质配比和缓释肥加载处理

育苗试验在浙江庆元县实验林场育苗基地具有喷雾遮阳设施的钢构大棚内进行。供试赤皮青冈种子产自福建建瓯，经水选大小均一，无病虫害。育苗基质主要包括东北泥炭和谷糠。泥炭纤维含量 200g/kg，pH 值 6.0，粗灰分 158g/kg，有机质 720.9g/kg，总腐殖酸 381.8g/kg，全氮 14.2g/kg，全磷 0.7g/kg，全钾 2.7g/kg，干密度 0.3kg/m³。所用谷糠经 1 年腐熟，基本不含苗木生长所需养分。选用美国辛普劳公司生产的爱贝施（APEX）长效控释肥，其全氮含量为 180g/kg，有效磷含量为 80g/kg，全钾含量为 80g/kg，肥效 9 个月。育苗容器为 4.5cm×10cm 规格的无纺布网袋。设置基质配比和缓释肥施用量 2 个因素的容器育苗析因设计试验。泥炭与谷糠按体积比设置 3 个配比处理（5∶5、6∶4 和 7∶3），缓释肥施用量设置 5 个水平（1.0kg/m³、1.5kg/m³、2.0kg/m³、2.5kg/m³ 和 3.0kg/m³）。按照析因试验设计，共设置 15 个试验处理，重复 3 次（表 5-10）。

按试验要求配制成的基质，经人工数次混合后再用 2D150 型搅拌机搅拌均匀，过孔径 1cm 筛，再经轻基质网袋容器机加工成网袋肠容器。将网袋肠整捆放入水池浸湿 4~6h 后，按试验要求的规格（4.5cm×10cm）人工切割网袋容器，再将其放入 42cm×42cm 的育苗盘中，每育苗盘上放置 81 个网袋容器。2012 年 3 月上旬，按试验要求进行点播育苗，点播前赤皮青冈种子经温室沙贮催芽处理。容器育苗试验过程中要做到及时喷水，保持基质湿润，其他管理措施同常规容器育苗，试验期间每周调换各处理苗盘位置，以消除边缘效应。

表 5-10　试验因素及试验处理

试验因素	因素水平及处理				
基质配比 （泥炭：谷糠体积比）	5：5		6：4		7：3
缓释肥施用量（kg/m³）	1.0	1.5	2.0	2.5	3.0
基质配比× 缓释肥施用量	5：5×1.0	5：5×1.5	5：5×2.0	5：5×2.5	5：5×3.0
	6：4×1.0	6：4×1.5	6：4×2.0	6：4×2.5	6：4×3.0
	7：3×1.0	7：3×1.5	7：3×2.0	7：3×2.5	7：3×3.0

5.2.3.2　基质配比和缓释肥施用量对赤皮青冈容器苗生长的影响

5.2.3.2.1　基质配比

经方差分析并从图 5-5 可知，赤皮青冈生长指标对基质配比的反应情况各异，不同基质配比间苗高和高径比差异不显著，而地径差异达到显著水平。随着配比基质中泥炭比例从 50% 提高到 70%，苗高和地径呈先增大后减小的趋势，泥炭比例为 60% 时其苗高和地径

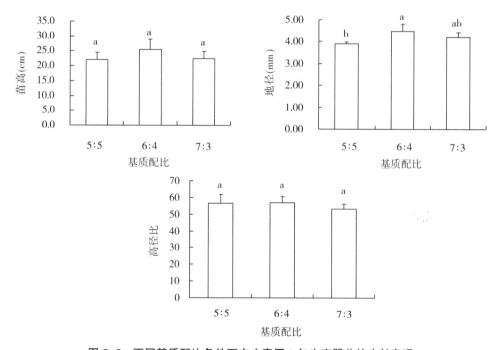

图 5-5　不同基质配比条件下赤皮青冈 1 年生容器苗的生长表现

注：图中字母相同为统计分析差异不显著，字母不同则差异显著。

生长量均最大，分别为 25.56cm 和 4.49mm，较泥炭比例为 50% 时分别提高了 16.05% 和 14.80%，同时高径比也有所提高。但当泥炭比例提高至 70% 时，因泥炭的饱和持水量很高而影响配比基质的透气性，苗高、地径生长量反而有所降低。因此，泥炭与谷糠配比为 6：4 时能够很好地促进赤皮青冈容器苗的生长。

5.2.3.2.2　缓释肥施用量

配比基质中增施缓释肥对赤皮青冈苗高、地径和高径比皆有明显的影响（图5-6）。随着缓释肥施用量的增加，各生长指标值均表现为先增高再降低的趋势，其中苗高、高径比在缓释肥施用量间差异显著。当缓释肥施用量为2.5kg/m³时，赤皮青冈1年生苗木的高生长量最大，达27.12cm，较缓释肥施用量1.5kg/m³时的苗高提高了31.22%，若继续增施缓释肥其苗高和高径比显著下降，高径比受缓释肥施用量影响显著的主要原因是苗高所致。地径受缓释肥施用量的影响较小，但仍以缓释肥施用量2.5kg/m³时地径最大。所以，从生长量角度考虑，培育赤皮青冈轻基质容器苗的适宜缓释肥施用量为2.5kg/m³。

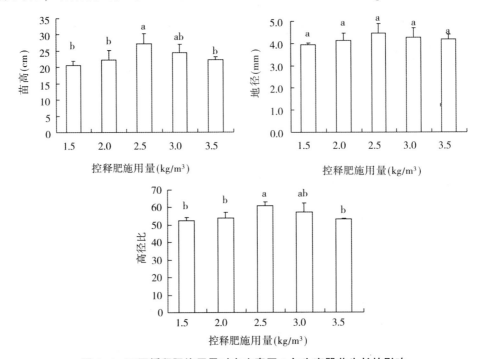

图5-6　不同缓释肥施用量对赤皮青冈1年生容器苗生长的影响

注：图中字母相同为统计分析差异不显著，字母不同则差异显著。

5.2.3.3　基质配比和缓释肥施用量对赤皮青冈容器苗生物量积累影响

5.2.3.3.1　基质配比

经单因素方差分析，基质配比对1年生赤皮青冈容器苗生物量影响显著（表5-11）。赤皮青冈单株叶、茎、根和单株干质量均随着基质配比中泥炭比例的提高呈先增加再降低的趋势。当基质配比中泥炭与谷糠的配比为6∶4时，单株叶、茎、根和单株干质量均显著大于其他配比的基质，其中单株干质量分别比配比5∶5和配比7∶3增加了20.39%和21.90%。赤皮青冈生物量结果再次表明，基质配比中泥炭与谷糠比例为6∶4时较适合其生长（吴小林等，2014）。

表5-11　不同基质配比对赤皮青冈1年生容器苗生物量的影响

基质配比	叶（g）	茎（g）	根（g）	单株干质量（g）
5：5	1.067±0.166b	0.778±0.104b	0.960±0.115b	2.805±0.336b
6：4	1.227±0.228a	1.054±0.263a	1.096±0.178a	3.377±0.639a
7：3	1.019±0.176b	0.809±0.179b	0.943±0.147b	2.771±0.491b
F 值	4.817**	9.241**	4.753**	6.852**

注：表中字母相同为统计分析差异不显著，字母不同则差异显著；** 表示差异极显著，* 表示差异显著，下同。

5.2.3.3.2　缓释肥施用量

配比基质中施用缓释肥对赤皮青冈1年生容器苗生物量影响显著（表5-12）。单株叶、茎、根和单株干质量均随着基质配比中缓释肥施用量的增加先增多再减少。当缓释肥施用量为2.5kg/m³时，各部位及单株干质量均显著大于其他缓释肥施用量处理，以单株干质量为例，其比缓释肥施用量1.5kg/m³时增加了43.82%。该结果与上述缓释肥施用量对赤皮青冈1年生容器苗生长量影响的分析结果一致，即配比基质中缓释肥施用量为2.5kg/m³时，赤皮青冈容器苗生长较好。

表5-12　缓释肥施用量对赤皮青冈1年生容器苗生物量的影响

缓释肥施用量 （kg/m³）	叶（g）	茎（g）	根（g）	单株干质量（g）
1.5	0.928±0.109c	0.701±0.103c	0.871±0.126c	2.500±0.324c
2.0	1.055±0.165bc	0.823±0.158bc	0.991±0.109bc	2.869±0.413bc
2.5	1.349±0.163a	1.109±0.253a	1.140±0.112a	3.596±0.499a
3.0	1.174±0.208b	0.963±0.241ab	1.019±0.220ab	3.157±0.616b
3.5	1.018±0.106c	0.805±0.107bc	0.976±0.112bc	2.800±0.307bc
F 值	9.856**	6.653**	4.120**	7.723**

5.2.3.4　基质配比和缓释肥施用量对赤皮青冈容器苗根系发育的影响

5.2.3.4.1　基质配比

基质配比显著影响赤皮青冈根系发育，不同基质配比间根长、根表面积及根体积差异极显著（表5-13），均以泥炭与谷糠体积比为6：4时效果较好，相应指标显著优于其他基质配比，比其他基质配比处理根系指标值高出10%左右。该结果表明赤皮青冈1年生容器苗根系的发育对基质中泥炭所占比例变化较敏感，泥炭与谷糠体积比设为5：5或7：3时，其容器苗根系生长发育将受到影响，致使根长、根表面积和根体积显著减小。

表5-13 基质配比对赤皮青冈1年生容器苗根系发育的影响

基质配比	根长（cm）	根表面积（cm²）	根直径（mm）	根体积（cm³）
5：5	114.495±14.686b	31.454±2.813b	0.912±0.058	0.702±0.054b
6：4	125.818±17.456a	34.771±3.853a	0.912±0.042	0.777±0.082a
7：3	106.261±11.671b	30.132±3.187b	0.931±0.021	0.690±0.073b
F值	6.607**	7.809**	1.01	6.669**

5.2.3.4.2 缓释肥施用量

施用缓释肥对赤皮青冈容器苗根系发育的影响较基质配比弱，仅根体积在不同缓释肥施用量间差异显著（表5-14）。根体积与根系生物量直接相关，这与前述缓释肥对赤皮青冈生物量的影响分析一致，即不同缓释肥施用量对根系生物量影响极显著。根系形态指标中根长、根表面积和根直径在不同缓释肥施用量间差异不显著，这可能与其主根发达、须侧根稀少的生物学特性有关，主根直接影响根体积和根系生物量，而侧根数量的多少与根长和根表面积直接相关，须侧根较少可能导致不同缓释肥施用量间根长、根表面积和根直径差异不明显。

表5-14 缓释肥施用量对赤皮青冈容器苗根系发育的影响

缓释肥施用量（kg/m³）	根长（cm）	根表面积（cm²）	根直径（mm）	根体积（cm³）
1.5	108.81±19.54	29.87±4.61	0.91±0.04	0.66±0.09b
2.0	114.98±19.36	32.11±3.97	0.93±0.05	0.73±0.07ab
2.5	123.07±15.30	34.32±2.81	0.92±0.04	0.77±0.04a
3.0	117.25±17.05	32.63±4.18	0.91±0.05	0.74±0.10ab
3.5	113.51±10.30	31.67±2.23	0.92±0.04	0.72±0.05ab
F值	0.887	1.736	0.284	2.690*

5.2.3.5 不同因素及其交互作用对赤皮青冈容器苗生长的影响

基质配比和缓释肥施用量的两因素方差分析结果表明（表5-15），赤皮青冈1年生容器苗各生长性状的两因素效应均达显著水平，且苗高和单株干质量的两因素交互效应也显著。根系形态指标如根长、根表面积和根直径受缓释肥施用的影响较基质配比小，且两因素的交互效应不显著，但根体积的缓释肥施用量、基质配比及其两因素交互效应均较显著，这与上文相关单因素分析结果一致。因此，容器育苗最佳的基质配比和缓释肥施用量处理并不能依据单因素分析结果进行简单断定。

表5-15 赤皮青冈1年生容器苗生长的两因素方差分析

变异来源	苗高	地径	单株干质量	根长	根表面积	根直径	根体积
基质配比	26. 565 **	30. 720 **	20. 041 **	7. 495 **	10. 620 **	0. 953	11. 018 **
缓释肥施用量	26. 207 **	7. 574 **	20. 041 **	1. 276	2. 898 *	0. 286	4. 846 **
基质配比×缓释肥施用量	2. 929 *	2. 251	2. 731 *	1. 567	1. 941	1. 059	2. 501 *

注：表中数值为方差分析 F 值，* 表示效应显著，** 表示效应极显著。

5. 2. 3. 6 赤皮青冈1年生容器育苗方案优选

容器育苗生产实践中，不仅要求苗木生长好、出圃质量高，而且要求苗木培育的成本低。依据模糊数学中隶属函数方法，综合各因素对赤皮青冈1年生容器苗生长的主效应和互作效应，以差异达显著水平的苗高、茎干质量、根干质量、单株干质量和根体积隶属值均值为优选标准，为赤皮青冈轻基质容器育苗选出了 5 种（前 5 名）优化育苗方案（表5-16），以供生产单位根据各成分价格的波动而灵活应用。结合基质及缓释肥成本，培育优质赤皮青冈1年生容器苗，排名第一的育苗方案（泥炭：谷糠＝6：4，缓释肥施用量 2.5kg/m³）为最优方案。

表5-16 基于指标隶属值的赤皮青冈1年生轻基质容器育苗方案优选

基质配比	缓释肥施用量	苗高	茎干质量	根干质量	单株干质量	根体积	平均值	排名
6：4	2.5	1.00	1.00	0.93	1.00	0.81	0.95	1
6：4	3.0	0.65	0.87	1.00	0.92	1.00	0.89	2
7：3	2.5	0.62	0.65	0.72	0.71	0.69	0.68	3
6：4	2.0	0.53	0.50	0.54	0.55	0.74	0.57	4
5：5	2.5	0.42	0.33	0.58	0.52	0.59	0.49	5

5. 2. 4 南方红豆杉

5. 2. 4. 1 轻基质网袋容器育苗方案优选

5. 2. 4. 1. 1 不同育苗措施处理

容器育苗试验在浙江龙泉市林业科学研究所育苗基地具有喷雾遮阳设施的钢构大棚内进行。试验大棚地理位置为东经 119°05′43″、北纬 28°1′41″，海拔 210m，年平均气温 17.6℃，1 月均温 6.8℃，7 月均温 27.8℃，极端最低温 -8.5℃，极端最高温 40.7℃，无霜期 263d。大棚高 2.2m，安装有滴灌系统，棚顶覆盖一层 70%透光率的遮阳网。

供试南方红豆杉种子为江西龙南产。育苗基质主要包括东北泥炭和谷糠。泥炭纤维含量 200g/kg，pH 值 6.0，粗灰分 158g/kg，有机质 720.9g/kg，总腐殖酸 381.8g/kg，全氮 14.2g/kg，全磷 0.7g/kg，全钾 2.7g/kg，干容重 0.3kg/m³。所用谷糠经 1 年腐熟。控释肥选用美国生产的爱贝施（APEX）长效控释肥，其全氮含量为 180g/kg，有效磷含量为

80g/kg，全钾含量为 80g/kg，肥效 9 个月。育苗容器为直径 4.5cm 的无纺布网袋。

设置控释肥施用量（A）、容器规格（B）、基质配比（C）及空气切根与否（D）4 个因素的容器育苗析因设计试验。控释肥施用量设置 5 个水平（A1 为 1.0kg/m³；A2 为 1.5kg/m³；A3 为 2.0kg/m³；A4 为 2.5kg/m³；A5 为 3.0kg/m³）；容器规格按无纺布网袋容器长度设置 3 个水平（B1 为 4.5cm×8cm；B2 为 4.5cm×10cm；B3 为 4.5cm×12cm）；泥炭与谷糠按体积比设置 4 个配比处理（C1 为 5：5；C2 为 6：4；C3 为 7：3；C4 为 8：2）；空气切根与否设置为未切根（D1）和切根（D2）2 个处理，空气切根处理是将育苗盘搁在铺设的砖块上，未切根处理则将育苗盘直接放置在地布上。2009 年 3 月上旬将经温室沙贮催芽处理的种子按试验要求进行点播育苗。容器育苗措施同一般生产性容器育苗。

5.2.4.1.2 基质配比对南方红豆杉 1 年生容器苗生长的影响

方差分析结果表明，南方红豆杉生长对基质配比比较敏感（表 5-17），随着配比基质中泥炭比例从 50% 提高到 70%，苗高和地径明显增加，泥炭比例为 70% 时其苗高和地径生长量最大，分别为 18.35cm 和 2.49mm，较泥炭比例为 50% 时分别提高了 6.8% 和 2.1%，同时高径比也显著提高。但当泥炭比例提高至 80% 时，因泥炭的饱和持水量很高而影响配比基质的透气性，苗高生长量反而有所降低，但地径生长受到的影响较小，故培育南方红豆杉容器苗的泥炭与谷糠最佳体积配比为 7：3。

表 5-17 基质配比对南方红豆杉 1 年生容器苗生长的影响

基质配比	苗高（cm）	地径（mm）	高径比
5：5	17.19±2.53c	2.44±0.38	71.27±10.13c
6：4	17.65±2.40b	2.45±0.33	72.84±9.67b
7：3	18.35±2.65a	2.49±0.34	74.44±10.65a
8：2	18.04±2.75a	2.47±0.35	73.57±10.17ab
F 值	14.216**	1.647	8.619**

5.2.4.1.3 容器规格对南方红豆杉 1 年生容器苗生长的影响

经单因素方差分析，容器规格对 1 年生南方红豆杉生长影响显著（表 5-18）。南方红豆杉随着网袋容器规格的增大，其苗高和地径生长加快，高径比降低，但与 4.5cm×8cm 容器规格相比，当容器规格为 4.5cm×10cm 时，其苗高和地径仅分别提高了 1.01% 和 2.88%，高径比仅降低了 1.61%，变化幅度较小，认为南方红豆杉容器育苗宜选择 4.5cm×8cm 的容器规格。

表 5-18　容器规格对南方红豆杉 1 年生容器苗生长的影响

表 5-18　容器规格对南方红豆杉 1 年生容器苗生长的影响

容器规格（cm）	苗高（cm）	地径（mm）	高径比
8.00	17.67±2.73	2.43±0.34b	73.39±10.29ab
10.00	17.90±2.68	2.45±0.33b	73.48±9.93a
12.00	17.85±2.44	2.50±0.37a	72.21±10.40b
F 值	0.448	6.316**	2.786

5.2.4.1.4　控释肥施用量对南方红豆杉 1 年生容器苗生长的影响

配比基质中增施控释肥对南方红豆杉苗高和地径皆有明显的影响（表 5-19）。增施控释肥有利于促进南方红豆杉容器苗的生长，当配比基质中加施 3.0kg/m³ 控释肥时，南方红豆杉苗高和地径生长量最大，分别为 18.38cm 和 2.55mm，较控释肥施用量为 1.0kg/m³ 时分别提高了 5.39% 和 5.37%，高径比则在控释肥用量为 3.0kg/m³ 和 1.0kg/m³ 间差异不显著，因此培育南方红豆杉容器苗的最佳控释肥施用量为 3.0kg/m³。

表 5-19　不同控释肥施用量下南方红豆杉容器苗生长表现

控释肥（kg/m³）	苗高（cm）	地径（mm）	高径比
1.0	17.44±2.46d	2.42±0.34c	72.72±10.16
1.5	17.74±2.61c	2.44±0.33c	73.40±9.84
2.0	18.07±2.68b	2.48±0.33b	73.46±10.11
2.5	17.40±2.41d	2.42±0.35c	72.65±10.25
3.0	18.38±2.79a	2.55±0.38a	72.92±10.71
F 值	7.096**	8.334**	0.452

5.2.4.1.5　空气切根与否对南方红豆杉 1 年生容器苗生长的影响

空气切根是指当根尖伸出容器裸露到空气中时，由于失去含有养分和水分的生长环境，根尖分生组织生长被抑制，根尖自动枯萎，从而促进容器内侧根和须根的萌发和生长，进而提高容器苗的出圃质量。空气切根与否对南方红豆杉容器苗生长的影响显著。表 5-20 表明，南方红豆杉尽管苗高生长在空气切根与不切根间差异不显著，但空气切根处理可明显促进地径生长和降低苗木的高径比。因此，南方红豆杉容器育苗应进行空气切根处理。

表 5-20　不同控释肥施用量下南方红豆杉容器苗生长表现

空气切根与否	苗高（cm）	地径（mm）	高径比
切根	17.81±2.58	2.50±0.36a	72.03±9.91b
未切根	17.81±2.66	2.43±0.34b	74.03±10.44a
F 值	0.00	15.518**	18.219**

5.2.4.1.6　不同因素间的交互作用对南方红豆杉1年生容器苗生长的影响

多因素方差分析结果表明（表5-21），各因素间的交互效应基本上都达到显著水平，因此每个树种容器育苗最佳的控释肥施用量、基质配比、容器规格以及空气切根与否处理并不能依据单因素分析结果进行简单的组合。在容器育苗生产实践中，不仅要求苗木生长好、出圃质量高，而且要求苗木培育的成本低。由于南方红豆杉苗木生长相对缓慢，这里综合各因素对生长的主效应和互作效应，以苗高生长为主，地径不低于平均值、高径比不高于平均值的1.1倍作为优选标准，选出了5种优化的容器育苗方案（表5-22），以供生产单位根据各成分价格的波动而灵活应用。

表5-21　南方红豆杉容器苗生长的多因素方差分析

变异来源	自由度	苗高	地径	高径比	变异来源	自由度	苗高	地径	高径比
R	2	68.865**	993.391**	4.590**	R×A×B	16	13.641**	208.329**	0.160
A	4	377.520**	311.033*	6.156**	R×A×C	24	9.282*	175.483**	0.150
B	2	51.831**	1823.475**	5.349**	R×A×D	8	3.680	186.340	0.160
C	3	681.346**	4875.815**	1.441**	R×B×C	12	9.850	124.280	0.212*
D	1	0.000	10729.077**	12.614**	R×B×D	4	5.200	37.890	0.240
R×A	8	18.495**	117.050	0.262*	R×C×D	6	16.743*	181.220	0.200
R×B	4	13.000	126.970	0.286*	B×B×C	24	15.342*	229.701**	0.303**
R×C	6	13.850*	333.207**	0.253**	B×B×D	8	57.852**	787.148**	0.430**
R×D	2	39.139**	275.130	0.999**	C×C×D	6	25.854**	654.694**	0.502**
A×B	8	21.352**	209.818**	0.696**	B×C×D	12	35.003**	406.731**	0.651**
A×C	12	81.682**	435.167**	1.054**	R×A×B×C	48	13.315**	155.015**	0.203**
A×D	4	11.220	426.167**	0.160	R×A×B×D	16	5.490	183.422*	0.186*
B×C	6	43.632**	620.470**	0.510**	R×B×C×D	12	5.850	152.230	0.217*
B×D	2	19.724*	213.720	1.060**	A×B×C×D	24	37.576**	503.620**	0.313**
C×D	3	51.821**	1504.350**	1.240**	R×A×C×D	24	14.219**	143.590	0.150
					R×A×B×C×D	48	13.138**	164.853**	0.189**
					机误	10440	6.090	96.480	0.110

注：R为试验重复；A为控释肥施用量处理；B为容器规格处理；C为基质配比处理；D为空气切根与否处理。*和**分别表示0.05和0.01显著水平。

表5-22　南方红豆杉无纺布轻基质容器育苗方案优选

控释肥（kg/m³）	基质配比	容器长度（cm）	切根与否	苗高（cm）	地径（mm）	高径比
3.0	7:3	8	切根	20.19	2.75	73.82
3.0	7:3	12	切根	19.48	2.58	76.20
2.0	8:2	10	切根	19.43	2.54	76.83
2.0	6:4	8	切根	19.34	2.45	79.86
2.0	8:2	8	切根	19.28	2.52	76.86

5.2.4.2 控释肥N/P比和加载量对容器苗生长及N、P库构建的影响

5.2.4.2.1 控释肥类型和加载量处理

试验地位于浙江庆元县实验林场省级保障性苗圃育苗钢构大棚内。试验材料为来自浙江龙泉市的南方红豆杉种子。以直径5cm、高10cm的无纺布容器袋为育苗容器，将泥炭与腐熟谷壳体积比按7∶3的比例混合作为基质，基质中均匀混进不同N/P比（1.75∶1~3.25∶1）和不同质量（1.5~4.5kg/m³）的控释肥。所用控释肥为山东金正大集团生产的特制肥（肥效6个月，除要求的N与P_2O_5比例外，钾等其他元素含量与苗圃生产肥料相同）。

参考生产中施用的控释肥类型和加载量，设置4种控释肥N/P比和4种加载量，其中，控释肥N/P比（N与P_2O_5比例）分别为A1=1.75∶1、A2=2.25∶1、A3=2.75∶1和A4=3.25∶1；控释肥加载量分别为F1=1.5kg/m³、F2=2.5kg/m³、F3=3.5kg/m³和F4=4.5kg/m³。采用析因试验设计，即控释肥N/P比和加载量2个因素共16个处理，每个处理3次重复，90株小区。于2017年4月上旬，将培育长至5cm的芽苗移入不同处理的无纺布容器袋并放入方形托盘中，移栽后置于覆盖有遮阳网、配置有自动喷灌系统的钢构大棚内，托盘直接置于覆有地布的苗床上。苗木管理同一般生产性轻基质网袋容器苗。

于生长季末，从每重复小区随机选取30株生长正常的容器苗，分别用钢卷尺和游标卡尺测量苗高和地径，分别精确至0.1cm和0.01mm。之后，再分别从每重复小区随机选取10株生长正常的容器苗，分处理、重复、部位置于105℃烘箱中杀青30min，再在68℃下烘至恒质量，测定并计算总干物质量。分别处理相同重复苗木各部位混合磨碎后称取0.1g左右样品，用H_2SO_4-H_2O_2消煮法对称取的样品进行消煮，然后分别用凯氏定氮仪和钼锑抗比色法测定其N、P含量。

5.2.4.2.2 控释肥N/P比和加载量对1年生容器苗生长的影响

由表5-23可知，除根冠比外，南方红豆杉容器苗生长受控释肥N、P配比改变的影响较小，容器苗根冠比在控释肥N/P比为2.25∶1时最大，仅显著高于控释肥N/P比为1.75∶1处理容器苗。与N/P比不同，控释肥加载不仅促进了南方红豆杉容器苗生长，也明显提高了干物质积累。随着加载量增加，其苗高和地径生长量皆持续提高，当加载量达到3.5kg/m³时，苗高和地径分别为18.10cm和2.78mm，两者均未随加载量的继续增加而明显增大。干物质积累量也在3.5kg/m³水平达到最大值，此时单株生物量为2.58g，显著高于其他加载量处理。比较发现，不同加载量下容器苗根冠比差异显著，加载量最小时，根冠比最大，而加载量为3.5kg/m³时，根冠比最小（0.60）。鉴于此，3.5kg/m³水平加载量即可满足南方红豆杉1年生优质容器苗生长和干物质积累。

表 5-23　不同控释肥 N/P 比和加载量下南方红豆杉容器苗生长表现

控释肥 N/P 比	苗高（cm）	地径（mm）	单株生物量（g）	根冠比
A1（1.75∶1）	17.74±1.35	2.82±0.21	2.06±0.39	0.63±0.03b
A2（2.25∶1）	17.21±1.58	2.70±0.18	2.10±0.33	0.69±0.03a
A3（2.75∶1）	16.92±2.11	2.70±0.24	1.97±0.50	0.66±0.07ab
A4（3.25∶1）	17.35±1.56	2.66±0.19	1.93±0.35	0.65±0.05ab
F 值	0.657	1.319	0.467	3.243*
加载量（kg/m³）	苗高（cm）	地径（mm）	单株生物量（g）	根冠比
F1（1.5）	16.18±1.06b	2.57±0.18c	1.57±0.09c	0.70±0.03a
F2（2.5）	16.53±1.72b	2.67±0.21bc	1.92±0.17b	0.66±0.04b
F3（3.5）	18.10±1.35a	2.78±0.12ab	2.58±0.10a	0.60±0.04c
F4（4.5）	18.42±1.28a	2.85±0.22a	1.99±0.11b	0.66±0.02b
F 值	10.616**	5.274**	140.719**	20.299**

5.2.4.2.3　控释肥 N/P 比和加载量对 1 年生容器苗 N 库构建的影响

由表 5-24 可知，控释肥 N/P 比和加载量对南方红豆杉根系 N 含量影响显著，分别在 A3 和 F3 处理水平时，南方红豆杉根 N 含量最高，分别达 11.51mg/g 和 10.98mg/g，较 A1 和 F1 水平分别高出 63.3% 和 29.5%。南方红豆杉茎和叶 N 含量在不同 N/P 比间差异不显著，但随着加载量增加，其茎中 N 含量明显降低，而叶的 N 含量则逐渐升高，均在 F3 或 F4 水平达到最大值。因此，适宜的控释肥 N/P 比和加载量可有效提高南方红豆杉的根或叶的 N 含量。

表 5-24　控释肥 N/P 比及加载量对南方红豆杉 1 年生容器苗各器官 N 含量及累积量的影响

指标	器官	N/P				加载量（kg/m³）			
		A1（1.75∶1）	A2（2.25∶1）	A3（2.75∶1）	A4（3.25∶1）	F1（1.5）	F2（2.5）	F3（3.5）	F4（4.5）
N 含量 (mg/g)	根	7.05±1.47C	9.98±0.97B	11.51±1.66A	10.59±1.48AB	8.48±1.23b	9.69±1.23ab	10.98±1.34a	9.98±1.59ab
	茎	3.94±0.69	3.89±0.67	3.84±0.74	3.49±0.33	4.43±0.77A	3.79±0.39B	3.66±0.29BC	3.28±0.37C
	叶	9.66±1.07	10.00±0.87	10.44±1.10	10.67±0.93	10.06±1.25	9.59±0.83	10.65±1.21	10.46±1.09
N 累积量 (g/株)	根	5.68±2.04b	8.58±1.79a	9.01±2.72a	8.08±1.91a	5.47±0.77c	7.45±1.98b	10.54±1.67a	7.9±2.02b
	茎	2.18±0.38	2.04±0.33	1.98±0.49	1.81±0.48	1.8±0.35b	1.91±0.31b	2.59±0.24a	1.71±0.14b
	叶	6.86±1.80	7.21±1.85	6.94±1.96	7.12±1.94	5.14±0.58d	6.27±0.78c	9.67±0.89a	7.05±0.68b

注：不同小写字母表示不同处理之间差异极显著（$p<0.01$），大写字母则表示差异显著（$0.01<p<0.05$）。

不同 N/P 比对南方红豆杉 N 累积量影响较小，但随着 N/P 比增加显著提高了根的 N 累积量，在 A3 水平时达到最大值，较 A1 水平高出 58.5%。较之于 N/P 比，加载量对不同器官 N 累积量影响明显。当加载量从 F1 提高到 F3 时，容器苗地上部分（茎和叶）N 累积量皆显著升高，为 F1 水平的 1.77 倍，然而当加载量继续提高至 F4 后，地上部分 N 累积量则又明显下降；容器苗地下部分（根）N 累积量也在 F3 时最高，在该水平下，根 N 累积量显著高于其他水平，为 F1 时的 1.93 倍。在 F3 水平下，根 N 累积量占整株 N 总累积量的 46.2%，表明较高控释肥加载下根是其最主要的 N 库。可见，适当提高控释肥加载量不仅有利于南方红豆杉容器苗各器官的 N 累积量，还可调控容器苗 N 库的构建（李峰卿等，2020）。

5.2.4.2.4 控释肥 N/P 比和加载量对 1 年生容器苗 P 库构建的影响

控释肥 N/P 比对南方红豆杉根系 P 含量的影响达显著水平（表 5-25），表现出在 A1 水平时根系 P 含量最高，为 1.72mg/g。地上部分（茎和叶）P 含量在不同 N/P 比处理间差异也显著，在 A1 水平时，茎 P 含量最高，为 0.91mg/g，较 A4 水平高出 42.2%。当 N/P 比从 A1 提高至 A3 时，南方红豆杉的叶 P 含量呈增加趋势，在 A3 水平时，叶 P 含量较 A1 水平提高了 84.6%，但当 N/P 比继续提高至 A4 后则又有所下降。与控释肥 N/P 比相似，控释肥加载量对南方红豆杉各器官 P 含量也有较大影响。南方红豆杉的根和茎 P 含量随着加载量的提高逐渐降低，A4 水平的 P 含量显著低于其他水平，而叶 P 含量随着加载量的增加呈先升高后降低趋势。这表明提高控释肥加载量可在一定程度上促进植株对 P 的吸收。

南方红豆杉根 P 累积量随 N/P 比的增加呈降低的趋势（表 5-25），地下部分根系及地上部分茎、叶 P 累积量在不同加载量处理间差异显著，其最大值均出现在 F3 水平。显然，随着加载量的增加，各器官 P 累积量皆显著提高，但继续提高加载量，各器官 P 积累量则下降。总体上，F3 水平的加载量即可满足南方红豆杉 1 年生容器苗 P 库构建。

表 5-25　控释肥 N/P 比及加载量对南方红豆杉 1 年生容器苗各器官 P 含量及累积量的影响

指标	器官	N/P				加载量（kg/m³）			
		A1（1.75∶1）	A2（2.25∶1）	A3（2.75∶1）	A4（3.25∶1）	F1（1.5）	F2（2.5）	F3（3.5）	F4（4.5）
P 含量（mg/g）	根	1.72±0.12a	1.53±0.16b	1.40±0.16b	1.44±0.19b	1.45±0.21b	1.51±0.14ab	1.65±0.18a	1.47±0.21b
	茎	0.91±0.13a	0.68±0.16b	0.62±0.11b	0.64±0.08b	0.79±0.14	0.72±0.19	0.73±0.18	0.62±0.12
	叶	0.65±0.13b	0.64±0.27b	1.20±0.53a	1.10±0.44a	0.91±0.59a	1.06±0.51a	1.04±0.23a	0.48±0.11b
P 累积量（g/株）	根	1.36±0.29a	1.32±0.30ab	1.09±0.27b	1.10±0.27b	0.94±0.16c	1.16±0.18b	1.59±0.20a	1.17±0.21b
	茎	0.51±0.13a	0.36±0.08b	0.32±0.10b	0.34±0.11b	0.32±0.08b	0.37±0.12b	0.51±0.14a	0.33±0.07b
	叶	0.47±0.19bc	0.86±0.41a	0.41±0.31c	0.72±0.29ab	0.48±0.32c	0.71±0.39b	0.94±0.17a	0.33±0.08c

5.3　大规格容器苗精细化培育

5.3.1　红豆树

5.3.1.1　容器规格和养分加载处理

试验地位于浙江庆元县实验林场省级保障性苗圃育苗钢构大棚内。选用苗高和地径等基本一致的 1 年生红豆树容器苗作为培育 2 年生大规格容器苗的试验用苗。育苗基质配方为 40% 泥炭+30% 谷壳+30% 黄泥（按体积比）。试验用的控释肥为美国辛普劳公司生产的爱贝施（APEX）长效控释肥，其全氮含量为 180g/kg，有效磷含量为 80g/kg，全钾含量为 80g/kg，肥效 9 个月。采用析因试验设计，设置容器规格和施肥量 2 个因素，容器设置 4 种规格（直径×高度），即 C1（C2.8）为 14cm×18cm（2.8L），C2（C3.6）为 16cm×18cm（3.6L），C3（C5.1）为 18cm×20cm（5.1L），C4（C6.3）为 20cm×20cm（6.3L）；每立方基质控释肥加载量设置 4 个水平，即 F1 为 1kg/m³，F2 为 2kg/m³，F3 为 3kg/m³，F4 为 4kg/m³。

2015 年 4 月下旬，将红豆树 1 年生容器苗移栽至大规格容器，定株量测试验植株的初始苗高和地径（分别精确至 0.1cm 和 0.01mm），平均苗高为 36.7cm，平均地径为 5.41mm。季末进行株高和地径测量，同时，各小区选取 4 株代表性苗木收获，将根、茎、叶分开，分别树种和处理重复进行根系参数扫描；再将各处理重复器官分别置于 105℃烘箱中杀青 30min，再在 68℃下烘干至质量恒重，测定各器官干重并计算其总生物量等指标。用 H_2SO_4-H_2O_2 消煮，使用凯氏定氮法和 ICP-OES（Vista-Mpx，Varian）测定 N 和 P 的浓度。

N（*NUI*）和 P（*PUI*）的养分利用指数计算公式：

$$NUI/PUI = \frac{Bio.}{\%N/P_{Leaf}}$$

式中，*Bio.* 为整株生物量（g）；$\%N/P_{Leaf}$ 是每生物量中叶片养分（N 或 P）含量百分比。

5.3.1.2 容器规格和养分加载下红豆树 2 年生苗木生长量

由图 5-7 可知，红豆树容器苗的生长量在容器规格为 C3（18cm×20cm）时较大，容

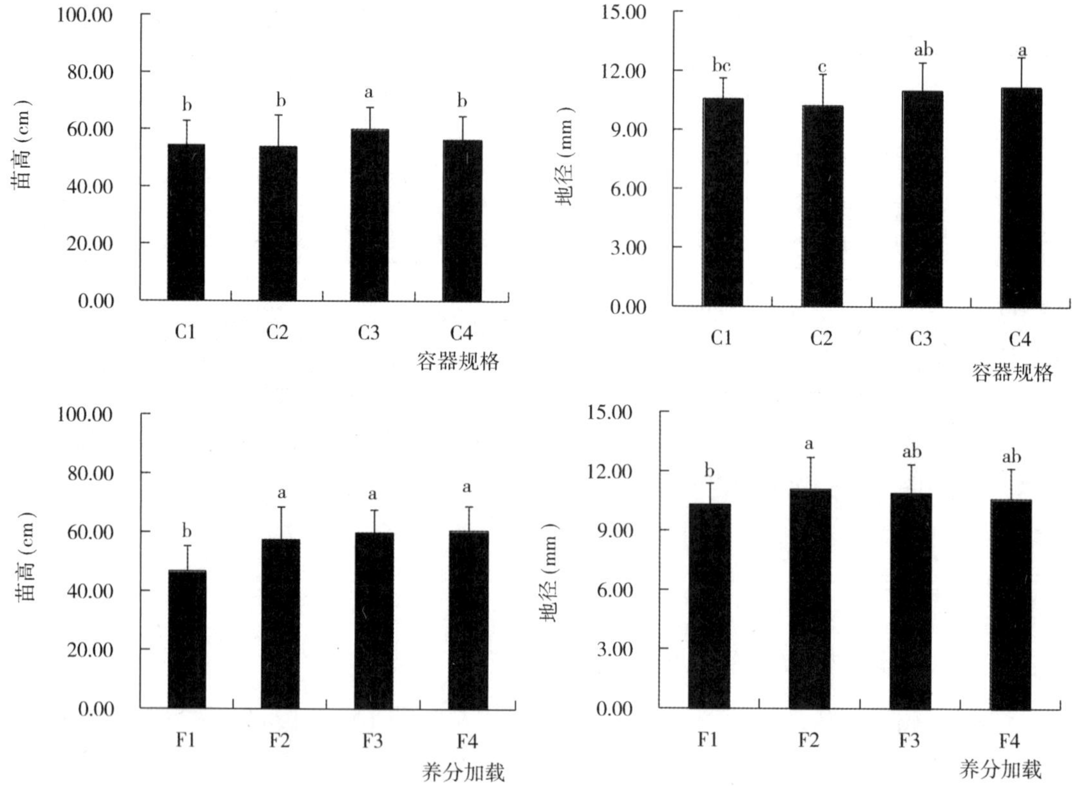

图 5-7 容器规格和养分加载对红豆树容器苗生长量的影响

注：图中字母分别表示不同容器规格及养分加载处理间比较结果，字母相同表示差异不显著，字母不同表示差异显著。

器规格增大到 C4（20cm×20cm）时，苗高和地径生长量均未显著增加。红豆树对养分的需求相对较小，容器苗苗高和地径生长量在加载量为 F2 时即较大，分别为 57.44cm 和 11.09mm，随加载量再增加，苗高并无明显变化，地径甚至呈略降低的趋势（王秀花等，2019）。

5.3.1.3 容器规格和养分加载下红豆树 2 年生容器苗生物量特征

容器规格为 C3 时（表 5-26），红豆树的生物量为 36.22g，显著大于较小容器规格的容器苗生物量，容器规格继续增大，生物量增加不明显。根冠比在容器规格间无明显差异，表明容器苗生物量分配受容器规格影响不大。与生长量类似，红豆树对养分的需求相对较小，加载量为 F2 时，生物量达最大（34.21g），显著大于加载量为 F1 时的生物量，但与加载量为 F3 和 F4 时的生物量差异皆未达到统计显著水平。随着养分加载量的增加，容器苗根冠比均表现出降低的趋势，最小加载量为 F1 时，容器苗根冠比最大，且显著大于其他较大加载量对应的根冠比，即养分的增加显著促进各树种容器苗地上部分的生长。

表 5-26 容器规格和养分加载对红豆树容器苗生物量积累及根冠比的影响

树种	容器规格	生物量（g）	根冠比	养分加载	生物量（g）	根冠比
红豆树	C1	28.53±9.24b	0.50±0.12b	F1	26.51±9.34b	0.62±0.16a
	C2	28.71±11.18b	0.52±0.11ab	F2	34.21±10.22a	0.54±0.13b
	C3	36.22±9.36a	0.55±0.15ab	F3	33.38±10.35a	0.48±0.08c
	C4	34.64±11.78a	0.58±0.16a	F4	33.80±11.98a	0.49±0.08c
	F 值	6.974**	2.539	F 值	5.434**	12.748**

注：* 表示处理间差异达显著水平，** 表示处理间差异达极显著水平；字母分别表示不同容器规格及养分加载处理间比较结果，字母相同表示处理间差异不显著，字母不同表示差异显著。

5.3.1.4 容器规格和养分加载下红豆树 2 年生容器苗根系发育特征

除根系平均直径外，红豆树容器苗其他根系指标显著受容器大小影响，随着容器的增大而增大（图 5-8）。红豆树根系在容器规格为 C3 时发育较好，容器继续增大，其根系相应指标无显著变化。红豆树根系随加载量的增加而变长、变细，加载量为 F4 时根系总长 1440.51cm，显著大于加载量为 F1 和 F2 时，其根系平均直径则随加载量的增加呈减小趋势，根系体积随加载量的增加呈先增大再减小趋势，当加载量为 F2 时，根系体积最大，达 8.28cm³，显著大于其他加载量处理值，而其根系表面积随加载量的变化未表现出明显增减。

5.3.1.5 容器规格和养分加载下红豆树 2 年生容器苗养分吸收利用

红豆树容器苗的 *NUI* 随施肥水平的增加而增加，*PUI* 在 F2 处理中最高。容器类型对红豆树容器苗的 *NUI* 和 *PUI* 无显著影响。施肥量和容器类型的交互效应不影响红豆树容器苗 N 和 P 养分利用指数（表 5-27）。

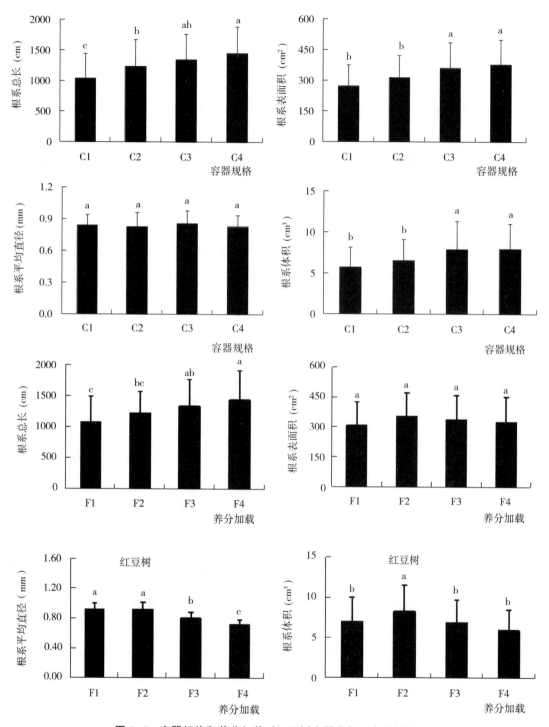

图5-8 容器规格和养分加载对红豆树容器苗根系发育的影响

表 5-27　容器规格和养分加载对红豆树容器苗养分利用效率的影响

处理	红豆树	
养分加载（F）	— NUI —	— PUI —
F1	9.8±2.6b	76.6±22.9
F2	12.6±2.5ab	123.0±36.6
F3	13.0±2.5a	91.9±28.7
F4	13.1±3.3a	83.1±21.9
容器规格（C）		
C2.8	10.5±2.2	90.6±31.2
C3.6	10.7±2.9	76.3±26.6
C5.1	13.3±2.2	113.5±34.0
C6.3	13.9±3.2	94.3±28.8
ANOVA		
F	0.0207	0.0065
C	0.1032	0.0604
F×C	0.8760	0.9584

注：不同字母表示在 0.05 水平差异显著。

5.3.1.6　红豆树 2 年生容器苗容器规格和养分加载方案优选

基于红豆树容器苗生长指标算出隶属函数均值（表 5-28），容器苗生长性状优良度排名前 3 对应的容器规格和养分加载分别为 C3F2、C4F2 和 C4F3。结合成本和生长，红豆树优质容器苗培育适宜的容器规格和养分加载处理为 C3F2。

表 5-28　各处理下红豆树容器苗生长及根系发育指标隶属函数均值比较

处理		隶属函数均值	排名
养分加载	容器规格		
F1	C1	0.255	15
F1	C2	0.013	16
F1	C3	0.638	7
F1	C4	0.599	9
F2	C1	0.327	14
F2	C2	0.612	8
F2	C3	0.913	1
F2	C4	0.806	2
F3	C1	0.478	12
F3	C2	0.680	6
F3	C3	0.582	10
F3	C4	0.756	3

处理		隶属函数均值	排名
养分加载	容器规格		
F4	C1	0.430	13
F4	C2	0.517	11
F4	C3	0.702	5
F4	C4	0.731	4

5.3.2 浙江楠

5.3.2.1 基质配比和缓释肥加载处理

试验地位于浙江庆元县实验林场省级保障性苗圃育苗钢构大棚内。试验材料为该基地于 2012 年培育的浙江楠 1 年生轻基质容器苗，长势一致，平均苗高 30cm，平均地径 5.0mm。2013 年 3 月底，将该批苗木移栽于大规格无纺布容器袋（规格为直径×高 = 15cm× 15cm），培育 2 年生容器苗。育苗基质为按一定体积比例混匀的泥炭、谷壳和黄泥（加黄泥为防止苗木风倒）；缓释肥为美国生产的爱贝施（APEX）长效缓释肥（全氮含量为 180g/kg，有效磷含量为 80g/kg，全钾含量为 80g/kg，肥效 9 个月）。研究设置 2 种育苗基质体积配比、3 种缓释肥加载量，基质配比为 45%泥炭+40%谷壳+15%黄泥（S1）和 35% 泥炭+40%谷壳+25%黄泥（S2）；缓释肥加载量为每立方米基质中分别加施 1.5kg（N、P 和 K 添加量分别为 270g、120g、120g）（F1）、2.5kg（N、P 和 K 添加量分别为 450g、200g、200g）（F2）和 3.5kg（N、P 和 K 添加量分别为 630g、280g、280g）（F3）的缓释肥。采用析因试验设计，基质配比和缓释肥加载量 2 个因素共 6 个处理，重复 3 次。

2013 年 11 月下旬，测量各处理 2 年生容器苗生长量并进行收获，各处理随机选取 10 株代表苗木，将根、茎、叶分开，用 WinRHIZO STD 1600 + 型根系图像分析系统（加拿大 REGENT 公司）测定根系长度、根表面积及根体积等参数，然后各器官经 105℃ 杀青 30min，再在 80℃下烘干至质量恒重，测定其干物质量。称取各部位干样，采用 H_2SO_4–H_2O_2 法进行消煮，凯氏定氮仪测定 N 含量，钼锑抗比色法测定 P 含量。

5.3.2.2 基质配比及缓释肥加载量对浙江楠 2 年生容器苗生长影响

不同处理浙江楠 2 年生容器苗生长和根系发育指标方差分析表明（表 5–29），基质配比间浙江楠生长及根系发育差异不明显；缓释肥加载量间浙江楠苗高、地径生长的影响也不显著，但其间整株干物质量和根系总长、根表面积、根体积等根系参数的差异均极显著。

比较各加载量下整株干物质量发现，F2（2.5kg/m³）的加载量苗木干物质量最大；各项根系参数值随着加载量的提高均上升，当施肥量为 F3（3.5kg/m³）时，根系总长、根表面积和根体积分别比 F1（1.5kg/m³）时高 30.8%、25.2%和 19.8%，表明适当提高缓释肥加载量可促进该容器苗根系发育。而其根冠比在不同基质配比和缓释肥加载量间差异均不显著。

表5-29 基质配比及缓释肥加载量对浙江楠容器苗生长发育的影响

处理		苗高 （cm）	地径 （mm）	整株干质量 （g）	根冠比	根系总长 （cm）	根表面积 （cm²）	根体积 （cm³）
基质 配比 （S）	S1	89.62±11.53a	10.46±1.08a	52.58±8.14a	0.35±0.12a	2487.6±621.1a	722.07±173.10a	17.28±4.30a
	S2	86.02±11.34a	10.36±1.22a	50.83±10.19a	0.37±0.13a	2308.1±758.6a	698.08±212.60a	17.56±5.32a
	p值	0.682	0.145	0.170	0.221	0.172	0.157	0.107
施肥 水平 （F）	F1	88.30±12.60a	10.14±1.27a	48.47±8.93b	0.34±0.14a	2073.2±620.4c	624.67±167.8b	15.53±4.03b
	F2	88.94±10.63a	10.59±1.17a	54.28±10.58a	0.35±0.12a	2409.14±686.0b	723.74±198.2a	18.12±5.24a
	F3	86.23±11.36a	10.49±0.96a	52.38±7.05a	0.37±0.12a	2711.1±642.9a	781.83±183.5a	18.61±4.62a
	p值	0.489	0.122	0006**	0.497	<0.0001**	<0.0001**	0.003**

注：表中同列中的相同字母表示差异不显著，不同字母表示差异显著（p<0.05），下同。

根据两因素方差分析可知，缓释肥加载量对容器苗生长效应显著，而基质配比及其与缓释肥加载量的交互效应对浙江楠2年生容器苗生长和根系发育的影响均不明显（表5-30）。

表5-30 两因素交互作用对浙江楠容器苗生长发育影响的方差分析（F值）

变异来源	自由度	苗高	地径	整株干质量	根冠比	根系总长	根表面积	根体积
S	1	3.53	0.23	1.39	0.64	2.78	0.61	0.13
F	2	0.73	2.12	5.32**	0.68	11.73**	8.93**	6.04**
S×F	2	0.52	0.83	2.12	0.02	1.13	0.67	1.02
机误	138	132.20	1.31	78.99	0.02	416882.73	33947.44	21.81

注：* 和 ** 分别为0.05和0.01显著水平。

组合间浙江楠容器苗生长差异情况与前述缓释肥加载量效应基本一致，即主要体现在整株干物质量和根系发育上（表5-31）。较高缓释肥加载量组合下，积累的干物质较多，组合S1F2的整株干物质量最重（56.48g），其次为S1F3（54.05g）、S2F2（52.07g）。此外，缓释肥加载量较高的组合（组合S1F2、S1F3、S2F2和S2F3）根系发育也较好。以上表明，干物质积累和根系发育受缓释肥影响较基质大，适当提高加载量可促进苗木生长。

表5-31 处理组合间浙江楠容器苗生长发育的差异分析

变异来源		苗高（cm）	地径（mm）	整株干质量（g）	根冠比	根系总长（cm）	根表面积（cm²）	根体积（cm³）
基质 配比 （S） × 施肥 水平 （F）	S1F1	88.73±14.3ab	10.06±1.23b	47.21±7.88c	0.34±0.14a	2263.7±648.8b	661.7±174.9bc	15.90±4.24bc
	S1F2	91.22±8.6a	10.81±0.90a	56.48±7.41a	0.35±0.10a	2495.8±486.6ab	720.9±121.8ab	17.21±2.79abc
	S1F3	88.91±11.3ab	10.50±1.01ab	54.05±6.27ab	0.36±0.12a	2703.2±657.6a	783.6±198.3a	18.74±5.20ab
	S2F1	87.86±11.0ab	10.22±1.34ab	49.73±9.89bc	0.35±0.14a	1882.7±538.4c	587.6±155.1c	15.20±3.87c
	S2F2	86.65±12.1ab	10.38±1.37ab	52.07±12.79abc	0.36±0.14a	2322.5±842.2ab	726.6±255.7ab	19.04±6.82a
	S2F3	83.55±10.96b	10.49±0.94ab	50.70±7.50bc	0.39±0.12a	2719.1±641.9a	780.1±171.7a	18.48±4.07ab
	p值	0.311	0.300	0.008**	0.842	<0.0001**	0.002**	0.018*

5.3.2.3 基质配比及缓释肥加载量对浙江楠 2 年生容器苗 N 养分影响

基质配比对各器官 N 浓度效应不明显，但其对 N 含量效应显著，S2 基质的容器苗叶片 N 含量较高，即随黄泥比例的适当提高叶片 N 含量增加（表 5-32）。缓释肥加载量对各器官 N 浓度和 N 含量的影响均显著，根系 N 浓度和 N 含量、叶片 N 浓度和整株 N 含量均随加载量的提高而增加；叶片 N 含量在缓释肥量为 2.5kg/m³ 时显著高于其他加载量。

表 5-32　基质配比及缓释肥加载量对浙江楠容器苗 N 浓度和 N 含量的影响

变异来源		N 浓度（mg/g）				N 含量（mg/株）			
		根	茎	叶	整株	根	茎	叶	整株
基质配比（S）	S1	27.56±2.58	8.83±1.60	19.37±1.31	18.19±1.71	359.98±48.63	200.85±29.62	321.97±38.00b	882.81±77.71
	S2	27.75±2.69	9.46±1.76	19.22±1.28	18.38±1.48	393.86±33.77	183.59±35.50	336.33±20.11a	913.78±52.86
	p 值	0.724	0.502	0.963	0.516	0.738	0.521	0.018*	0.159
施肥水平（F）	F1	25.66±2.70b	10.17±1.52a	18.77±1.07b	18.87±1.62a	319.15±29.33b	212.22±31.83a	293.72±16.43c	825.09±50.77b
	F2	28.45±2.56a	7.72±0.96b	19.43±1.05ab	17.40±0.83b	396.50±33.71a	171.25±23.24b	353.35±25.01a	921.09±58.97a
	F3	28.85±1.59a	9.55±1.53a	19.69±1.55a	18.59±1.80a	398.18±22.61a	201.82±27.59a	333.21±26.08b	933.21±49.22a
	p 值	<0.000**	<0.000**	0.062	0.006**	<0.000**	<0.000**	<0.000**	<0.000**

浙江楠 2 年生容器苗 N 养分状况对基质配比变化响应不明显，而其缓释肥效应极显著，浙江楠整株 N 浓度、N 含量和叶片 N 含量存在明显的基质和缓释肥交互效应（表 5-33）。

表 5-33　两因素交互效应对浙江楠容器苗 N 浓度和 N 含量影响的方差分析（F 值）

变异来源	自由度	N 浓度（mg/g）				N 含量（mg/株）			
		根	茎	叶	整株	根	茎	叶	整株
S	1	0.10	3.54	0.23	0.54	0.33	0.03	1.38	0.93
F	2	11.58**	19.33**	2.89	11.72**	50.66**	12.01**	40.03**	30.23**
S×F	2	0.06	2.65	0.91	32.87**	2.44	2.09	4.89*	7.23**
机误	54	5.22	1.68	1.58	1.03	804.97	755.46	459.59	2321.46

两种基质对应的不同组合下，容器苗茎、叶的 N 浓度差异较小，而根系的 N 浓度均随缓释肥加载量的提高而增大（图 5-9A）。整株 N 浓度在两种基质的不同组合间表现不一致，S1 基质的整株 N 浓度最大值出现在 F1 水平，S2 基质则出现在 F3 水平。图 5-9B 显示，S1 基质下加载量为 F2 时，根、叶和整株 N 含量均达到最高值；S2 基质下根系和整株 N 含量随加载量提高明显递增，茎和叶含量变化不明显。S1 和 S2 基质的整株 N 含量差异并不显著。

综合比较，缓释肥加载量是决定浙江楠 2 年生容器苗 N 吸收的关键，基质中黄泥和泥炭配比对其影响不大。加载量为 3.5kg/m³ 时可较好地满足其对 N 的需求。根据基质中控释肥加载量、控释肥 N 含量和容器袋所能容纳的基质体积，对其 N 施用量不应低于 1850mg/株。

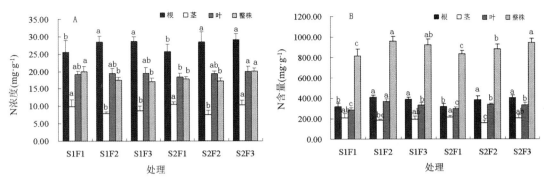

图 5-9 不同处理组合浙江楠容器苗根、茎、叶及整株 N 浓度及 N 含量

注：图中每个系列中小写字母相同表示差异不显著，小写字母不同表示差异显著。

5.3.2.4 基质配比及缓释肥加载量对浙江楠2年生容器苗P养分影响

基质配比对容器苗各器官和整株 P 浓度影响不显著，而对根系、叶片 P 含量影响显著，S1 基质根系、叶片 P 含量较高，可能与其泥炭比例较高有关（表 5-34）。缓释肥加载量对容器苗 P 浓度和 P 含量的影响均显著。根、茎、叶及整株 P 浓度在 F1 加载量时较高；同时，除根系在加载量为 F2 时 P 含量最高外，茎、叶及整株 P 含量均在加载量为 F1 时最大，可能浙江楠对 P 的需求量较低。

表 5-34 基质配比及缓释肥加载量对浙江楠容器苗 P 浓度和 P 含量的影响

变异来源		P 浓度（mg/g）				P 含量（mg/株）			
		根	茎	叶	整株	根	茎	叶	整株
基质配比（S）	S1	2.24 ±0.43	1.01 ±0.25	1.38 ±0.19	1.44 ±0.23	28.85 ±5.61a	21.84 ±5.14	23.84 ±2.69a	74.53 ±9.28
	S2	1.84 ±0.27	1.00 ±0.30	1.33 ±0.16	1.35 ±0.18	24.80 ±3.52b	20.95 ±6.42	22.32 ±2.57b	68.08 ±7.89
	p 值	0.055	0.279	0.258	0.190	0.024 *	0.187	0.030 *	0.551
施肥水平（F）	F1	2.16 ±0.37a	1.26 ±0.22a	1.52 ±0.13a	1.61 ±0.13a	26.56 ±3.82ab	26.69 ±4.78a	24.45 ±1.87a	77.71 ±5.39a
	F2	2.13 ±0.40a	0.82 ±0.20b	1.27 ±0.13b	1.30 ±0.13b	29.09 ±5.54a	18.28 ±4.43b	23.18 ±3.00ab	70.54 ±9.15b
	F3	1.84 ±0.39b	0.93 ±0.20b	1.27 ±0.15b	1.26 ±0.16b	24.83 ±5.00b	19.22 ±4.08b	21.61 ±2.49b	65.65 ±8.31b
	p 值	0.021 *	<0.000 **	<0.000 **	<0.000 **	0.025 *	<0.000 **	0.003 **	<0.000 **

两因素方差分析表明（表 5-35），基质配比对浙江楠容器苗根、整株 P 浓度和根、叶、整株 P 含量影响显著；缓释肥加载量对容器苗 P 养分的各项测定指标影响均显著；且两者存在一定的交互效应，其对叶和整株 P 含量的互作效应显著。

表 5-35　两因素交互作用下浙江楠容器苗 P 浓度和 P 含量的方差分析（F 值）

变异来源	自由度	P 浓度（mg/g）				P 含量（mg/株）			
		根	茎	叶	整株	根	茎	叶	整株
S	1	20.84**	0.10	1.81	7.20**	12.40**	0.63	6.66*	13.79**
F	2	5.51**	24.99**	23.88**	43.92**	4.63*	22.65**	7.81**	16.22**
S×F	2	0.40	2.28	2.04	2.24	0.39	2.58	3.84*	4.21*
机误	54	0.11	0.04	0.02	0.02	19.85	18.79	5.19	45.32

由图 5-10A 所示浙江楠容器苗 P 浓度可知，在 S1 和 S2 基质下，各部位 P 浓度尤其是根系 P 浓度随缓释肥加载量的提高明显下降，且在基质间差异显著，S1 基质的根系 P 浓度显著高于 S2。可见，浙江楠容器苗根系对 P 的吸收不仅受缓释肥的影响较为显著，而且受基质配比变化的影响亦较明显。S1 和 S2 基质下各组合整株 P 含量亦随缓释肥加载量的提高而下降（图 5-10B），最大 P 含量均出现在 F1 水平，与 P 浓度的变化基本一致，即提高缓释肥加载量对其 P 吸收起到抑制作用。产生这种情况的原因可能为 1.5kg/m³ 缓释肥量已满足浙江楠 2 年生容器苗对 P 的需求。泥炭比例为 45%（S1）时的容器苗 P 含量显著高于泥炭比例为 35%（S2）时，而后者的黄泥比例较前者高出 10%，可能在黄泥中的 P 更容易被固定，导致基质有效 P 的降低。同施 N 量类似，根据基质中控释肥加载量、控释肥 P 含量和容器袋所能容纳的基质体积，浙江楠 2 年生容器苗最佳有效磷施用量不应高于 350mg/株。

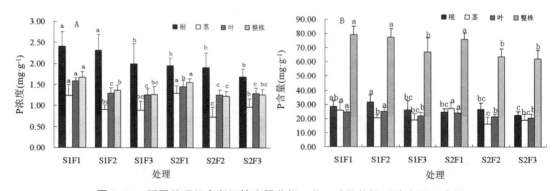

图 5-10　不同处理组合浙江楠容器苗根、茎、叶及整株 P 浓度及 P 含量

注：图中每个系列中小写字母相同表示差异不显著，小写字母不同表示差异显著。

5.3.3　赤皮青冈

5.3.3.1　容器规格和养分加载处理

试验地位于浙江庆元县实验林场省级保障性苗圃育苗钢构大棚内。选用苗高和地径等基本一致的 1 年生赤皮青冈容器苗作为培育 2 年生大规格容器苗的试验用苗。育苗基质配方为 40%泥炭+30%谷壳+30%黄泥（按体积比）。试验用的控释肥为美国辛普劳公司生产的爱贝施（APEX）长效控释肥，其全氮含量为 180g/kg，有效磷含量为 80g/kg，全钾含量为 80g/kg，肥效 9 个月。采用析因试验设计，设置容器规格和施肥量 2 个因素，容器设置 4 种规格（直径×高度），即 C1（C2.8）为 14cm×18cm（2.8L），C2（C3.6）为 16cm×18cm（3.6L），C3（C5.1）为 18cm×20cm（5.1L），C4（C6.3）为 20cm×20cm（6.3L）；基质控释肥加载量设置 4 个水平，即 F1 为 1kg/m³，F2 为 2kg/m³，F3 为 3kg/m³，F4 为 4kg/m³。

2015 年 4 月下旬，将赤皮青冈 1 年生容器苗移栽至大规格容器，定株量测试验植株的初始苗高和地径（分别精确至 0.1cm 和 0.01mm），赤皮青冈容器苗平均苗高为 29.7cm，平均地径为 4.20cm。其他处理及计算同前述第三节红豆树容器规格和养分加载处理。

5.3.3.2 容器规格和养分加载下赤皮青冈 2 年生苗木生长量

由图 5-11 可知，赤皮青冈容器苗的生长显著受容器规格的影响，总体上苗高和地径生长随容器规格变大而增加，容器规格增大到 C4（20cm×20cm）时，赤皮青冈容器苗苗高（82.77cm）显著高于 C1~C3，地径相比 C3 未显著增加，但显著高于 C1 和 C2。赤皮青冈对养分的需求相对较小，容器苗苗高和地径生长量在加载量为 F2 时较大，分别为 83.19cm 和 9.72mm，随着加载量再增加，苗高并无明显变化，地径甚至呈略降低的趋势。

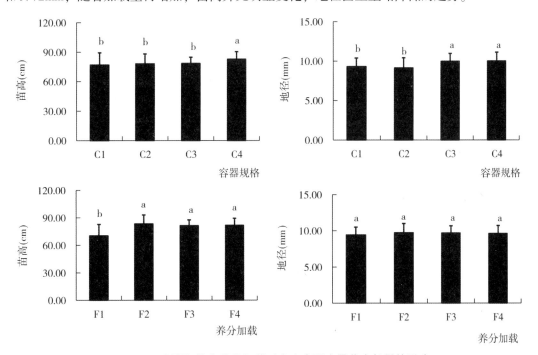

图 5-11　容器规格和养分加载对赤皮青冈容器苗生长量的影响

注：图中字母分别表示不同容器规格及养分加载处理间比较结果，字母相同表示差异不显著，字母不同表示差异显著。

5.3.3.3 容器规格和养分加载下赤皮青冈 2 年生容器苗生物量特征

容器规格为 C3 时（表 5-36），赤皮青冈的生物量为 36.83g，显著大于较小容器规格的容器苗生物量，容器规格继续增大至 C4，生物量增加但差异不显著。根冠比在容器规格间无明显差异，表明容器苗生物量分配受容器规格影响不大。与生长量类似，赤皮青冈对养分的需求相对较小，加载量为 F2 时，生物量均达最大（37.28g），均显著大于加载量为 F1 时的生物量，但与加载量为 F3 和 F4 时的生物量差异皆未达到统计显著水平。随着养分加载量的增加，容器苗根冠比均表现出降低的趋势，最小加载量为 F1 时，容器苗根冠比最大，且显著大于其他较大加载量对应的根冠比，即养分的增加显著促进各树种容器苗地上部分的生长。

表 5-36　容器规格和养分加载对赤皮青冈容器苗生物量积累及根冠比的影响

树种	容器规格	生物量（g）	根冠比	养分加载	生物量（g）	根冠比
赤皮青冈	C1	30.92±7.29b	0.37±0.12a	F1	31.82±7.28b	0.45±0.13a
	C2	31.63±9.04b	0.33±0.10a	F2	37.28±8.42a	0.36±0.10b
	C3	36.83±7.82a	0.35±0.11a	F3	34.96±9.72a	0.31±0.09c
	C4	39.23±9.02a	0.35±0.13a	F4	34.56±9.67a	0.30±0.07c
	F 值	11.251**	1.256	F 值	3.089*	22.626**

注：* 表示处理间差异达显著水平，** 表示处理间差异达极显著水平；字母分别表示各树种不同容器规格及养分加载处理间比较结果，字母相同表示处理间差异不显著，字母不同表示差异显著。

5.3.3.4　容器规格和养分加载下赤皮青冈 2 年生容器苗根系发育特征

除根系平均直径外（图 5-12），赤皮青冈容器苗根系指标值受容器规格影响显著，均在容器规格为 C4 时较大。赤皮青冈容器苗根系发育受养分加载量的影响均不显著。

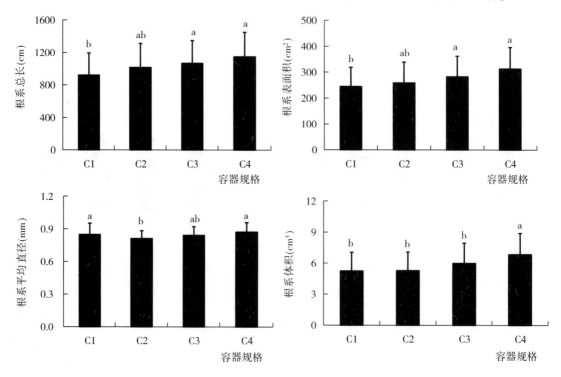

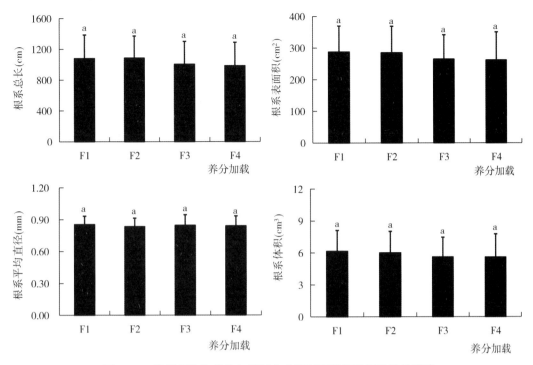

图 5-12 容器规格和养分加载对赤皮青冈容器苗根系发育的影响

5.3.3.5 容器规格和养分加载下赤皮青冈 2 年生容器苗养分吸收利用

施肥处理和容器类型对赤皮青冈容器苗的 *NUI* 和 *PUI* 均无显著影响，但赤皮青冈容器苗 P 利用指数表现出随容器容积增大而增大的趋势。两因素的交互效应对赤皮青冈容器苗 N 和 P 养分利用指数同样无显著影响（表 5-37）。

表 5-37 容器规格和养分加载对赤皮青冈容器苗养分利用效率的影响

处理	赤皮青冈	
养分加载（F）	— *NUI* —	— *PUI* —
F1	10.7±1.9	312.4±48.3
F2	11.7±2.0	351.2±55.9
F3	11.0±2.3	292.4±72.0
F4	11.0±2.1	293.0±57.2
容器规格（C）		
C2.8	9.7±1.6b	275.8±46.8
C3.6	10.12±1.7ab	280.5±47.0
C5.1	11.9±1.6ab	333.6±56.4
C6.3	12.5±2.3a	359.1±63.43
ANOVA		
F	0.6866	0.0781
C	0.0078	0.0039
F×C	0.6478	0.8199

注：不同字母表示在 0.05 水平差异显著。

5.3.3.6 珍贵树种2年生容器苗容器规格和养分加载方案优选

基于赤皮青冈容器苗生长指标计算隶属函数均值（表5-38），容器苗生长性状优良度排名前3对应的容器规格和养分加载分别为C4F4、C4F2和C4F3。结合成本和生长，推荐赤皮青冈优质容器苗培育适宜的容器规格和养分加载处理为C4F2。

表5-38　各处理下赤皮青冈容器苗生长及根系发育指标隶属函数均值比较

处理		隶属函数均值	排名
养分加载	容器规格		
F1	C1	0.401	12
F1	C2	0.250	15
F1	C3	0.777	4
F1	C4	0.612	8
F2	C1	0.550	9
F2	C2	0.494	10
F2	C3	0.726	5
F2	C4	0.904	2
F3	C1	0.411	11
F3	C2	0.641	7
F3	C3	0.401	13
F3	C4	0.783	3
F4	C1	0.172	16
F4	C2	0.346	14
F4	C3	0.696	6
F4	C4	0.940	1

5.3.4 南方红豆杉

5.3.4.1 优质容器育苗基质筛选

5.3.4.1.1 轻基质配比处理

南方红豆杉容器苗基质选配试验在浙江庆元县实验林场钢构自控荫棚内进行。试验材料为该实验林场于2014年培育的南方红豆杉1年生轻基质容器苗，其平均苗高和地径分别为25cm和3.0mm。2015年3月底，将该批苗木移栽于15cm×20cm规格的无纺布美植袋中，培育2年生容器苗。育苗基质为按一定比例混匀的泥炭、谷壳和黄心土，其中泥炭为东北泥炭，其全氮14.2g/kg，全磷0.7g/kg，全钾2.7g/kg，纤维含量200g/kg，pH值6.0，粗灰分158g/kg，有机质720.9g/kg，总腐殖酸381.8g/kg，干密度0.3kg/m³；黄心土为庆元县林地黄泥，其全氮、磷和钾含量分别为1.683g/kg、0.251g/kg和5.373g/kg，有机质含量为54.475g/kg。基质中添加的控释肥为美国生产的爱贝施（APEX）长效控释肥（全氮含量为 180g/kg，有效磷含量为 80g/kg，全钾含量为 80g/kg，肥效 9 个月）。苗木移栽当天浇透水，生长期间，雨天注意容器排水，其他天气每天早晚喷雾 10~15min，保证容器基质湿润；夏季高温时段棚顶覆 70% 透光率的遮阳网；整个生长季注意圃地和容器内除草；交替使用波尔多液、多菌灵、百菌清和甲基硫菌灵预防病虫害，10~15d 喷洒 1 次。

研究设置 2 种育苗基质配比，分别为 45% 泥炭+40% 谷壳+15% 黄心土（S1）和 35% 泥炭+40% 谷壳+25% 黄心土（S2）；控释肥加载量为每立方米基质中均匀混入 3.5kg。按单因素完全随机区组试验设计，2 个处理，重复 3 次。2015 年 11 月，测量各处理 2 年生容器苗生长量并进行全株收获，各处理每重复随机选取 4 株代表苗木，将根、茎、叶分开，用 WinRHIZO STD 1600+型根系图像分析系统测定根系长度、根表面积及根体积等参数，然后各器官经 105℃ 杀青 30min，再在 80℃ 下烘干至质量恒重，测定其干物质量。称取各部位干样，采用 $H_2SO_4-H_2O_2$ 法进行消煮，凯氏定氮仪测定 N 含量，钼锑抗比色法测定 P 含量。

5.3.4.1.2 基质配比对南方红豆杉 2 年生容器苗生长及生物量的影响

基质配比对南方红豆杉 2 年生容器苗苗高生长影响显著，对其地径影响不明显（表 5-39）。南方红豆杉在 S2 基质下长势较好，该基质条件下，其苗高生长量为 67.94cm，显著优于 S1 基质。两种基质下，南方红豆杉单株及根、茎和叶生物量差异显著，均在 S2 基质下具有较高的生物量，分别为 29.70g、8.47g、11.57g 和 9.66g，均高出其在 S1 基质下相应指标值的 25% 以上。因此，S2 基质（泥炭比例为 35%）较 S1 基质（泥炭比例为 45%）更有利于南方红豆杉容器苗生长。而所选基质配比对南方红豆杉 2 年生容器苗根冠比的影响均不显著，表明此两种基质配比尚未影响其容器苗地上和地下部分生物量分配。

表 5-39　基质配比对南方红豆杉 2 年生容器苗生长和生物量的影响

基质	苗高（cm）	地径（mm）	根生物量（g）	茎生物量（g）	叶生物量（g）	单株生物量（g）	根冠比
S1	60.52±12.70b	7.51±1.54	6.49±2.82b	8.88±4.05b	7.59±3.14b	22.96±8.29b	0.39±0.11
S2	67.94±5.29a	7.76±0.89	8.47±2.66a	11.57±4.43a	9.66±3.30a	29.70±8.67a	0.40±0.13
p 值	0.01*	0.481	0.02*	0.03*	0.03*	0.01*	0.61

注：表中相同树种同列中不同字母表示差异显著（$p < 0.05$），下同。

5.3.4.1.3 基质配比对南方红豆杉 2 年生容器苗根系发育的影响

由表 5-40 可知，南方红豆杉根系发育指标受基质配比影响较明显，S2 基质下南方红豆杉根系总长、根表面积、根体积及根系平均直径分别达 3127.90cm、1142.11cm²、33.48cm³ 和 5.21mm，显著大于其在 S1 基质下各对应值，较 S1 基质对应指标值 34.59%、40.26%、41.96% 和 45.63%。可见，基质配比中泥炭等比例的多少显著影响南方红豆杉 2 年生容器苗的根系发育，南方红豆杉更适于泥炭含量较低的基质，即透气性较好的基质（李军等，2017）。

表 5-40　基质配比对南方红豆杉 2 年生容器苗根系的影响

基质	根系总长（cm）	根表面积（cm²）	平均直径（mm）	根体积（cm³）
S1	2324.08±1111.07b	814.28±367.66b	3.67±1.45b	22.99±9.92b
S2	3127.90±950.51a	1142.11±328.73a	5.21±1.43a	33.48±9.35a
p 值	0.01*	0.002**	0.001**	<0.001**

5.3.4.1.4　基质配比对南方红豆杉 2 年生容器苗 N、P 吸收的影响

从 N 素含量和积累量来看（图 5-13），基质间南方红豆杉各部位及整株 N 含量差异不显著；而南方红豆杉根、茎、叶及整株 N 积累量在 S2 基质时均显著高于 S1 基质，分别较 S1 基质下对应值高 21.04%、17.65%、31.75% 和 26.24%。因此，基质配比明显影响南方红豆杉 N 吸收，表现为 S2 基质下 N 吸收量高。

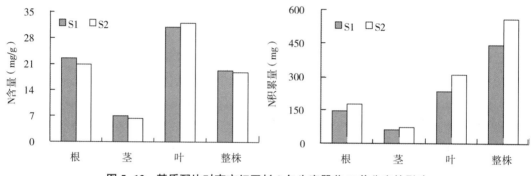

图 5-13　基质配比对南方红豆杉 2 年生容器苗 N 养分库的影响

从 P 含量和积累量来看（图 5-14），与 N 含量类似，基质间南方红豆杉各部位及整株 P 含量差异不显著；南方红豆杉根、叶和整株 P 积累量也在 S2 基质下出现较高值，分别达 16.98mg、19.72mg 和 42.81mg，显著高出 S1 基质各对应积累量，分别较其提高 5.54mg、5.07mg 和 10.83mg。可见，育苗基质配比显著影响南方红豆杉容器苗 P 吸收，S2 基质能较好地促进南方红豆杉 P 积累。

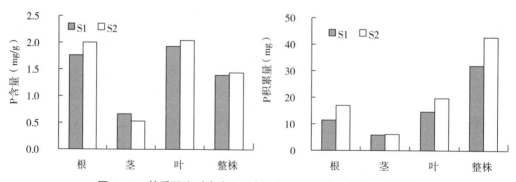

图 5-14　基质配比对南方红豆杉 2 年生容器苗 P 养分库的影响

5.3.4.1.5　优质容器育苗基质

基质选配明显影响南方红豆杉2年生容器苗的生长。S2基质泥炭比例相对较低(35%)，较适宜于南方红豆杉等对水分要求高但又怕水湿的树种生长。而且南方红豆杉根系生长在两基质配比间表现出较大的差异，其根系也在S2基质下生长较好，因南方红豆杉为肉质根系，S2基质泥炭比例较低，则S2持水量相对较少，其透气性相对较强，更适宜肉质根系植物生长。另外，基质选配对南方红豆杉2年生容器苗根冠比的影响不显著，表明所选基质及配比具有良好的水、肥、气和热等条件，并未影响苗木地上和地下部分的生物量分配。据此，在不影响容器苗质量的前提下，选配基质应尽可能降低成本。

增加苗木养分含量将会有效提高其造林成活率及早期生长。研究中南方红豆杉2年生容器苗养分吸收的基质效应不同。S1基质中较高含量的泥炭及较低比例的黄心土使得基质P含量较高，促进了容器苗根系对P的吸收；相反，S2基质泥炭比例降低和黄心土比例升高，使得基质中N养分含量降低。南方红豆杉容器苗对N和P吸收的基质效应显著，其N和P的含量均在S2基质下显著较S1基质高。可见，基质的养分状况直接影响南方红豆杉容器苗对N、P等养分的吸收。综合生长和养分吸收，南方红豆杉较适合于S2基质(35%泥炭+40%谷壳+25%黄心土)。

5.3.4.2　优质容器育苗控释肥加载量确定

5.3.4.2.1　控释肥加载处理

南方红豆杉容器苗控释肥试验在浙江庆元县实验林场钢构自控荫棚内进行。试验材料为庆元县实验林场培育的优质1年生南方红豆杉轻基质容器苗，所选用的1年生容器苗长势均一，苗高、地径控制在一个水平，且苗木根系经空气切根，根系状况也基本一致，其平均苗高和地径分别为20cm和3.0mm。无纺布容器袋规格为15cm×15cm，长效控释肥选用美国爱贝施(APEX)(全氮含量为180g/kg，有效磷含量为80g/kg，全钾含量为80g/kg，肥效9个月)。采用基质配方为35%泥炭+40%谷壳+25%黄泥(按体积比)，其中泥炭、谷壳和黄泥中N、P养分含量低，对不同控释肥加载量处理影响很小。研究设置3种控释肥加载量，试验前按每立方米基质中分别加施1.5kg(F1)、2.5kg(F2)和3.5kg(F3)的控释肥进行基质与控释肥混合，搅拌均匀后用于苗木的培育。采用完全随机区组试验设计，3次重复。2013年3月，当培育的1年生容器苗长到一定大小后及时将其移栽至15cm×15cm的大规格无纺布容器袋中。移栽初期置于遮阳网下，及时浇水，并长期保持基质湿润、大棚通风，保证苗木水分和氧含量供应充足。培育过程中其他措施同常规容器育苗。

2013年11月下旬，测量各试验处理容器苗的苗高和地径，每试验小区随机选取10株生长正常的容器苗。用WinRHIZO STD 1600+型根系图像分析系统测定苗木的根系长度、根表面积及根体积等根系形态参数。然后将容器苗分根、茎和叶3部分，经105℃杀青30min，再在80℃下烘干至质量恒重，测定各部位的干物质量。利用$H_2SO_4-H_2O_2$消煮法对称取的样品进行消煮，然后用凯氏定氮法测定其N含量，钼锑抗比色法测定其P含量。

5.3.4.2.2 控释肥加载对南方红豆杉2年生容器苗生长及生物量的影响

容器苗生长和根系发育单因素方差分析结果显示（表5-41），F1控释肥水平即能满足南方红豆杉地上部分良好生长。根表面积、根体积和根系总长均在F3水平下达到最大。当控释肥加载量由F2提高到F3时，南方红豆杉根系总长和其余根系指标分别增长28.9%和45%以上。总体分析，南方红豆杉根系发育对养分的需求大于地上部分，对于2年生容器苗而言，植株处于根系发育占优势阶段，此时施肥其根系较先利用养分以迅速生长，利于植株更好地吸收养分和水分，同时根系也起到良好的固定作用（肖遥等，2015）。

表5-41　控释肥加载量对南方红豆杉2年生容器苗生长的影响

控释肥加载量（kg/m³）	苗高（cm）	地径（mm）	根系总长（cm）	根表面积（cm²）	根体积（cm³）
1.5（F1）	65.45±11.04ab	7.83±0.80a	2796.83±879.12ab	845.43±564.53b	20.50±6.52b
2.5（F2）	61.95±10.96b	7.10±1.21b	2425.99±1161.70b	725.22±360.23b	17.51±9.31b
3.5（F3）	67.94±5.29a	7.76±0.89a	3127.90±950.51a	1142.11±328.73a	33.48±9.35a
p 值	0.097	0.021*	0.06	<0.001**	<0.001**

注：不同小写字母代表5%的显著性差异，下同。

从表5-42干物质积累及分配可以看出，除茎外，南方红豆杉各部位生物量的控释肥加载效应显著，根、叶及整株的干质量积累量均在F3水平下最大，较F2水平根、茎和叶生物量分别增加了30.90%、18.67%和46.14%，而相对于F1水平生物量积累没有显著性差异。

表5-42　控释肥加载量对南方红豆杉2年生容器苗生物量积累和分配的影响

控释肥加载量（kg/m³）	根干质量（g）	茎干质量（g）	叶干质量（g）	整株干物质量（g）	根冠比
1.5（F1）	7.59±2.46ab	11.88±3.90a	8.80±2.96a	28.27±6.08a	0.39±0.15a
2.5（F2）	6.70±2.97b	9.75±3.72a	6.61±2.72b	23.06±6.61b	0.40±0.12a
3.5（F3）	8.77±2.61a	11.57±4.43a	9.66±3.30a	29.99±8.36a	0.44±0.16a
p 值	0.034*	0.149	0.002**	0.003**	0.395

5.3.4.2.3 控释肥加载对南方红豆杉2年生容器苗N、P浓度和含量的影响

控释肥加载对南方红豆杉N浓度影响显著（图5-15）。南方红豆杉根的N浓度在F2加载量下达到最大，而叶和整株的N浓度在F3水平下达到最大，分别为32.04mg/g和18.84mg/g，其中叶的N浓度远大于根和茎的N浓度。这表明叶中N浓度的提高促进了养分库中N的积累。不同控释肥加载量对南方红豆杉各部位P浓度影响均不显著。

不同控释肥加载量下南方红豆杉根、叶及整株N含量表现出极显著差异（表5-43），均在F3水平下达到最大值，较F1水平分别增长了33.32%、21.66%和21.55%，较F2水平分别增长了29.43%、54.45%和40.10%。南方红豆杉叶中N含量在F3施肥水平下占总

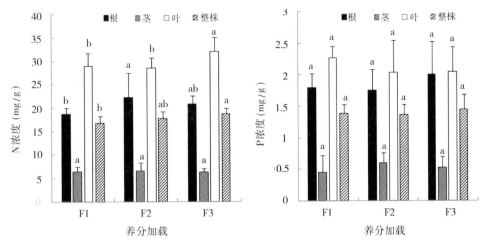

图5-15 控释肥加载量对南方红豆杉2年生容器苗 N、P 浓度的影响

量的54.75%，说明控释肥高加载量下，叶是其最主要的 N 养分库。

控释肥处理对南方红豆杉各部位 P 含量产生了显著影响（表5-43），F3 水平显著提高了南方红豆杉根和叶 P 的含量，随着控释肥水平从 F1 升至 F3，其 P 养分也逐渐从地上向地下部位转移。从 P 含量总量分析，根和叶是南方红豆杉主要的 P 养分库。

表5-43 南方红豆杉2年生容器苗 N、P 积累量单因素方差分析

变异来源	控释肥加载量（kg/m³）	根	茎	叶	整株
N 含量（g）	1.5（F1）	137.12±9.69c	73.52±11.87	254.35±25.04b	465.00±36.81b
	2.5（F2）	141.24±33.71b	61.84±15.07	200.35±15.11c	403.43±34.07c
	3.5（F3）	182.81±15.10a	72.94±7.81	309.45±28.47a	565.21±32.38a
	F 值	13.14**	3.03	53.57**	56.12**
P 含量（g）	1.5（F1）	13.14±1.66bc	5.15±3.09	19.97±1.57a	38.26±3.82bc
	2.5（F2）	11.13±2.10c	5.58±1.53	14.30±3.56b	31.01±3.71c
	3.5（F3）	17.56±4.54a	6.12±1.96	19.72±3.82a	43.40±7.06a
	F 值	11.68**	0.45	10.36**	14.86**

注：* 代表0.05显著性差异，** 代表0.01显著性差异。

5.3.4.2.4 优质容器育苗控释肥加载量

控释肥加载量在一定范围内对南方红豆杉2年生容器苗生长具有明显的调节和改善作用。增施控释肥促进了南方红豆杉地径的生长。南方红豆杉各项根系发育参数都表现出在较高控释肥加载量（3.5kg/m³）下最优，且3.5kg/m³的控释肥加载量能促进南方红豆杉根和叶生物量的积累。虽然南方红豆杉在较低控释肥加载量下地上部分生长就得以满足，但是若要培养生长量大、根系发达的2年生大规格容器苗，对其施加3.5kg/m³的控释肥加载量最为适合。

不同控释肥加载量对南方红豆杉2年生容器苗养分库构建具有显著影响。南方红豆杉

对 N、P 养分需求较高，其 N、P 含量在 3.5kg/m³ 控释肥加载量下达到最高。控释肥加载量同样改变了南方红豆杉 N、P 养分的浓度。在 N 水平上，随着加载量提高南方红豆杉 N 浓度呈上升趋势；P 养分则不同，随着加载量提高南方红豆杉 P 浓度变化不大。总之，不同控释肥加载量影响了南方红豆杉容器苗养分的吸收与积累，显著改善了容器苗体内养分含量状况，对其后期造林成活率有极大的改善作用。而对苗木的施肥不能仅仅考虑用量，肥料的类型以及养分比例都是重要因素，这方面后期还需进一步研究探讨。

5.3.4.3 优质容器育苗控释肥类型及对应加载量确定

5.3.4.3.1 控释肥类型及其加载量处理

试验地位于浙江庆元县实验林场苗圃育苗钢构大棚内。试验材料为长势一致的南方红豆杉 1 年生容器苗，平均苗高和平均地径分别为 42.9cm 和 4.58mm。育苗基质为 40% 泥炭+30% 谷壳+30% 黄泥（体积分数），育苗容器为 18cm×20cm（底部直径×高）的无纺布袋。设置控释肥 N/P 比（A）和加载量（F）2 个因素 4 个水平析因试验。N/P 比和加载量 4 个水平分别为 A1（1.75：1）、A2（2.25：1）、A3（2.75：1）、A4（3.25：1）和 F1（1.5kg/m³）、F2（2.5kg/m³）、F3（3.5kg/m³）、F4（4.5kg/m³）。不同 N/P 比控释肥的 N、P_2O_5 含量为 A1（170g/kg、90g/kg）、A2（160g/kg、70g/kg）、A3（170g/kg、60g/kg）和 A4（190g/kg、60g/kg），K 含量均为 140g/kg，肥效 6 个月，委托山东金正大集团特制。

2014 年 4 月，将选取的 1 年生容器苗移栽至大规格容器中，移栽前分别处理将不同 N/P 比及加载量控释肥与基质充分混匀，设置 30 株小区，3 次重复。移栽当天浇透水，生长期每天早晚喷雾 10~15min，确保容器基质湿润，雨天注意排水；高温时段棚顶覆盖 70% 透光率遮阳网；生长期注意圃地和容器内除草及病虫害防治，10~15d 喷洒百菌清等 1 次。

于生长季末进行株高和地径测量，同时，各小区选取 4 株代表株，将根、茎、叶分成 3 部分，分别置于 105℃ 烘箱中杀青 30min，再在 68℃ 下烘至恒重，测定各器官干重并计算其总生物量等指标。称取各部位干样，采用 H_2SO_4-H_2O_2 法进行消煮，分别采用凯氏定氮法和 ICP-OES（Vista-Mpx，Varian©，USA）测定 N、P 含量。

5.3.4.3.2 控释肥 N/P 比、加载量对南方红豆杉 2 年生容器苗生长的影响

控释肥 N/P 比和加载量的互作对南方红豆杉容器苗生长量的影响不显著（表 5-44）。因此，对此两因素分别进行单因素统计分析，苗高和地径在控释肥不同 N/P 比下差异不显著（图 5-16），不同 N/P 比下，南方红豆杉容器苗苗高、地径生长相对稳定，尽管其苗高均随 N/P 比增加呈先升高再降低趋势，但升高或降低的幅度不明显。加载量则明显影响其容器苗的生长，其苗高和地径随加载量增加均表现出明显的先升高再降低趋势，均在 F3（3.5kg/m³）加载量时达到最值，均显著大于其他加载量处理。同样，其容器苗单株生物量在不同 N/P 比间差异均不显著。而其单株生物量的加载量效应也较显著，随加载量的增加先升高再降低，加载量为 3.5kg/m³ 时各树种生物量均达到最大值，且显著高于其他加载量（李峰卿等，2017）。

表 5-44　控释肥 N/P 比、加载量及其交互效应下容器苗生长和 N、P 浓度的方差分析

因子	F 值			
	苗高	地径	N 浓度	P 浓度
N/P 比	2.285	2.470	36.039 **	3.032 *
加载量	16.653 **	10.658 **	61.758 **	19.593 **
N/P 比×加载量	0.527	1.589	35.195 *	9.209 **

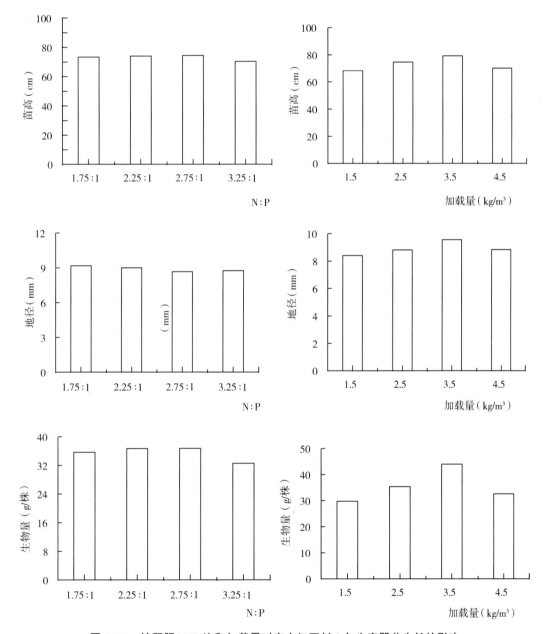

图 5-16　控释肥 N/P 比和加载量对南方红豆杉 2 年生容器苗生长的影响

5.3.4.3.3 控释肥 N/P 比、加载量对南方红豆杉 2 年生容器苗 N、P 含量的影响

N、P 含量层面的控释肥 N/P 比与加载量间交互效应显著（表5-44），进而分析控释肥 N/P 比与加载量组合处理下南方红豆杉 N、P 含量差异发现，处理间南方红豆杉容器苗 N 和 P 含量变化明显（图5-17）。南方红豆杉 N 含量在处理 A4F3（N：P 为 3.25：1、加载量 3.5kg/m³）和 A4F4（N：P 为 3.25：1、加载量 4.5kg/m³）时最高。南方红豆杉 P 含量在处理 A3F3（N：P 为 2.75：1、加载量 3.5kg/m³）时最高。

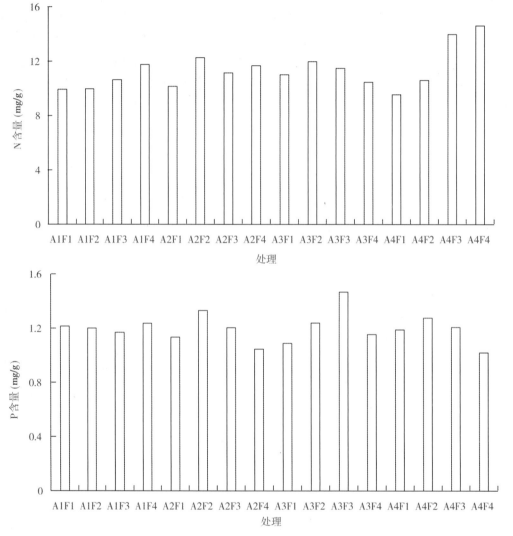

图5-17　控释肥 N/P 比和加载量对南方红豆杉 2 年生容器苗 N/P 含量的影响

5.3.4.3.4　南方红豆杉 2 年生容器苗生长指标与 N、P 含量相关性

南方红豆杉容器苗生长指标与 N、P 含量相关性分析结果表明（表5-45），苗高和生物量分别与 P 浓度呈极显著正相关，结合控释肥处理对南方红豆杉 N、P 含量影响结果，南方红豆杉较适宜的控释肥处理为 A3F3（N：P 为 2.75：1、加载量 3.5kg/m³）。

表 5-45　南方红豆杉容器苗生长指标与 N、P 含量相关性

指标	苗高	地径	生物量	N 含量	P 含量
苗高					
地径	0.510**				
生物量	0.691**	0.680**			
N 浓度	0.114	0.21	0.18		
P 浓度	0.295**	0.103	0.381**	−0.082	

5.3.4.3.5　优质容器育苗控释肥类型及对应加载量

基质施肥直接影响优质容器苗培育，而养分元素比例与施肥量为同等重要的施肥因素。南方红豆杉容器苗高生长随控释肥 N/P 比增大呈先升高再降低的幅度不明显，但其 N 吸收对 N/P 比的响应较强烈，南方红豆杉 N 含量在 N：P＝2.25 时较高，其 P 含量随 N/P 比改变的变化较小。可见，植物对养分元素的吸收与其体内外环境养分比例关系密切，苗木对 N、P 和 K 的吸收随施肥 N/P/K 的配比发生变化，在较佳养分配比及适宜的施用量下培育的苗木，其苗体粗壮、养分含量高，能够确保造林后的成活率。适当增加育苗基质 N 和 P 等养分的含量能够促进苗木养分吸收、加快表型生长及生物量积累，进而提高苗木质量。南方红豆杉容器苗的生长及养分库构建随控释肥加载量的增加而得以提高和加强。其生长量表现出加载量为 3.5kg/m³ 时最大。在养分库构建层面，南方红豆杉 N 浓度在加载量为 2.5kg/m³ 时较高。从 P 浓度表现可以看出，加载量为 2.5kg/m³ 时南方红豆杉即能够满足对 P 的需求。

控释肥 N/P 比和加载量对南方红豆杉 N、P 含量存在明显的交互效应，因此，选择 N/P 比或者加载量时需综合考虑。一定施肥范围内，植物表型生长与养分吸收间存在显著的正相关。南方红豆杉的生长指标与 P 浓度存在显著正相关。鉴于此，优质容器苗的考虑，除表型生长外，还需考虑与表型生长密切相关的养分含量。培育优质容器苗的基质施肥条件既要满足苗木表型的生长，也要促进苗木对养分的吸收。结合生长指标与 N、P 含量的相关关系，适于南方红豆杉 2 年生容器苗的控释肥 N/P 比为 2.75：1，对应较佳加载量为 3.5kg/m³。

人工林培育技术

　　珍贵木材是国家的战略资源。我国现有森林资源以中幼林为主，其中包括珍贵用材的硬阔叶树种仅占中幼林面积的 9.6%，蓄积占 10.3%。急需加强珍贵用材战略资源的培育，这不仅是提高林地产出，逐步实现珍贵木材部分自给自足的重要手段，而且是实现"绿水青山就是金山银山"，保障我国木材安全和生态安全的重大举措。红豆树、楠木（浙江楠和闽楠等）、南方红豆杉和赤皮青冈皆是我国南方优先发展的特色珍贵树种，是珍贵用材战略贮备林建设、森林质量精准提升、林分生态修复和城乡绿化美化的主栽树种。早在 20世纪 70 年代，一些省区就开展过这些珍贵树种的培育技术研究，很多国有林场开展过较小规模的人工栽培，取得了很多好的人工栽培经验。近年来，国内学者利用现有各类人工林或片林，开展其生长、干形、分叉特点、木材密度和心材特性等的分析，并加强立地选择、优质容器苗选用、造林模式、基肥追肥、密度设计和控制、截干、幼抚和修枝等育林措施对主要珍贵用材树种造林成效和优质干材形成的影响研究，提出了这些珍贵树种优化栽培模式和精细化培育技术，显著提升了 4 个树种人工林高效培育水平，产生了较好的生态、经济和社会效益。

6.1　造林苗木类型选择

6.1.1　红豆树

6.1.1.1　不同类型苗木造林效果

　　目前，生产上造林苗木主要分为容器苗与裸根苗两类。与裸根苗相比，容器苗运苗以及栽植时根不会受到损伤，根系失水较少，故造林成活率高，即使在干旱的条件下造林成活率也可达84%以上。同时，容器苗可延长造林时间，使造林工作不受季节限制，即使是苗木发芽生长后也能够继续进行造林，有利于劳力的安排和造林工作的组织实施。在石质多、土层浅、土壤干旱的立地上，裸根苗造林极难成功，而使用容器苗造林可取得较好效果。

　　红豆树容器苗（A1：8cm×8cm营养杯）与裸根苗（A2：大田裸根苗）造林成活率、树高和胸径生长量对比试验表明，两种苗木红豆树造林成活率、6 年生树高和胸径变化值分别为 72.56%（A2）~94.72%（A1）、3.89m（A2）~4.64m（A1）、3.87cm（A2）~

5.23cm（A1），变幅分别为30.54%、19.28%和35.14%，红豆树容器苗造林能显著提高成活率和苗木生长量。首先，主要是容器苗根系有基质保护而不裸露，起苗时不伤根、不脱水，苗木活力和抗性强；其次，容器苗基质中的缓施肥能将植物的指数生长与其对营养需求紧密结合，不仅能大大提高营养利用率，增强种间竞争力，促进苗木生长，还有助于提高幼苗的造林成活率；最后，容器苗基质就如一个营养包，有助于根系在土壤中迅速生长，增强对土壤中其他营养元素和水分的吸收，为幼苗以后的生长提供营养基础，从而能有效促进苗木生长，还能提高幼苗对霜冻的抵抗力。裸根苗起苗后根系没有土壤保护，裸露在外易脱水，起苗时易伤根，苗木活力下降，加之栽植技术环节多，技术要求较高，容易产生"窝根""土壤不密接"等问题，影响造林成活率。裸根苗栽植后所需水分和养分，主要依靠苗木自身和造林地提供，而造林山地的水分和养分不稳定，苗木自身的水分和养分又极有限，所以显著地影响了苗木生长（周善森等，2012）。

6.1.1.2 不同苗龄容器苗造林效果

红豆树3年生容器大苗（A1：12cm×20cm）和1年生容器小苗（A2：5cm×8cm）造林成活率、树高和胸径生长量等调查表明，红豆树不同年限容器苗造林的成活率、树高和胸径变化值分别为73.76%（A2）～95.73%（A1）、4.08m（A2）～4.84m（A1）、3.87cm（A2）～5.56cm（A1），变幅分别为29.78%、18.62%、43.67%，红豆树容器大苗造林能显著提高成活率和生长量。主要是3年生容器苗在具备良好遮阳、浇灌、除草和施肥等人工培育条件下的时间长，度过了幼苗生长最脆弱时期，增强了其对自然环境的适应性和抵抗力，有利于苗期的正常生长。1年生容器小苗用于造林，其幼苗生长最脆弱时期要经受阳光暴晒、干旱、风吹、严寒、冰冻、病虫危害以及野兔、山鼠的啃食等，对生长会产生严重影响，故成活率、树高和胸径生长与3年生容器苗相比差异显著。因此，红豆树造林宜选择3年生以上容器大苗造林（朱国华等，2015）。

6.1.1.3 不同造林时间效果

造林是季节性很强的一项工作，为了能取得多快好省的效果，应选择最合适的造林季节。从气候方面看，合适的造林季节应该是种苗具有较强的发芽生根能力，而且易于保持幼苗内部水分平衡的时间。针对2006年2—5月的4个不同造林时间红豆树造林成活率跟踪调查表明，红豆树不同造林时间成活率差异显著，2—3月造林成活率可高达95%，4月上旬造林成活率开始出现明显下降，至5月平均成活率仅56.2%。根据红豆树苗木的物候规律和2006—2007两年间福建华安县气温的变化规律，红豆树苗木休眠起始时间在12下旬，此时旬平均气温为13.3℃；树液流动时间在2月下旬，此时旬平均气温为15.95℃；3月中旬苗木开始萌芽抽梢，此时旬平均气温为16.4℃；此后气温稳步上升，4月的月平均气温在19.85℃以上，5月的旬平均气温已达到20℃，即4月以后林木已进入快速生长期。根据红豆树不同月份造林成活率，以及苗木休眠期和发芽萌动规律、气温旬变化规律可见，红豆树最佳造林时间在1月至3月上旬，尽可能避免推迟至4月上旬造林，5月后不宜再实施红豆树人工造林（汤文彪，2008）。

6.1.2　楠木

6.1.2.1　不同类型苗木造林效果

楠木容器育苗可促进苗木生长量，提高苗木出圃率，保障造林成活率。研究表明，相同施肥措施下，营养钵种植更利于地径2cm的浙江楠苗高生长和地径生长。营养钵苗无施肥、复合肥30g/株、复合肥50g/株、菌根肥3.47g/株、复合肥30g/株+菌根肥3.47g/株等施肥处理的苗高相对生长量分别比相应施肥处理的土球苗高155.6%、110.8%、195.1%、109.8%和221.5%；地径相对生长量分别高178.9%、232.1%、314.1%、128.8%和228.2%（李俊等，2022）。

6.1.2.2　不同苗龄容器苗造林效果

2015年3月分别采用1~3年生闽楠无纺布容器苗造林，2015年11月、2016年11月和2017年11月对苗木造林成活率、树高和地径进行调查。结果表明（表6-1），同一苗龄造林的闽楠成活率、树高和地径无显著差异；不同苗龄造林的闽楠成活率、树高和地径连年生长量差异显著。1~3年生苗木造林成活率分别为89.37%、95.80%和98.60%，苗龄越大成活率越高。林龄3年时苗龄3年生闽楠树高和地径连年生长量平均是2年生的1.13倍和1.48倍、1年生的1.65倍和1.80倍，苗龄2年生闽楠树高和地径连年生长量平均是1年生的1.28倍和1.22倍（林卉，2018）。

表6-1　不同苗龄闽楠造林树高和地径连年生长量试验结果

苗龄	2015年树高（m）			2016年树高（m）			2017年树高（m）		
	I	II	III	I	II	III	I	II	III
1年生	0.20	0.30	0.25	0.45	0.48	0.43	0.51	0.48	0.52
2年生	0.26	0.32	0.31	0.46	0.55	0.48	0.64	0.68	0.61
3年生	0.48	0.42	0.46	0.81	0.71	0.73	0.76	0.73	0.70

苗龄	2015年地径（cm）			2016年地径（cm）			2017年地径（cm）		
	I	II	III	I	VII	III	I	II	III
1年生	0.25	0.27	0.28	0.55	0.58	0.45	1.07	1.14	1.12
2年生	0.29	0.32	0.30	0.66	0.58	0.70	1.32	1.26	1.23
3年生	0.43	0.42	0.38	1.13	1.00	0.96	1.27	1.30	1.22

注：I、II和III为重复。

6.1.3　赤皮青冈

6.1.3.1　不同类型苗木造林效果

赤皮青冈容器苗和裸根苗上、中、下3种不同坡位造林成活率、地径及树高生长量研究表明（表6-2），不管是裸根苗还是容器苗，不同坡位之间造林存在着显著差异（$p<0.05$），赤皮青冈造林成活率均在下坡位时最高，其次是中坡位，上坡位造林成活率最低；

对比不同苗木类型，容器苗造林成活率高于裸根苗 17.1%～20.0%。赤皮青冈容器苗和裸根苗在不同坡位上造林的地径生长量均表现为下坡>中坡>上坡，在对应坡位的地径生长量均为容器苗高于裸根苗。无论是容器苗还是裸根苗，赤皮青冈在不同坡位造林对树高均存在显著影响，树高生长量表现为下坡>中坡>上坡，容器苗造林后树高生长量均高于裸根苗（田苏奎等，2016）。

表 6-2　赤皮青冈造林成活率及地径、树高生长量

苗木类型	坡位	成活率（%）	地径生长量（cm）	树高生长量（cm）
容器苗	上坡	87.6±8.26a	0.24±2.54a	15.3±5.43a
	中坡	91.4±7.25b	0.25±1.76a	25.0±5.88b
	下坡	94.3±7.44c	0.41±1.80b	35.0±4.26c
	p 值	0.046	0.019	0.021
裸根苗	上坡	70.5±11.26a	0.18±1.16a	18.6±2.04a
	中坡	72.4±9.85b	0.22±1.75ab	20.2±3.01b
	下坡	74.3±10.14c	0.34±2.03b	25.2±2.45b
	p 值	0.044	0.022	0.021

注：同列不同字母表示在 0.05 水平上差异显著。

6.1.3.2　不同苗龄容器苗造林效果

赤皮青冈不同容器规格（R1 为 4.5cm×8cm、R2 为 8cm×12cm、R3 为 12cm×15cm、R4 为 15cm×17cm）下 1～3 年生苗造林成活率、保存率、苗高生长量、地径生长量等生长因子的调查分析表明：采用 1 年生和 2 年生赤皮青冈容器苗造林，容器规格大小对造林成活率和保存率影响不大；采用 3 年生赤皮青冈容器苗造林，最大容器规格 R4 的平均成活率和保存率最高，分别为 96.7% 和 93.3%，R3 次之（分别为 95% 和 90%），随着容器规格越大，成活率和保存率越高。用容器规格 R1 的赤皮青冈容器苗造林，最小苗龄 1 年生苗成活率和保存率最高，3 年生成活率和保存率最低；用容器规格 R2、R3 和 R4 的赤皮青冈容器苗造林，不同苗龄间成活率和保存率差异不显著，也就是苗龄大小对造林成活率和保存率影响不大。从树高和地径来看，最大苗龄 3 年生苗树高和地径生长量最大，2 年生次之，1 年生苗树高和地径生长量最小。容器规格和苗龄对赤皮青冈苗木生长存在交互作用，因此造林选择优良赤皮青冈苗与容器规格和苗龄有关。方差分析和多重比较表明，选择 3 年生和 15cm×17cm 规格赤皮青冈容器苗造林较为适宜（张奕民，2019）。

6.1.4　南方红豆杉

6.1.4.1　不同类型苗木造林效果

不同类型南方红豆杉幼苗生长情况调查显示（表 6-3），苗高最大值为容器苗（130.50cm），最小值为裸根苗（86.20cm）；地径最大值为容器苗（1.45cm），最小值为裸根苗（0.82cm）；成活率最大值为容器苗（100%），最小值为裸根苗（40%）。变异较

大的为裸根苗成活率，最小的为容器苗成活率。可见，容器苗的生长情况优于裸根苗，在造林中应尽可能使用容器苗。2 种苗木类型南方红豆杉苗高、地径和成活率都达到了差异极显著水平（$p<0.01$），说明在南方红豆杉造林中，采用的苗木类型不同，会对苗木的生长产生极显著的影响（余榕然，2015）。

表 6-3　不同类型苗木生长状况统计

指标	裸根苗			容器苗		
	苗高（cm）	地径（cm）	成活率（%）	苗高（cm）	地径（cm）	成活率（%）
平均	100.63	1.03	67	119.49	1.29	92
最小值	86.20	0.82	40	100.20	1.02	80
最大值	112.20	1.15	90	130.50	1.45	100
变异系数	0.08	0.09	0.2	0.09	0.10	0.07
标准差	8.52	0.09	1.36	11.12	0.13	0.62
方差	72.56	0.01	1.86	123.74	0.01	0.38

6.1.4.2　不同苗龄容器苗造林效果

以春季播种、2 年生南方红豆杉苗（S_{2-0}），春季播种、3 年生南方红豆杉苗（S_{3-0}），春季播种、1 年后移栽、再培育 2 年的 3 年生南方红豆杉苗（S_{1-2}）为对象，研究不同苗龄型苗木质量与造林成效的差异（欧建德和吴志庄，2016）。从苗木性状来看（表 6-4），与 S_{2-0} 相比，S_{3-0} 的苗高、地径、质量指数、高径比显著增加，苗木继续留床培育 1 年后上述指标分别增加了 85.31%、50.00%、132.26% 和 12.58%，表明培育周期影响南方红豆杉苗木质量。与 S_{3-0} 相比，1 年生苗木移植后、再培育 2 年（S_{1-2}）的地径和高径比无显著差异，苗高显著性降低 5.39%，质量指数显著增加 49.54%，表明春季种子直播、1 年后移植的措施，可显著降低苗高，提高苗木质量指数。

表 6-4　不同苗龄型苗木性状表现

苗木类型	苗高（cm）	地径（cm）	质量指数	高径比
S_{2-0}	（63.50±3.49）c	（0.76±0.04）b	（2.79±0.29）c	（83.92±1.00）b
S_{3-0}	（117.67±5.31）a	（1.14±0.06）a	（6.48±0.80）b	（97.48±2.00）3a
S_{1-2}	（111.33±3.30）b	（1.17±0.06）a	（7.31±0.60）a	（95.50±1.55）a

注：表中数据为平均数±标准差；同列不同字母表示在 0.05 水平上差异显著。苗木质量指数＝苗木总生物量/［（苗高/地径）＋（地上生物量/地下生物量）］。

从造林后幼树生长来看（表 6-5），与 2 年生的 S_{2-0} 比较，2 种 3 年生类型（S_{3-0}、S_{1-2}）显著提高造林成效，S_{3-0} 造林成活率、幼树树高、地径及树高、地径生长量提高幅度分别为 19.81%、82.86%、61.86%、75.16%、104.76%；S_{1-2} 造林成活率、幼树树高、地径及树高、地径生长量提高幅度分别为 26.24%、81.10%、72.16%、99.31%、138.10%。采用 3 年生苗木（S_{3-0}、S_{1-2}）较 2 年生苗木 S_{2-0} 可提高造林成活率并促进幼树生长，提高造林成效，这与随着苗龄增加，苗木规格更大，叶生物量多、光合面积大以及抗逆性能强有关。与 S_{3-0} 相比，S_{1-2} 显著提高了幼树成活率、树高生长量、地径及其生长量，提高幅度分别达 5.37%、13.78%、6.37%、16.28%。可见，春季种子直播、1 年后移植，再培育 2 年的措施可以显著提高南方红豆杉苗木造林后成效，这与 S_{1-2} 根系明显发达（根生物量大）、光合面积大（叶生物量多）、苗木品质较好有关。

表 6-5 不同苗龄型苗木造林 1 年后成活率、树高、地径及其生长量

苗木类型	成活率（%）	树高（cm）	树高生长量（cm）	地径（cm）	地径生长量（cm）
S_{2-0}	67.33±2.52c	83.67±4.01b	20.17±1.00c	0.97±0.05c	0.21±0.01c
S_{3-0}	80.67±2.31b	153.00±7.41a	35.33±2.18b	1.57±0.07b	0.43±0.02b
S_{1-2}	85.00±1.00a	151.53±6.98a	40.20±3.69a	1.67±0.09a	0.50±0.03a

注：表中数据为平均值±标准差；同列不同字母表示在 0.05 水平上差异显著。

6.2 立地选择

6.2.1 红豆树

6.2.1.1 不同立地条件造林成效

闽北地区红豆树树干解析结果表明（林小青等，2021），Ⅰ、Ⅱ类地红豆树胸径和树高的连年生长量达到峰值均为 25 年，平均生长量达到峰值均为 35 年。Ⅰ类地红豆树胸径生长前 10 年生长缓慢，连年生长量不足 0.6cm，10 年后连年生长量增长加快，超过 0.6cm，连年生长量在 25 年达到顶峰，峰值为 0.93cm，此时胸径为 13.82cm；平均生长量在前 15 年内数值较小，不足 0.5cm，24 年后超过 0.6cm，35 年时平均生长量达到顶峰，其峰值为 0.67cm，此时胸径为 24.96cm。Ⅱ类地红豆树胸径前 10 年生长缓慢，连年生长量还不到 0.6cm，25 年时连年生长量达到顶峰，其峰值为 0.7cm，此时胸径为 11.35cm；平均生长量在前 15 年内还不到 0.4cm，28 年后超过 0.5cm，并持续到 45 年，35 年时平均生长量达到顶峰，其峰值为 0.52cm，此时胸径为 19.62cm。Ⅰ类地红豆树树高前 10 年连年生长量不到 0.5m，10 年后增长加快，超过 0.5m，25 年时达到顶峰，其峰值为 0.65m，此时树高为 14.19m；平均生长量在 35 年时达到顶峰，其峰值为 0.5m。Ⅱ类地红豆树树高前 15 年增长缓慢，不到 0.4m，树高连年生长量 25 年时到达顶峰，其峰值为 0.55m，此时树高为 11.36m；平均生长量也在 35 年时达到顶峰，其峰值为 0.45m。

6.2.1.2 人工林生长的坡位和坡向效应

2014 年春季采用 1 年生红豆树容器苗造林，2021 年夏季调查显示（余学贵，2022），下坡位更有利于红豆树胸径和树高的生长，上坡位则生长最慢。胸径生长的大小依次为下坡位>中坡位>上坡位，下坡位与中坡位存在显著差异，中坡位与上坡位存在显著差异，即下坡位显著利于红豆树胸径的生长。树高生长的大小依次为下坡位>中坡位>上坡位，下坡

位与中坡位存在显著差异，中坡位与上坡位存在显著差异，即下坡位显著利于红豆树树高的生长。从坡向来看，南坡向更有利于红豆树胸径和树高的生长，西坡向则生长最慢。胸径生长的大小依次为南坡向>东坡向>北坡向>西坡向，南坡向与东坡向存在显著差异，东坡向与北坡向不存在显著差异，北坡向与西坡向存在显著差异，即南坡向显著利于红豆树胸径的生长。树高生长的大小依次为南坡向>北坡向>东坡向>西坡向，南坡向与北坡向存在显著差异，北坡向与东坡向不存在显著差异，东坡向与西坡向存在显著差异，即南坡向显著利于红豆树树高的生长。

6.2.2 楠木

6.2.2.1 不同立地条件造林成效

黔东南地区不同地类［A-采伐迹地（当年）、B-杉木林地（林冠下）、C-阔叶林中空地、D-灌丛地、E-退耕地、F-未成林造林地（杉木）］种植闽楠后第7年成活率（保存率）、树高生长、地径生长和冠幅调查结果表明：保存率A地类74.6%，D地类89.3%，其余均在90.0%以上，裸地对闽楠造林保存率影响较大；平均树高生长表现为B>F>E>C>D>A，林下环境更适合闽楠幼树高生长；平均地径生长表现为F>E>D>C>B>A，说明既有一定庇荫环境，又有合理空间的环境更有利于闽楠地径生长；造林第7年，E地类平均冠幅最大，F地类次之，B地类最小，说明过阴的林下环境不利于闽楠幼树冠幅的生长。综合来看，F地类无论高生长、地径生长、冠幅都表现良好，该地类是黔东南地区营造闽楠优先选择的造林地类（杨礼旦，2021）。

6.2.2.2 人工林生长的坡位和坡向效应

林龄3.5年的不同坡位闽楠胸径和树高调查结果表明（汤行昊等，2017），不同坡位的闽楠胸径、树高生长方面存在显著差异。具体表现为，闽楠在山脊的下坡位长势最好，中坡位次之，上坡位最差。下坡位的闽楠平均胸径年生长量约为1.21cm，平均树高年生长量为1.26m；而中坡位的闽楠平均胸径年生长量约为0.68cm，平均树高年生长量为0.93m；上坡位的平均胸径、树高年生长量分别只有0.60cm和0.85m。生长在下坡位的闽楠其树高、胸径均显著高于中坡或上坡种植的闽楠。除了胸径和树高，在冠幅、枝下高和最大分枝基径等方面，均表现出下坡位>中坡位>上坡位。主要是闽楠幼龄期对光照要求不高，属于光补偿点较低、光饱和点也比较低的类型，散射光较直射光更利于闽楠的生长。上坡的闽楠林地光照时间长，且光多为直射光，而中、下坡闽楠林受阳光直射时间较上坡短，而受散射光的时间比上坡长，加之中下坡位水肥、土壤条件较上坡会略好，故而闽楠在山脊的生长呈现出由下至上长势渐差的情况。

当地形相同时，同样为4.5年的林龄，东北坡向的闽楠在胸径生长方面表现最佳，但仅较东南坡向4.77cm的胸径略微高出0.01cm，但极显著高于西北坡向3.55cm的平均胸径。而在树高生长方面，西北坡向6.23m的平均树高略高于东北坡向的6.19m，但显著低于东南坡向的6.70m。冠幅生长的情况与胸径生长的情况较为相似，即东北坡向的闽楠在冠幅生长上略高于东南坡向，但明显大于西北坡向 1.51m 的冠幅。枝下高方面则是西北坡向的 1.79m 大于东南坡向的 1.69m，大于东北坡向的 1.28m。不同坡向的闽楠在最大分枝角度和最粗分枝基径方面差异不大。光照条件较好的南坡样地中的闽楠胸径、冠幅生长较北坡、东南坡、西北坡显著要好，但树高生长差异不显著甚至略差。这是因为闽楠虽然喜欢荫蔽，但并不是完全不需要阳光，在光照条件较差的情况下，闽楠树高生长较胸径生长快，以保证顶部叶片更多地接受阳光进行光合作用。

在坡向和林龄相同的情况下，位于山谷的闽楠长势明显好于位于山脊的闽楠，尽管两者在胸径生长方面的差异并不显著，但山谷中闽楠平均胸径（2.97cm）较山脊中平均胸径（2.59cm）高出了 0.38cm；山谷中闽楠的平均树高为 3.14m，较山脊中的平均树高（2.59m）高出了 0.55m，可见山谷较山脊更有利于闽楠幼龄林的生长，主要是闽楠在幼龄期对光照要求不高，散射光较直射光更有利于闽楠的生长，而山谷较山脊荫蔽。此外，山坡或山脊的水土在雨水的淋溶或冲刷下容易流失而汇聚于山谷，从而造成山谷的水肥条件优于山脊，为闽楠的生长创造了有利条件。

6.2.3 南方红豆杉

6.2.3.1 立地对南方红豆杉幼林生长的影响

福建明溪县瀚仙镇石珩村景成坑在不同立地类型（Ⅰ-J1、Ⅱ-J2 和Ⅲ-J3），采用人工培育的 2 年生南方红豆杉无纺布容器苗于 2015 年 1 月造林。2019 年 1 月调查表明（表 6-6），3 种立地 J1、J2 和 J3 对 6 年生幼树树高、地径和冠幅的影响显著，在树高方面 J1、J2 与 J3 相比，J1 增加 87.19%，J2 增加 52.71%；在地径方面，J1、J2 与 J3 相比，J1 增加了 135.17%，J2 增加了 41.57%；在冠幅方面，J1、J2 与 J3 相比，J1 增加 74.62%，J2 增加 69.23%。试验结果表明立地类型Ⅰ最有利于南方红豆杉幼树树高、地径、冠幅的生长，其次是立地类型Ⅱ。南方红豆杉是喜肥树种，不耐瘠薄，不宜选择Ⅲ类立地栽植南方红豆杉用材林，宜选择Ⅰ、Ⅱ类立地栽植南方红豆杉用材林。

表 6-6 不同立地南方红豆杉幼林生长情况

性状	处理 A		6 年生幼树
幼林平均高（m）	J1	Ⅰ类地	3.80
	J2	Ⅱ类地	3.10
	J3	Ⅲ类地	2.03
幼林平均地径（cm）	J1	Ⅰ类地	8.09
	J2	Ⅱ类地	4.87
	J3	Ⅲ类地	3.44
幼林平均冠幅（m）	J1	Ⅰ类地	2.27
	J2	Ⅱ类地	2.20
	J3	Ⅲ类地	1.30

6.2.3.2 不同立地马尾松林下套种南方红豆杉比较

福建明溪县瀚仙镇石珩村景成坑在不同立地类型（Ⅱ-H1 和Ⅲ-H2），采用人工培育的 2 年生南方红豆杉无纺布容器苗于 2015 年 1 月在马尾松林冠下造林。2018 年 1 月调查表明（表 6-7），2 种立地 H1 和 H2 对 5 年生幼树树高、地径和冠幅的影响显著，在树高方面，H1 与 H2 相比，H1 增加 28.95%；在地径方面，H1 与 H2 相比，H1 增加 47.44%；在冠幅方面，H1 与 H2 相比，H1 增加 10.62%。这表明立地类型Ⅱ更有利于南方红豆杉幼树树高、地径和冠幅的生长。

表 6-7 立地南方红豆杉用材林幼树生长情况

性状	处理A		5 年生幼树	Ⅱ比Ⅲ增加（%）
幼林平均树高（m）	H1	Ⅱ	1.96	28.95
	H2	Ⅲ	1.52	
幼林平均地径（cm）	H3	Ⅱ	3.45	47.44
	H4	Ⅲ	2.34	
幼林平均冠幅（m）	H5	Ⅱ	1.25	10.62
	H6	Ⅲ	1.13	

6.2.3.3 人工林生长的坡位和坡向效应

不同坡位 3 年生南方红豆杉幼苗生长状况分析表明（表 6-8），苗高最大值为下坡位（130.50cm），最小值为上坡位（86.20cm）；地径最大值为下坡位（1.45cm），最小值为上坡位（0.82cm）；成活率最大值为中坡位和下坡位的 100.00%，最小值为上坡位的 40.00%。上、中、下 3 个坡位的南方红豆杉成活率达到了差异显著水平（$p<0.05$），苗高和地径达到了差异极显著水平（$p<0.01$），说明在南方红豆杉造林过程中，种植的坡位不同，对苗木的生长产生较大的影响，处于上坡位的南方红豆杉幼苗，苗高、地径以及造林成活率明显要比处于下坡位的幼苗低。在实际造林生产中，下坡位水分充足，又不会形成暴晒，应尽可能选在此处种植。从坡向来看，同一坡位南方红豆杉生长量随坡向的变化呈现出不同的递变规律：下坡位的生长量从阳坡—半阳坡—阴坡是递增的关系，上坡位的生

表 6-8 不同坡位苗木生长状况统计

指标	苗高（cm）			地径（cm）			成活率（%）		
	上坡位	中坡位	下坡位	上坡位	中坡位	上坡位	下坡位	中坡位	下坡位
平均	97.60	113.16	119.43	1.02	1.18	1.28	71.00	80.00	88.00
最小值	86.20	98.20	107.40	0.82	1.02	1.11	40.00	50.00	70.00
最大值	108.60	128.50	130.50	1.17	1.36	1.45	90.00	100.00	100.00
异性系数	0.08	0.11	0.08	0.12	0.13	0.12	0.26	0.20	0.11
标准差	7.92	12.42	10.09	0.12	0.15	0.15	1.83	1.60	0.97
方差	62.79	154.20	101.75	0.01	0.02	0.02	3.35	2.55	0.93

长量从阳坡—半阳坡—阴坡是递减的关系，说明南方红豆杉喜好潮湿、阴凉的生长环境，但种植在阴湿气候下时宜保证充足的阳光（余榕然，2015）。

6.3 造林模式及效果

6.3.1 红豆树

6.3.1.1 红豆树纯林和林冠下造林

6.3.1.1.1 生长指标差异

选择全垦林地造林和杉木林下套种红豆树 2 种造林模式，比较 4 年生红豆树生长差异。样地调查结果表明，4 年生红豆树在 2 种造林模式下树高和胸径无显著差异，冠幅、高径比和冠径比生长均有显著差异（表 6-9）。4 年生红豆树在全垦和林冠下平均树高分别为 3.23m 和 3.46m，平均胸径分别为 2.58cm 和 2.29cm，均无显著差异。林冠下 4 年生红豆树平均冠幅、高径比和冠径比分别为 1.44m、155.98 和 64.38，均显著高于全垦 4 年生红豆树生长（1.18m、130.75 和 48.86）。除树高外，林冠下其他指标变异系数均小于全垦，表明红豆树全垦造林树高生长相对一致，林冠下造林胸径、冠幅等生长相对一致。

表 6-9 全垦与林冠下 4 年生红豆树生长指标差异

指标	造林条件	平均数±标准差	最小值	最大值	变异系数（%）
树高（m）	全垦	3.23±0.57a	2.20	4.40	17.51
	林冠下	3.46±0.63a	2.30	4.60	18.09
胸径（cm）	全垦	2.58±0.78a	1.10	4.50	30.03
	林冠下	2.29±0.58a	1.23	3.38	25.16
冠幅（m）	全垦	1.18±0.39b	0.50	2.00	32.77
	林冠下	1.44±0.42a	0.50	2.30	29.33
高径比	全垦	130.75±24.84b	86.53	200.00	19.00
	林冠下	155.98±26.43a	114.56	244.09	16.95
冠径比	全垦	48.86±22.04b	23.61	127.27	45.11
	林冠下	64.38±17.73a	29.41	118.11	27.53

6.3.1.1.2 形质指标差异

全垦和林冠下红豆树形质指标的调查结果表明，4 年生红豆树在 2 种造林条件下枝下高、最粗分枝基径和通直度差异显著，最大分枝高度、最长分枝长度和分叉干数等形质指标无显著差异（表 6-10）。4 年生红豆树在全垦下平均枝下高和平均最粗分枝基径分别为 0.928m 和 1.406cm，均显著高于林冠下平均水平。最大分枝高度和最长分枝长度在 2 种造林条件下无显著差异，但均表现为林冠下生长略大于全垦。2 种造林条件下分叉干数同样无显著差异。林冠下红豆树平均通直度为 4.129，显著高于全垦下红豆树（3.633）。综合形质指标来看，林冠下 4 年生红豆树干形生长较好，自然整枝能力优于全垦下生长的红豆树。从性质指标变异系数来看，林冠下所有形质指标变异系数均小于全垦下，表明在林冠下 4 年生红豆树形质生长较为一致。

表 6-10　全垦与林冠下 4 年生红豆树形质指标差异

指标	造林条件	平均数±标准差	最小值	最大值	变异系数（%）
枝下高（m）	全垦	0.93±0.33a	0.50	1.70	35.34
	林冠下	0.76±0.26b	0.40	1.50	34.17
最大分枝高度（m）	全垦	1.21±0.42a	0.60	2.50	34.21
	林冠下	1.43±0.48a	0.50	2.50	33.59
最大分枝粗（cm）	全垦	1.41±0.57a	0.58	2.60	40.61
	林冠下	1.15±0.30b	0.71	1.96	26.30
最长分枝长（m）	全垦	1.07±0.49a	0.20	2.20	45.55
	林冠下	1.08±0.33a	0.60	1.80	30.41
分叉干数（个）	全垦	0.07±0.25a	0.00	1.00	379.10
	林冠下	0.00±0.00a	0.00	0.00	—
通直度	全垦	3.63±1.07b	2.00	5.00	29.34
	林冠下	4.13±0.62a	3.00	5.00	14.99

6.3.1.2　红豆树混交林

福建漳州红豆树混交林生产力研究表明（表 6-11），杉木与红豆树混交比例分别为 1：2、1：1 和 2：1 的林分蓄积量分别是红豆树纯林的 2.6 倍、2.2 倍和 1.9 倍。杉木与红豆树比例为 2：1 的林分蓄积量最高（548.11m³/hm²），杉木与红豆树比例为 1：2 的林分积蓄量最低（400.44m³/hm²），杉木与红豆树比例为 2：1 的林分蓄积量约是比例为 1：2 的林分蓄积量的 1.37 倍。红豆树混交占比较小时，红豆树的立木蓄积量相应较低。可见要让林分生长量获得最高的效益，杉木与红豆树的比例 2：1 最为合适（童童，2016）。

表 6-11　红豆树混交林与纯林林分生长量比较

项目	1 红豆树 2 杉木			1 红豆树 1 杉木			2 红豆树 1 杉木			红豆树纯林
	红豆树	杉木	平均合计	红豆树	杉木	平均合计	红豆树	杉木	平均合计	
林龄（a）	33	31	—	33	31	—	33	31	—	33
材积年生长量（m³/hm²）	3.83	—	17.13	4.89	—	14.78	5.94	—	12.51	6.38
蓄积量（m³/hm²）	126.37	421.71	548.11	161.40	311.62	473.02	196.05	204.39	400.44	210.70
平均树高（m）	20.00	20.31	20.20	18.80	18.32	18.56	18.40	18.96	18.59	17.90
平均胸径（cm）	16.80	24.20	19.29	17.30	24.10	20.70	18.50	24.50	22.42	16.10
保存密度（株/hm²）	644.00	1217.00	1861.00	938.00	939.00	1877.00	1201.00	608.00	1809.00	1358.00

6.3.2 楠木

6.3.2.1 研究样地选择

调查样地设置在福建三明市和建瓯市，地处福建中北部，属亚热带海洋性季风气候，年均气温 19℃，年均降水量 1600~1800mm，无霜期 285d，相对湿度 81%。所选林分样地均为低山丘陵，土壤为山地红壤，立地 Ⅱ 级及以上等相似生境条件，样地林分初植密度基本相等、间伐等抚育措施一致（表 6-12）。闽楠人工纯林海拔跨度较大，分坡向、坡位设置调查样地，混交林分只进行南坡下坡典型样地调查，弱光环境造林林分则依据样地条件按坡向设置调查样地，样地大小均为 30m×30m。其中，三明市营建的 45 龄闽楠人工纯林及混交林（分别与杉木、福建柏、毛竹和木荷混交，与混交树种比例为 7∶3）的 16 块样地分别记为 Ⅰ-1、Ⅰ-2、Ⅰ-3、Ⅱ-1、Ⅱ-2、Ⅱ-3、Ⅲ-1、Ⅲ-2、Ⅲ-3、Ⅳ-1、Ⅳ-2、Ⅳ-3、Ⅴ、Ⅵ、Ⅶ、Ⅷ；建瓯市营建的不同弱光环境造林模式（杉萌套种、杉木冠下及马尾松冠下）闽楠人工幼龄林分的 8 块样地分别记为 Ⅸ-1、Ⅸ-2、Ⅸ-3、Ⅹ-1、Ⅹ-2、Ⅹ-3、Ⅺ-1、Ⅺ-2。

表 6-12 不同造林模式样地概况

造林模式	样地编号	林龄（a）	海拔高度（m）	坡度（°）	坡向	土壤厚度（mm）	造林地面积（hm²）	保留密度（株/hm²）	造林地点
闽楠人工纯林	Ⅰ-1	45	246	25	E	80	5.3	700	
	Ⅰ-2	45	210	25	E	100	5.3	700	
	Ⅰ-3	45	180	25	E	150	5.3	700	
	Ⅱ-1	45	246	25	S	80	6.7	700	
	Ⅱ-2	45	210	25	S	100	6.7	700	
	Ⅱ-3	45	180	25	S	150	6.7	700	
	Ⅲ-1	45	246	25	W	80	5.3	700	三明市三元区莘口镇
	Ⅲ-2	45	210	25	W	100	5.3	700	
	Ⅲ-3	45	180	25	W	150	5.3	700	
	Ⅳ-1	45	246	25	N	80	6.0	700	
	Ⅳ-2	45	210	25	N	100	6.0	700	
	Ⅳ-3	45	180	25	N	150	6.0	700	
混交林	Ⅴ	45	180	25	S	150	2.0	闽楠495、杉木210	
	Ⅵ	45	180	25	S	150	3.0	闽楠495、毛竹210	
	Ⅶ	45	180	25	S	150	3.3	闽楠495、福建柏210	
	Ⅷ	45	180	25	S	150	3.3	闽楠495、木荷210	

造林模式	样地编号	林龄（a）	海拔高度（m）	坡度（°）	坡向	土壤厚度（mm）	造林地面积（hm²）	保留密度（株/hm²）	造林地点
	IX-1	10	260	25	E	150	2.3		建瓯市
	IX-2	10	260	25	W	150	2.3	杉萌600、闽楠1050	安宁镇
	IX-3	10	260	25	S	150	2.3		七里街
弱光环境下造林	X-1	8	170	25	S	150	5.3		建瓯市
	X-2	8	170	25	S30W	150	5.3	杉木600（20年生）、闽楠900	南雅镇
	X-3	8	170	25	W	150	5.3		白水源
	XI-1	8	267	25	E	150	3.3		建瓯市
	XI-2	8	267	25	W	150	3.3	马尾松600（40年生）、闽楠900	安宁镇七里街

注：S30W 为南偏西 30°。

在调查样地内，随机选取人工纯林或混交林的主要树种闽楠 50 株样木，每木测量树高、胸径等指标，记录选取测量范围的混交林伴生树种的生长量。径阶分布采用 Weibull 分布函数 $F(x) = 1 - e^{-\{[(x-a)/b]^c\}}$ 进行参数拟合，$x \geq a$，$a > 0$，$b > 0$，其中，a 为位置参数，b 为尺度参数，c 为形状指数，x 为组中值。Weibull 分布的 3 个参数与林分特征因子有关，a 是指林分最小直径，b 是指林分直径分布范围，c 决定林分直径分布的偏度。c 值介于 1~3.6，为单峰左偏山状分布；当 $c < 1$ 时，为倒 "J" 型分布；当 $c = 1$ 时，为指数分布；当 $c = 2$ 时，为 x^2 分布；当 $c = 3.6$ 时，为近似正态分布；当 $c \to \infty$ 时变为单点分布。

在调查样地每木检尺的基础上，对样地林木进行分级：据公式 $d = r/R$（r 为每株样木胸径，R 为样地林分平均胸径），求得每株样木的 d 值，按分级木（I~V 级木）归类，统计各样地分级木比例。分级标准：I 级木，$d \geq 1.336$；II 级木，$1.026 \leq d < 1.336$；III 级木，$0.712 \leq d < 1.026$；IV 级木，$0.383 \leq d < 0.712$；V 级木，$d < 0.383$。

6.3.2.2 闽楠人工纯林

6.3.2.2.1 不同坡向、坡位闽楠人工纯林生长

针对 45 龄闽楠人工纯林，选取初植密度、保留密度和林龄等一致的不同坡向 [东坡（I-1、I-2、I-3）、南坡（II-1、II-2、II-3）、西坡（III-1、III-2、III-3）和北坡（IV-1、IV-2、IV-3）样地] 及坡位 [上坡（I-1、II-1、III-1、IV-1）、中坡（I-2、II-2、III-2、IV-2）、下坡（I-3、II-3、III-3、IV-3）] 可比性样地，对生长性状进行分析（表6-13）。45 龄闽楠人工纯林树高均值以北坡最高，达 15.19m，比树高均值最低的西坡高 1.43m，可能原因为北坡树木为竞争光照而促进树高生长，西坡因阳光直射时间较长而抑制树高生长。南坡、东坡林分胸径均值分别为 18.25cm、16.80cm，显著大于北坡、西坡，北坡林分胸径均值最小，仅 14.49cm，明显小于其他坡向，可能北坡林分光照相对不足，导致光合产物减少，最终造成胸径生长量较小。而林分冠幅则表现出东坡最大，在其他坡向间差异不显著。不同坡位间 45 龄闽楠人工纯林生长差异极显著，

下坡林分胸径均值为 18.38cm，中坡林分胸径均值为 17.46cm，均显著大于上坡林分胸径均值（13.35cm）；树高、冠幅也表现出中坡、下坡林分较高，且其显著高于上坡林分，树高、冠幅分别比上坡林分大 12.95%、12.49% 和 10.94%、50.82%（楚秀丽等，2014）。

表 6-13　不同坡向、坡位闽楠人工纯林生长情况

项目		树高 (m)	树高变异系数 (%)	胸径 (cm)	变异系数 (%)	冠幅 (m)	冠幅变异系数 (%)
坡向	东坡	14.71±3.15ab	14.65	16.80±3.60b	20.35	3.42±1.03a	38.44
	南坡	14.07±1.83bc	21.43	18.25±4.06a	21.41	2.84±1.01b	29.98
	西坡	13.76±2.92c	13.02	15.53±3.26c	22.24	2.86±1.04b	35.34
	北坡	15.19±2.23a	21.25	14.49±2.95c	20.99	2.55±0.98c	36.52
	F 值	5.084**		15.965**		10.409**	
坡位	下坡	14.94±2.65a	17.73	18.38±2.72a	14.81	3.75±0.85a	22.67
	中坡	15.21±1.87a	12.29	17.46±3.37b	19.30	2.80±1.10b	39.25
	上坡	13.47±3.02b	22.41	13.35±2.56c	19.15	2.49±0.82c	33.11
	F 值	15.585**		91.671**		44.228**	

注：** 表示差异极显著，同列中小写字母不同表示相互间差异显著，下同。

不同坡向、坡位闽楠人工纯林树高、胸径的变异系数均在 20% 左右，其中下坡林分变异系数相对较小，表明这些生境下闽楠人工纯林生长较整齐，个体分化不明显，特别是下坡林分较稳定。冠幅变异系数则较大，多数坡向、坡位林分冠幅的变异系数在 30% 以上，可能冠幅较树高、胸径更易受外界环境条件影响而表现出较大的变异。

6.3.2.2.2　不同坡向、坡位闽楠人工纯林径阶分布

不同坡向、坡位的 45 龄闽楠人工纯林径阶分布的拟合统计量 r^2 值符合统计要求（表 6-14），拟合效果较好。各径阶分布形状参数 c 均小于 1，均为倒 "J" 型分布，表明林分均处于竞争稳定期。这与上述得出的各坡向、坡位胸径变异系数均在 20% 上下的分析结果相一致。

表 6-14　不同坡向、坡位闽楠人工纯林径阶分布参数

坡向	径阶分布拟合参数				坡位	径阶分布拟合参数			
	a	b	c	r^2		a	b	c	r^2
东坡	8.397	28.088	0.634	0.875	下坡	9.077	15.286	0.829	0.797
南坡	8.817	12.961	0.875	0.882	中坡	8.719	12.004	0.866	0.865
西坡	8.084	11.878	0.875	0.883	上坡	7.587	7.081	0.838	0.914
北坡	7.794	12.784	0.724	0.907					

不同坡向、坡位闽楠人工纯林径阶中值与径阶分布累积散点图可知（图 6-1），其径阶分布形状相近。各坡向、坡位相同分布累积频率范围对应径阶中值表明：南坡径阶最大，北坡最小，南坡、东坡径阶较北坡、西坡大；中坡、下坡径阶较大，上坡林分大径阶株数较少。

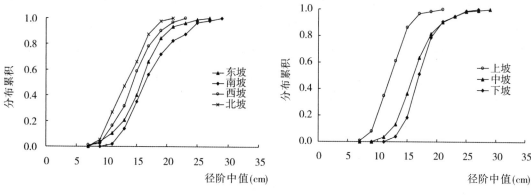

图6-1 不同坡向、坡位闽楠人工林径阶分布累积

6.3.2.2.3 不同坡向、坡位闽楠人工纯林林木分级

各坡向、坡位的45龄闽楠人工纯林林木分级显示，Ⅱ级木、Ⅲ级木占80%以上，Ⅳ级木基本在10%以下（东坡最大，为10.39%），Ⅴ级木均未出现（表6-15），不同坡向、坡位闽楠人工纯林林分分化不明显。各坡向、坡位林分林木分级结果再次印证前述分析的该条件下林分径阶分布及胸径变异较小所表明的林分处竞争稳定期情况（楚秀丽等，2014）。

表6-15 不同坡向、坡位闽楠人工纯林林木分级

坡向	林木分级比例（%）					坡位	林木分级比例（%）				
	Ⅰ	Ⅱ	Ⅲ	Ⅳ	Ⅴ		Ⅰ	Ⅱ	Ⅲ	Ⅳ	Ⅴ
东坡	5.19	38.96	45.46	10.39	0.00	下坡	5.26	28.95	65.79	0.00	0.00
南坡	12.28	22.81	57.89	7.02	0.00	中坡	7.96	30.97	56.64	4.43	0.00
西坡	7.61	34.78	47.83	9.78	0.00	上坡	3.97	42.86	47.62	5.55	0.00
北坡	4.50	40.45	48.31	6.74	0.00						

6.3.2.3 闽楠混交林

6.3.2.3.1 不同混交类型闽楠人工林生长

不同混交类型（与杉木、毛竹、福建柏和木荷混交林分样地分别为Ⅴ、Ⅵ、Ⅶ、Ⅷ，其均为南坡下坡，且立地条件基本一致，具有可比性）的45龄闽楠人工林生长差异极显著（表6-16），其中与杉木混交效果最好，闽楠树高、胸径和冠幅均值分别为16.09m、24.13cm和4.22m，显著较其他混交类型大，其他混交类型仅见与福建柏混交的闽楠树高较高，为15.76m，与木荷混交的闽楠树高、胸径均最小，仅分别为与杉木混交的71.97%、58.64%，可能与木荷竞争力强有关。此外，不同混交类型闽楠人工林树高变异系数较小，最大为13.17%；其胸径变异系数相对树高则较大，均在20%左右，为相同混交类型树高变异系数的2倍左右；闽楠人工林不同混交类型的冠幅变异系数与其人工纯林在不同生境表现类似，即变异系数较大，再次表明闽楠人工林冠幅受外界影响较胸径、树高大（楚秀丽等，2014）。

表 6-16　不同混交类型闽楠人工林生长

混交树种	树高 （m）	变异系数 （%）	胸径 （cm）	胸径变异系数 （%）	冠幅 （m）	冠幅变异系数 （%）
杉木	16.09±1.28a	7.94	24.13±4.42a	18.31	4.22±1.03a	24.51
毛竹	14.20±1.03b	7.26	18.99±2.68b	14.10	2.26±0.43b	18.96
福建柏	15.76±2.07a	13.13	14.54±3.68c	25.31	2.53±1.04b	40.88
木荷	11.58±1.53c	13.17	14.15±2.89c	20.45	2.44±0.65b	26.53
F 值	34.206**		32.760**		23.877**	

6.3.2.3.2　不同混交类型闽楠人工林径阶分布

相同立地条件下，不同混交类型的 45 龄闽楠人工林径阶的拟合效果较好，拟合统计量 r^2 均符合统计要求（表 6-17）。除与毛竹混交外，其他混交类型的闽楠人工林径阶拟合形状参数 c 均在 1~3.6，即其径阶均为单峰左偏山状分布，c 值均稍大于 1，表明其林分处于竞争期的自然稀疏后期。由上述对其胸径变异的分析可知，各混交类型林分胸径变异较小，也表明其闽楠林分处于分化不明显的阶段（楚秀丽等，2014）。

表 6-17　不同混交类型闽楠人工林径阶分布拟合参数

径阶分布拟合参数	混交树种			
	杉木	毛竹	福建柏	木荷
a	15.922	10.594	9.019	8.772
b	5.672	8.932	3.664	4.458
c	1.188	0.977	1.185	1.097
r^2	0.895	0.816	0.982	0.906

由不同混交类型闽楠人工林径阶中值与径阶分布累积散点图可知（图 6-2），与毛竹混交的闽楠人工林径阶分布为倒"J"型分布，而其他混交类型均为单峰左偏山状。相同分布累积频率范围对应的径阶中值表明，与杉木混交闽楠人工林径阶最大，其次为与毛竹混交林分，与福建柏及木荷混交林分径阶最小。

6.3.2.3.3　不同混交类型闽楠人工林林木分级

不同混交类型的 45 龄闽楠人工林林木分级显示，Ⅱ级木、Ⅲ级木占 80% 以上，Ⅰ级木、Ⅳ级木 10% 以下，Ⅴ级木均未出现（表 6-18），说明不同混交类型 45 龄闽楠林分没有明显分化。前述分析也表明，其径阶分布除与毛竹混交外，均呈单峰左偏山状分布，该条件下闽楠林分较稳定，即处于竞争期的自然稀疏后期。

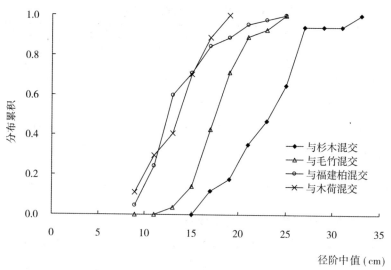

图6-2 不同混交类型闽楠人工林径阶分布累积

表6-18 不同混交类型闽楠人工林林木分级

混交树种	林木分级比例（%）				
	Ⅰ	Ⅱ	Ⅲ	Ⅳ	Ⅴ
杉木	5.88	47.06	41.18	5.88	0.00
毛竹	3.57	39.29	57.14	0.00	0.00
福建柏	11.11	24.44	55.56	8.89	0.00
木荷	3.70	48.15	37.04	11.11	0.00

6.3.2.4 闽楠林冠下造林

6.3.2.4.1 不同弱光环境闽楠人工林生长

弱光环境下闽楠人工林生长以马尾松冠下（样地为Ⅺ-1、Ⅺ-2）、杉萌套种（样地为Ⅸ-1、Ⅸ-2、Ⅸ-3）较好，两种模式下闽楠生长均显著优于杉木冠下闽楠（样地为Ⅹ-1、Ⅹ-2、Ⅹ-3）（与马尾松冠下闽楠同龄），树高、胸径、冠幅分别近等于杉木冠下闽楠树高、胸径、冠幅的3倍、4倍、2倍（表6-19）。不同弱光条件下闽楠林分树高、胸径的变异系数均较小（杉萌套种闽楠林分胸径变异系数最大，也仅为14.60%），杉木冠下闽楠林分冠幅变异系数较大，为23.96%，可能杉木冠下光照条件较弱，闽楠个体为竞争光照而导致冠幅差异；马尾松冠下闽楠林分树高、胸径和冠幅变异系数均最小（均<5%），明显小于杉萌套种和杉木冠下闽楠林分树高、胸径和冠幅的变异系数，表明该条件下闽楠人工林生长变异相对较小，可能因马尾松树冠针叶稀疏，既能遮阳又不致使光照不足。

表 6-19 不同弱光环境闽楠人工林生长

弱光环境	树高 （m）	树高变异系数 （%）	胸径 （cm）	胸径变异系数 （%）	冠幅 （m）	冠幅变异系数 （%）
杉萌套种	8.16±0.57a	7.00	8.06±1.18a	14.60	2.39±0.32bc	13.37
马尾松冠下	7.39±0.33a	4.41	8.21±0.17a	2.08	2.80±0.02ab	0.68
杉木冠下	3.13±0.30b	9.52	2.44±0.15b	5.97	1.67±0.40c	23.96
F 值	113.610**		53.194**		7.972*	

6.3.2.4.2 不同弱光环境闽楠人工林径阶分布特征

对不同弱光条件下闽楠人工林径阶的拟合效果也较好，拟合统计量 r^2 均符合统计要求（表 6-20），不同弱光环境闽楠人工林径阶拟合形状参数 c 均小于1，即其径阶均为倒 "J" 型分布，林分处于稳定竞争期。这与上述对该条件下闽楠人工林胸径变异分析结果一致，即不同弱光条件下闽楠人工林胸径变异均不明显。

表 6-20 不同弱光环境闽楠人工林径阶分布拟合参数

弱光环境	径阶分布拟合参数			
	a	b	c	r^2
杉萌套种	1.689	7.55	0.892	0.893
马尾松冠下	4.781	25.023	0.374	0.893
杉木冠下	0.546	1.718	0.627	0.924

不同弱光条件下闽楠林分相同分布累积频率范围对应的径阶中值表明（图 6-3），马尾松冠下和杉萌套种模式闽楠林分径阶较大，杉木冠下闽楠林分径阶较小。

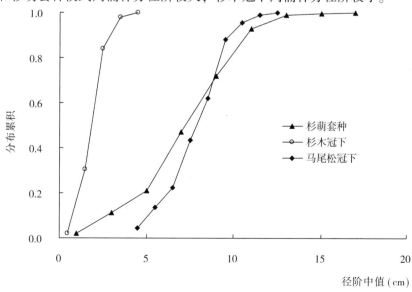

图 6-3 不同弱光环境闽楠人工林径阶分布累积

6.3.2.4.3 不同弱光环境闽楠人工林林木分级

弱光环境下闽楠人工林林木分级显示，马尾松冠下闽楠林分 V 级木所占比例为 0，其他两种模式闽楠林分 V 级木均不同程度地出现，但 V 级木所占比例均较少（表6-21），表明杉萌套种和杉木冠下闽楠林分存在一定的分化现象。前述分析也显示马尾松冠下闽楠林分胸径变异及径阶分布形状参数 c 值均明显较杉萌套种和杉木冠下两种模式闽楠林分相应指标小，即马尾松冠下闽楠林分竞争较稳定。

表 6-21　不同弱光环境闽楠人工林林木分级

弱光环境	林木分级比例（%）				
	I	II	III	IV	V
杉萌套种	17.29	31.58	30.83	13.16	7.14
马尾松冠下	6.31	40.54	39.64	13.51	0.00
杉木冠下	12.95	30.94	35.97	18.71	1.44

6.3.3　赤皮青冈

6.3.3.1　赤皮青冈混交林

福建建瓯上元村赤皮青冈人工混交林调查表明（表6-22），在赤皮青冈人工混交林长时间的生长过程中，群落中灌木层、草本层物种逐渐丰富，共有乔木 20 种、灌木 35 种、草本 33 种；乔木层中优势度前四位的树种分别是杉木、赤皮青冈、栲树和木荷，其重要值之和占总量的 74.074%。杉木作为群落中的针叶树种，其对环境资源的利用不同于阔叶树种，在造林初期具有明显竞争优势。赤皮青冈在人工造林初始密度较大，且出现后代更新速度较快，但竞争模型分析表明，赤皮青冈在与杉木、栲树和木荷的竞争中始终处于劣势；在与钩栲、白花泡桐、青冈、木油桐的竞争中占优势。在群落的发展过程中，初期赤皮青冈造林密度大，由于杉木、栲树和木荷等树种长势较好，上层高大乔木郁闭度高，林下透光有限，使得赤皮青冈无法获得充足的生长空间，也对更新的幼苗产生不利影响，需对林分及时采取适当的疏伐措施，增加林分透光度，减小郁闭度，以促进赤皮青冈的生长（刘沁月等，2017）。

表 6-22　建瓯赤皮青冈人工林乔木层主要物种组成

种名	平均胸径（cm）	平均树高（m）	蓄积量（m³）	相对多度（%）	相对频度（%）	相对显著度（%）	重要值
杉木	11.21	8.18	7.550	26.634	19.595	31.781	78.010
赤皮青冈	5.49	5.38	2.165	44.608	20.270	12.767	77.645
栲树	18.66	9.96	4.676	5.392	10.135	17.828	33.356
木荷	16.15	10.95	4.913	7.026	8.784	17.401	33.211
钩栲	8.40	6.89	0.811	6.046	10.811	4.051	20.907

（续表）

种名	平均胸径 （cm）	平均树高 （m）	蓄积量 （m³）	相对多度 （%）	相对频度 （%）	相对显著度 （%）	重要值
白花泡桐	17.91	11.29	1.295	1.471	5.405	4.479	11.355
青冈	8.23	6.17	0.293	2.451	6.757	1.576	10.784
木油桐	22.13	11.28	1.318	0.980	4.054	4.559	9.594
山乌桕	10.41	6.22	0.282	1.471	2.703	1.513	5.687
南酸枣	21.37	12.00	0.645	0.490	1.351	2.126	3.967
油茶	5.10	4.40	0.030	0.817	2.027	0.202	3.046
福建山樱花	6.13	7.47	0.037	0.490	2.027	0.175	2.692
窄基红褐栲	6.27	5.50	0.031	0.490	1.351	0.183	2.025
野漆	6.08	6.33	0.043	0.654	0.676	0.229	1.559
马尾松	18.40	8.90	0.123	0.163	0.676	0.525	1.364
香樟	14.30	9.00	0.077	0.163	0.676	0.317	1.156
椿叶花椒	11.20	12.50	0.061	0.163	0.676	0.195	1.034
红楠	5.20	6.50	0.008	0.163	0.676	0.042	0.881
拟赤杨	4.80	6.50	0.007	0.163	0.676	0.036	0.875
芬芳安息香	3.00	3.50	0.002	0.163	0.676	0.014	0.853
合计				100.000	100.000	100.000	300.000

6.3.3.2 赤皮青冈林冠下造林

浙江建德林场泷江林区低质次生林珍贵化改培示范林调查表明（表6-23），林冠下6年生赤皮青冈平均树高、胸径和冠幅等生长指标分别为2.995m、2.562cm和1.757m，变异系数分别为18.20%、31.30%和21.68%；平均高径比和冠径比分别为123.253和72.948，变异系数分别为21.35%和28.01%；平均枝下高、最大分枝高度、最粗分枝基径、最长分枝长度和通直度等形质指标分别为0.550m、1.058m、1.417cm、1.153m和4.800，变异系数分别为50.91%、33.36%、25.69%、33.56%和10.08%。分叉干数为0，说明赤皮青冈主干较通直。

表6-23 林冠下6年生赤皮青冈生长情况

指标	均值	最低	最高	变异系数（%）
树高（m）	2.995±0.545	2	4	18.20
胸径（cm）	2.562±0.802	1.12	4.4	31.30
冠幅（m）	1.757±0.381	1.2	2.8	21.68
高径比	123.253±26.313	85.25	183.04	21.35
冠径比	72.948±20.436	48.39	113.79	28.01
枝下高（m）	0.550±0.280	0.10	1.00	50.91
最大分枝高度（m）	1.058±0.353	0.40	1.70	33.36

（续表）

指标	均值	最低	最高	变异系数（%）
最粗分枝基径（cm）	1.417±0.364	0.847	2.23	25.69
最长分枝长度（m）	1.153±0.387	0.6	2.0	33.56
分叉干数	0±0	0	0	0
通直度	4.800±0.484	3	5	10.08

6.3.4 南方红豆杉

6.3.4.1 不同栽培模式对南方红豆杉幼林生长的影响

试验地位于福建明溪县瀚仙镇石珩村景成坑，试验苗木为人工培育的南方红豆杉2年生无纺布容器苗。设置3种栽培模式对南方红豆杉幼林生长影响的试验，即I1-马尾松林下套种、I2-杉木林下套种、I3-东北坡半日照山地造林。于2015年1月造林，于2019年1月调查林分树高、地径与冠幅生长情况。结果表明（表6-24），3种栽培模式下南方红豆杉6年生幼林树高、地径和冠幅差异显著：在树高方面，I1、I2与I3相比，I1增加10.87%，I2增加8.33%，I1、I2更有利于树高生长；在地径方面，I2、I1与I3相比，I2增加30.67%，I1增加22.42%，I2、I1更有利于地径生长；在冠幅方面，I1、I2与I3相比，I1增加31.71%，I2增加14.02%，I1更有利于冠幅生长。I1栽培模式更有利于南方红豆杉幼林树高、地径和冠幅的生长，其次是I2栽培模式。

表6-24 不同栽培模式南方红豆杉幼林生长情况

性状	处理	6年生幼林
幼林平均树高（m）	I1 马尾松林下套种	3.06
	I2 杉木林下套种	2.99
	I3 东北坡半日照山地造林	2.76
幼林平均地径（cm）	I1 马尾松林下套种	4.75
	I2 杉木林下套种	5.07
	I3 东北坡半日照山地造林	3.88
幼林平均冠幅（m）	I1 马尾松林下套种	2.16
	I2 杉木林下套种	1.87
	I3 东北坡半日照山地造林	1.64

6.3.4.2 杉木林冠不同透光度对南方红豆杉幼林生长的影响

试验地位于福建明溪县瀚仙镇石珩村景成坑，试验苗木为人工培育的南方红豆杉2年生无纺布容器苗。设置3个杉木林冠不同透光度：B1-杉木林冠透光率60%、B2-杉木林冠透光率80%、B3-杉木林冠透光率30%。于2016年2月造林，于2017年12月、2019年3月分别调查树高、地径与冠幅生长情况。结果表明（表6-25），杉木林冠不同透光度对

4 年生、5 年生南方红豆杉幼林树高、地径和冠幅生长的影响显著，B1 透光率下生长最好，表明南方红豆杉幼林对光照要求偏荫，遮阴条件以透光率 60% 处理最有利于南方红豆杉幼林生长。

表 6-25　杉木林冠不同透光度南方红豆杉幼林生长情况

性状	处理	4 年生幼林	5 年生幼林
幼林平均树高（m）	B1 杉木林冠透光率 60%	1.68	2.63
	B2 杉木林冠透光率 80%	1.38	2.06
	B3 杉木林冠透光率 30%	1.42	2.24
幼林平均地径（cm）	B1 杉木林冠透光率 60%	2.05	4.63
	B2 杉木林冠透光率 80%	1.81	3.58
	B3 杉木林冠透光率 30%	1.62	3.02
幼林平均冠幅（m）	B1 杉木林冠透光率 60%	1.05	1.63
	B2 杉木林冠透光率 80%	0.89	1.30
	B3 杉木林冠透光率 30%	0.84	1.30

6.3.4.3　南方红豆杉幼林不同培育模式特点和效果比较

利用 2002 年 1 月于明溪县盘井槠栲类次生林下栽植的南方红豆杉试验林，以及 2015 年 1 月明溪县景成坑马尾松间伐林冠下、杉木间伐林冠下、阴坡（半日照）山地种植的南方红豆杉试验林，结合 2018 年 1 月和 2019 年 1 月对 4 块试验林的调查（表 6-26），分析 4 种栽培模式效果。

表 6-26　不同栽培模式幼林生长指标

试验地点	盘井	景成坑	景成坑	景成坑
土地条件	I	II	II	II
种苗	裸根苗	容器苗	容器苗	容器苗
培育模式	槠栲类次生林 透光率 60%~70% 套种南方红豆杉	马尾松林间伐 透光率 60% 套种南方红豆杉	杉木林间伐 透光率 60% 套种南方红豆杉	阴坡（半日照） 山地种植 南方红豆杉
栽植时间	2002 年 1 月	2015 年 1 月	2015 年 1 月	2015 年 1 月
调查时间	2018 年 1 月	2019 年 1 月	2019 年 1 月	2019 年 1 月
林龄（a）	17	6	6	6
平均树高（m）	7.69	3.06	2.99	2.76
年均树高（m）	0.45	0.51	0.50	0.46
平均地径或胸径（cm）	14.89	4.75	5.07	3.88
年均地径或胸径（cm）	0.87	0.79	0.85	0.65
平均冠幅（m）	4.21	2.16	1.87	1.64
年均冠幅（m）	0.12	0.36	0.31	0.27

6.3.4.3.1　以楮栲为主的阔叶次生林套种南方红豆杉栽培模式

以楮栲为主的阔叶次生林套种南方红豆杉是最优的栽培模式，17 年生南方红豆杉平均树高 7.69m，年平均树高生长 0.45m，平均胸径 14.89cm，年平均胸径生长 0.87cm。针阔混交的南方红豆杉幼树的树干通直圆满，长势良好。培育南方红豆杉速生丰产优质大径材，宜选择针阔混交栽培模式。其特点和作用有以下几点。

一是深根性树种和浅根性树种混交。根据南方红豆杉 17 年生人工林根系生长调查，主根不明显，侧根和须根 85% 分布于土壤表层 2~30cm 深范围，属较浅根性树种。而以米楮为主的阔叶树主根发达，分布土层深度可达 3~4m，侧根、须根 85% 生长在土层深度 20~60cm。两者根系能互相协调和促进，可充分利用土壤中各层营养物质，根系总生长量比纯林大 40%~90%。因地力利用充分，林分生长稳定、生长量大。

二是喜光树种和耐荫树种混交。林冠合理分层是充分利用光能促进林分高产的重要条件，林冠分层不仅能优化森林群落形态特征，而且是森林生态结构的主要指标。以米楮为主的阔叶次生林已是成熟林，喜光树种已占据上层，上层生长空间增加，得到充分光照，生产效率提高。而南方红豆杉幼林期较耐荫，一般在中等光照条件下就有较高的光合作用效能。喜光树种和耐荫树种混交，木材产量可比纯林高出 20%~100%。

三是针叶树种和阔叶树种混交。林地的地力维持和提高主要决定于林分的枯枝落叶数量和分解率，针叶和阔叶树种混交能更好地维护和提高地力。针阔混交枯枝落叶数量比杉木和马尾松枯枝落叶多 0.5~1 倍，针阔混交枯枝落叶 1~2 年分解率可达 90%，而杉木和马尾松枯枝落叶 3~4 年分解率可达 50%~80%。阔叶树的落叶量大，叶子所含灰分较丰富，而且分解比较容易，这是阔叶树和针叶树混交林能够维持和提高地力的主要原因。

6.3.4.3.2　马尾松林间伐后套种南方红豆杉栽培模式

马尾松林间伐后套种南方红豆杉栽培模式是较优栽培模式，采用良种和精细化栽培，可实现南方红豆杉速生丰产优质。在马尾松林下套种南方红豆杉，6 年生平均树高达 3.06m，年平均树高 0.51cm，地径 4.75cm，年平均地径 0.79cm，已达到速生丰产指标，可推广应用。其特点和作用主要是深根性树种（马尾松）和浅根性树种（南方红豆杉）混交，喜光树种（马尾松）和耐荫树种（南方红豆杉）混交。此外，马尾松和南方红豆杉 2 种针叶树种混交在维护和提高地力方面优于马尾松纯林。马尾松和南方红豆杉混交林枯枝落叶量比马尾松纯林多 20%~50%，枯枝落叶 2~3 年分解率可达 50%~80%，比马尾松纯林提早 1 年时间。

6.3.4.3.3　杉木林间伐后套种南方红豆杉栽培模式

杉木林间伐后套种南方红豆杉是较优栽培模式，采用良种和精细化培育模式，可实现南方红豆杉速生丰产优质。在杉木林下套种南方红豆杉，6 年生平均树高 2.99m，年平均树高 0.50m，平均地径 5.07cm，年平均地径 0.85cm。杉木林冠下套种南方红豆杉培育模式在生产中可以推广应用。其特点和作用主要是浅根性树种混交（杉木+南方红豆杉），较喜光树种（杉木）和耐荫树种（南方红豆杉）混交，针叶树种混交（杉木+南方红豆杉）。

6.3.4.3.4 南方红豆杉纯林栽培模式

在山地培育南方红豆杉纯林也是较好的栽培模式，但有一定条件要求，须采用良种和精细化培育方能实现南方红豆杉用材林速生丰产优质。

一是选择阴坡（半日照）Ⅰ、Ⅱ（立地指数16~20）的山地。南方红豆杉幼林属阴性，在长期强光照作用下，会造成日灼和病虫害而影响幼林生长和保存率。每年7月日照时数最长，光照最强，建议选择造林地光照条件：上午日照时间6h，下午没有日照6h，称为半日照，半阴半阳有利于南方红豆杉幼林的光合作用，有利用于幼林生长。

二是南方红豆杉根系穿透力很弱，通过翻土改善根系生长，能提高造林保存率和加速幼林生长。南方红豆杉属较浅根性树种，其85%侧根、须根分布土层深度2~30cm，每年秋季少雨干旱对较浅根性树种生长和成活率影响较大。提早造林时间，在冬至前完成造林，幼树早扎根、早生长，有利用抗旱保苗。幼林抚育措施：第一年造林春天扩穴培土，扩穴规格为长1m、宽0.80m、深20cm以上，培树兜四周0.80m×0.70m，培土厚度15~20cm；造林后第2~3年采用扩穴培土，翻土联带，保证南方红豆杉幼树不受干旱影响。

三是南方红豆杉纯林在维护和提高地力方面不如混交林。调查表明南方红豆杉纯林的枯枝落叶量比混交林少50%~100%，枯枝落叶3年时间分解率为50%~90%。

6.3.4.3.5 南方红豆杉混交林效益分析

南方红豆杉与阔叶树林、马尾松林、杉木林混交，其生态效益和经济效益极其显著。

一是保持水土，减少灾害，净化空气。混交林树冠结构丰富，降水经过树冠层层拦截，可延缓降水下落到地面的速度，一般情况下树冠可以截留降水量15%~20%。南方红豆杉与阔叶树林、马尾松林、杉木林混交，枯枝落叶量多，腐殖质层厚，土壤质地疏松，土壤孔隙度高，根系分布土层深度2~65cm，根量大，土壤结构良好，土壤吸水能力强，降水过程中减少地表径流量达62%，土壤含水量比马尾松林高88%。

二是混交树林对不良环境有较强的抗性。混交林生态系统比纯林复杂，食物链长，营养结构复杂，有利于鸟兽栖息和寄生性菌繁殖，使众多生物种类相互制约，任何种类病虫害都难以大量发生。高温季节混交林内湿度较低，对木荷和杉木混交林中测定表土温度可达30℃，而在林缘边空地测定表土温度已达49℃。在干旱时期，混交林内湿度大，各种可燃烧物不易着火，因此混交林可减少火灾和风灾等。

三是混交林能更好地维护和提高地力。针阔混交、阔叶树落叶量大，叶子所含灰分较丰富，而且分解比较容易。这是阔叶树林和针叶树林混交能够维持和提高地力的主要原因。

四是混交林能充分利用光能和地力，提高林木生长量。混交林上层林冠是喜光树种，能得到充分光照，生产效率较高，而中层林冠树种耐荫，在中等光照条件下就有较高的光合作用效能。南方红豆杉与阔叶树林、马尾松林、杉木林混交，可充分利用土壤中各层的营养物质，林分生长稳定，生长量大，一般混交林的生长量比纯林生长量高30%以上。

五是不炼山造林，保护环境。不炼山造林就是保护环境。南方红豆杉套种在马尾松林、杉木林、阔叶次生林的林冠下，采用不炼山造林，可避免由于炼山造林导致严重水土流失，破坏林地中生物多样性和排放大量的烟灰。

六是充分利用地力，缩短生产周期。杉木、马尾松人工林造林后 15 年左右进行第一次间伐，第一次间伐时套种南方红豆杉。杉木人工林主伐林龄 30 年，马尾松人工林主伐林龄 35 年，南方红豆杉与杉木、马尾松混交时间 15~20 年，可充分利用林地地力 15~20 年，也缩短了南方红豆杉用材林生产周期 15~20 年。

6.4 人工林经营技术

6.4.1 红豆树

6.4.1.1 精细化培育

加强红豆树人工林精细化经营，是珍贵树种红豆树高效培育的根本。采用 2 年生红豆树容器苗营建的林分，在造林初期，每年需结合锄草和劈除杂灌木进行抚育，后期可视生长状况结合锄草等作业进行抚育，直至林分郁闭。红豆树幼树萌蘖能力较强，应及时修剪，主要剪除基部萌条、主干分枝和上部竞争枝，保留中上部正常营养枝，可使红豆树树高、地径、胸径生长量明显增加，主干通直度也得以显著提高。红豆树秋季抽梢在冬季通常发生冻害，春季重新抽枝而致树干弯曲，栽植后幼龄阶段应插杆绑缚，有时自下而上每年需绑缚数次。为促进红豆树早期健壮生长及中龄林分提早成材，结合抚育应进行每株沟施或穴施复合肥，不可大量单施氮肥，如尿素；管抚期间应加强病虫害防治，而对林分内发生病、虫、机械损伤等破坏主干的植株，宜进行截干、重新定干（楚秀丽等，2021）。

定向培育红豆树大径材人工林需适时间伐，延长培育周期。研究发现，红豆树心材半径与胸径呈显著线性关系，心材面积与胸径呈显著幂函数关系，且均为正相关。因此，及时伐除伴生树种及生长不正常的被压木、弯曲木等的同时，可对其人工林进行适时间伐，以促进红豆树速生丰产、优质干材形成及显著提高心材比例。造林后一般 8~10 年可进行 1 次间伐，每亩最终保留密度可在 50~60 株。红豆树木材基本密度中等，平均 0.543g/m²，较少受立地和林龄的影响，且呈现出从髓心向外呈逐渐增加的趋势，第 35 轮后趋于平缓或下降，其径向均匀性相对较高，而且红豆树生长并不缓慢，平均年轮宽度在 1cm 左右。可见，适当延长培育周期有利于培育红豆树大径材，且对其材性影响不大（楚秀丽等，2021）。

6.4.1.2 施肥

福建永春碧卿国有林场 6 年生红豆树人工林施肥试验的胸径、树高生长效应表明（表 6-27、表 6-28），极差 R 值 P 元素最大、N 元素次之、K 元素最低，即追施氮磷钾复合肥对红豆树胸径、树高生长影响的主次关系为磷肥>氮肥>钾肥；氮肥、磷肥、钾肥 3 个因子、3 个施肥水平中，对红豆树幼树胸径生长影响的水平次序：在 N 元素的 3 个水平中，N2 最优，且 N2>N1>N3，说明在该试验地的立地质量中，N2 施氮量短期内基本能满足红豆树幼树生长需要；在 P 元素的 3 个水平中，以 P1 最优，且 P1>P2>P3，说明该试验地中的 P 元素欠缺较明显；在 K 元素的 3 个水平中，以 K3 最适，且 K3>K2>K1，说明以钾肥用量较少的 K3 水平较适宜。氮肥、磷肥、钾肥人工追肥措施对红豆树幼树树高生长的影响与胸径生长效应基本一致。红豆树施肥试验效应与试验地土壤中主要元素 N、P、K 含量的缺乏状况相一致，即 N 元素和 K 元素相对富有的情况下，P 元素缺乏直接影响红豆树幼树生长，由于 P 元素是林木生长最为重要的必需营养元素之一，其以多种方式参与植物体内的代谢过程，追施磷肥改善了该试验地土壤供 P 不足的问题，进而有效地促进了红豆树林木生长（连细春，2015）。

表 6-27　红豆树（NPK）人工林施肥试验正交设计表

水平	因素（g/株）		
	尿素（N）	钙镁磷肥（P）	氯酸钾（K）
1	150	120	90
2	100	80	60
3	50	40	30

表 6-28　永春红豆树 L9（34）正交施肥试验的胸径和树高生长效应

条件号	胸径					树高				
	N	P	K	空白	胸径（cm）	N	P	K	空白	树高（m）
1	1	1	3	2	5.39	1	1	3	2	4.98
2	2	1	1	1	5.14	2	1	1	1	5.07
3	3	1	2	3	4.46	3	1	2	3	4.45
4	1	2	2	1	4.03	1	2	2	1	4.28
5	2	2	3	3	4.5	2	2	3	3	4.74
6	3	2	1	2	3.48	3	2	1	2	4.01
7	1	3	1	3	3.14	1	3	1	3	3.74
8	2	3	2	2	3.98	2	3	2	2	4.01
9	3	3	3	1	3.07	3	3	3	1	3.47
R	0.87	1.6	0.4	0.25		0.63	1.09	0.12	0.02	

注：R 为极差，是各列中各水平对应的。

6.4.2　楠木

6.4.2.1　密度调控

针对 29 年生闽楠人工林生长量调查结果表明（表 6-29），不同密度闽楠人工林的树高存在显著差异，胸径、单株材积和蓄积量存在极显著差异。造林密度为 1995 株/hm² 的林分，其树高、胸径、单株材积和蓄积量与造林密度为 2505 株/hm² 的林分相比，分别提高了 15.9%、28.3%、85.5% 和 38.2%；造林密度为 2505 株/hm² 的林分，其树高、胸径、单株材积和蓄积量与造林密度为 3900 株/hm² 的林分相比，分别提高了 25.7%、31.8%、111.6% 和 42.3%。可见，闽楠人工林随着造林密度的增加，其树高、胸径、单株材积和蓄积量下降。这主要是因为随着造林密度的增加，林分内林木个体生长的空间包括地上和地下的空间减少，林木生长中所获得阳光和从土壤中吸收的各种养分降低，因此林木个体生长量下降，而且高密度的林分由于林木间的竞争较为激烈导致保存率不高、蓄积量也降低（罗良儿，2016）。

表 6-29　不同造林密度闽楠人工林生长情况

造林密度 （株/hm²）	现存密度 （株/hm²）	树高 （m）	胸径 （cm）	冠幅 （m）	单株材积 （m/株）	蓄积量 （m³/hm²）
3900	3354	10.5	11.0	3.0×3.0	0.0517	173.40
2505	2255	13.2	14.5	3.4×3.4	0.1094	246.70
1995	1676	15.3	18.6	3.6×3.5	0.203	340.23
F 值		7.52 *	12.67 **		25.33 **	47.60 **

6.4.2.2　施肥

湖北太子山林场管理局王岭林场针对 3 年生浙江楠幼林为期 1 年的施肥试验表明（表6-30），施肥对楠木树高生长和地径生长有显著影响。树高生长的对照（CK）均值为9.47m，施复合肥的均值为 13.99m，施尿素的均值为 10.48m；地径生长的 CK 均值为1.81cm，施复合肥的均值为 2.47cm，施尿素的均值为 2.01cm。可见，施复合肥和尿素都对高生长和地径生长有显著性影响，且施复合肥影响更显著（安林辉等，2019）。

表 6-30　肥料种类对高生长和地径生长的影响

指标		N	均值	标准差	标准误	均值的95%置信区间		极小值	极大值
						下限	上限		
树高生长 （m）	CK	57	9.47	7.95	1.05	7.36	11.58	0	45
	复合肥	202	13.99	8.77	0.62	12.77	15.20	0	44
	尿素	218	10.48	6.80	0.46	9.57	11.38	0	40
	总数	477	11.84	8.03	0.37	11.12	12.57	0	45
地径生长 （cm）	CK	57	1.81	1.22	0.16	1.49	2.13	0.04	4.70
	复合肥	202	2.47	1.43	0.10	2.27	2.67	0.02	7.82
	尿素	218	2.01	1.32	0.09	1.83	2.19	0.03	10.38
	总数	477	2.18	1.38	0.06	2.06	2.30	0.02	10.38

6.4.3　南方红豆杉

6.4.3.1　密度调控

福建明溪 13 年生不同造林密度的南方红豆杉生长和形质等指标综合评价结果表明

（表6-31、表6-32），造林密度显著影响林分树高、胸径、冠幅、单株材积、林分蓄积、胸高形数、圆满度、尖削度、通直度、枝下高、径高比等11个生长形质指标和综合得分值，这表明南方红豆杉生长和形质存在造林密度效应。倒"J"型分布是林分结构稳定的必要特征之一，不同造林密度径阶分布的拟合及径阶中值与径阶分布累积散点图结果表明，1800株/hm²、2400株/hm²、3000株/hm²造林密度均为倒"J"型分布，林分处于竞争稳定期；而3600株/hm²造林密度为单峰左偏山状，且出现V级木，林分分化相对严重。南方红豆杉不同造林密度人工林的径阶分布采用Weibull分布函数拟合效果较好；1800株/hm²、2400株/hm²、3000株/hm²造林密度林分结构相对稳定、竞争较合理，而3600株/hm²的林分处于竞争期的自然稀疏后期。不同造林密度南方红豆杉林分林木分级显示，目前只有3600株/hm²造林密度出现V级木。综合南方红豆杉生长形质表现以及林分分化情况，其材用型早期合理造林密度为3000株/hm²（康永武等，2017）。

表6-31 不同造林密度南方红豆杉生长表现及综合评价

造林密度（株/hm²）	调查时林分保存密度（株/hm²）	胸径（cm）	树高（m）	冠幅（m）	单株材积（m³）	林分蓄积（m³）	综合得分值
1800	1747	11.15±0.55a	5.07±0.22c	2.75±0.23a	0.0291±0.0024a	50.75±5.31c	6.79±0.65c
2400	2314	10.1±0.60b	5.61±0.17b	2.66±0.23a	0.0269±0.0017ab	61.93±5.23bc	8.53±0.62b
3000	2932	9.14±0.72bc	6.07±0.14a	2.43±0.25ab	0.0246±0.0027bc	71.54±8.39ab	10.10±1.10a
3600	3514	8.66±0.89c	6.20±0.15a	2.10±0.22b	0.0228±0.0013c	76.75±4.72a	10.90±0.57a

注：小写字母不同表示相互间差异显著，小写字母相同表示差异不显著。

表6-32 不同造林密度南方红豆杉形质表现

造林密度（株/hm²）	胸高形数	圆满度	尖削度（cm/m）	通直度	枝下高（cm）	径高比
1800	0.587±0.012c	0.536±0.018d	2.05±0.010a	4.21±0.08c	1.45±0.08c	2.20±0.15a
2400	0.599±0.008bc	0.633±0.013c	1.96±0.070ab	4.40±0.11b	1.61±0.08[b]	1.81±0.19b
3000	0.616±0.014ab	0.726±0.009[b]	1.84±0.050b	4.64±0.07a	2.14±0.07a	1.50±0.06c
3600	0.625±0.013a	0.752±0.010a	1.65±0.130c	4.64±0.08a	2.21±0.03a	1.40±0.10c

6.4.3.2 施肥

试验地位于福建明溪县瀚仙镇石珩村景成坑，试验苗木为人工培育的2年生容器苗。设置4个施肥处理，即A1（羊粪+复合肥）、A2（羊粪）、A3（复合肥）、A4（尿素）。造林第一年施肥量：A1羊粪3kg+复合肥50g，A2羊粪3kg，A3复合肥50g，A4尿素50g。造林第二年施肥量：A1羊粪4kg+复合肥80g、A2羊粪4kg、A3复合肥80g、A4尿素80g。造林第三年施肥量：A1羊粪5kg+复合肥100g、A2羊粪5kg、A3复合肥100g、A4尿素100g。羊粪经腐熟。于2016年2月造林，于2016年12月、2017年12月、2019年3月分别调查树高、地径与冠幅情况。结果表明（表6-33），施肥处理对南方红豆杉幼林生长影响显著。A1（羊粪+复合肥）、A2（羊粪）、A3（复合肥）、A4（尿素）这4种处理对南方红豆杉 3 年生幼林高生长影响不显著，对 3 年生地径、冠幅的影响达极显著水平；对 4 年生幼树树高、地径、冠幅的影响达极显著水平；对 5 年生幼树树高、地径、冠幅的影响也达极显著水平。试验结果表明 A2（羊粪）、A1（羊粪+复合肥）与 A3（复合肥）对树高、地径、冠幅影响生长较大，其中 A1（羊粪+复合肥）与 A2（羊粪）更有利于树高生长，A2（羊粪）更有利于对地径、冠幅的生长。

　　羊粪中含有丰富的有机酸和微量元素，能改善土壤物理和化学性质，促进土壤生化活性，丰富土壤养分含量，提高土壤保水与保肥能力，改善土壤生物小循环，可显著促进南方红豆杉幼林的生长，保持其幼林叶片色泽浓绿，提高抗病虫害能力，是南方红豆杉速生丰产，精细化栽培的主要措施。施复合肥与尿素会使土壤板结，不利于根系发育，影响幼树生长。

表 6-33　不同施肥处理的南方红豆杉幼林生长情况

性状	处理 A		3 年生幼林	4 年生幼林	5 年生幼林
幼林平均树高（m）	A1	羊粪+复合肥	1.06	1.61	2.33
	A2	羊粪	1.03	1.56	2.17
	A3	复合肥	1.03	1.38	1.91
	A4	尿素	0.97	1.30	1.69
幼林平均地径（cm）	A1	羊粪+复合肥	1.15	1.99	3.59
	A2	羊粪	1.11	2.13	3.74
	A3	复合肥	1.22	1.88	3.19
	A4	尿素	1.07	1.52	2.28
幼林平均冠幅（m）	A1	羊粪+复合肥	0.63	1.33	1.43
	A2	羊粪	0.64	1.28	1.44
	A3	复合肥	0.67	1.20	1.29
	A4	尿素	0.55	1.02	1.05
病虫害发生率（%）	A1	羊粪+复合肥		0.00	
	A2	羊粪		0.00	
	A3	复合肥		6.67	
	A4	尿素		10.00	
叶片色泽	A1	羊粪+复合肥		浓绿有光泽	
	A2	羊粪		浓绿有光泽	
	A3	复合肥		黄绿	
	A4	尿素		黄绿褐色	

6.4.3.3　修枝

　　修枝通过去除下层枝条减少损耗、改变切口上下同化物质的运行速度及分配，影响着干、枝和叶之间的物质分配，减小对高生长的抑制作用，进而影响树体生长和干材形质。对林木进行适度修枝，可以提高树干的圆满度，培养良好的干形。

修枝强度分别为 0.3、0.4 和 0.5 的福建明溪 11 年生南方红豆杉人工林试验结果表明（表 6-34），修枝后 5 年不同修枝强度间的生长存在差异。随修枝后时间推移，修枝后南方红豆杉生长性状较对照的差异越来越明显，但不同修枝强度间的生长效应、动态变化规律、水平差异及出现显著差异的时间点不尽相同。与对照比较，修枝强度为 0.3 和 4 年间隔期的修枝组合的胸径、树高和单株材积分别增加了 4.25%，4.76% 和 15.94%（$p < 0.05$）。因此，南方红豆杉的优化修枝组合为 0.3 相对高的修枝强度、4 年间隔期（欧建德和吴志庄，2017）。

表 6-34　修枝后 1~5 年南方红豆杉生长表现

处理	胸径（cm）			
	修枝 0.5	修枝 0.4	修枝 0.3	未修枝（对照）
修枝前	10.06±1.02a	10.09±0.99a	10.08±0.71a	10.06±1.00a
1 年	10.86±1.09a（98.73）	10.92±1.07a（99.27）	11.06±0.98a（100.55）	11.00±1.14a（100）
2 年	11.62±1.15bc（97.19）	11.76±1.14b（98.36）	12.10±1.06a（101.14）	11.96±1.22ab（100）
3 年	12.37±1.23c（96.61）	12.67±1.24b（98.96）	13.27±1.17a（103.67）	12.80±1.31b（100）
4 年	13.24±1.31c（97.12）	13.71±1.33b（100.51）	14.22±1.26a（104.25）	13.64±1.39b（100）
5 年	14.11±1.35d（97.72）	14.62±1.37b（101.20）	14.83±1.47a（102.65）	14.44±1.43c（100）
处理	树高（m）			
	修枝 0.5	修枝 0.4	修枝 0.3	未修枝（对照）
修枝前	6.33±0.40a	6.31±0.37a	6.33±0.33a	6.32±0.27a
1 年	6.80±0.68ab（100.99）	6.85±0.67a（101.83）	6.74±0.61bc（100.20）	6.73±0.64c（100）
2 年	7.29±0.72b（101.58）	7.41±0.72a（103.30）	7.26±0.66b（101.21）	7.18±0.68c（100）
3 年	7.70±0.77b（101.32）	7.87±0.76a（103.55）	7.91±0.73a（104.12）	7.60±0.72c（100）
4 年	8.13±0.82c（100.87）	8.32±0.80b（103.18）	8.44±0.79a（104.76）	8.06±0.78d（100）
5 年	8.53±0.88c（100.20）	8.74±0.84b（102.66）	8.93±0.84a（104.93）	8.51±0.81c（100）
处理	单株材积（m³）			
	修枝 0.5	修枝 0.4	修枝 0.3	未修枝（对照）
修枝前	0.0305±0.0074a	0.0305±0.0073a	0.0304±0.0062a	0.0303±0.0070a
1 年	0.0360±0.0085a（97.90）	0.0369±0.0086a（100.46）	0.0370±0.0078a（100.75）	0.0368±0.0087a（100）
2 年	0.0418±0.0092c（95.17）	0.0438±0.0095bc（99.65）	0.0456±0.0087a（103.73）	0.0440±0.0099b（100）
3 年	0.0478±0.0101d（94.26）	0.0521±0.0109b（102.69）	0.0571±0.0106a（112.62）	0.0507±0.0110c（100）
4 年	0.0553±0.0115d（95.38）	0.0613±0.0120b（105.64）	0.0672±0.0122a（115.94）	0.0580±0.0122c（100）
5 年	0.0630±0.0125d（96.27）	0.0697±0.0125b（106.45）	0.0732±0.0146a（111.82）	0.0654±0.0127c（100）

注：括号中数据为与对照相比的百分率（%）。各处理平均值右侧"±"后的值为标准差，不同英文小写字母表示差异显著（$p < 0.05$），字母相同表示差异不显著（$p > 0.05$）。

主要害虫及防控技术

7

红豆树等珍贵树种在生长过程中会遭受多种自然灾害的侵袭，其中虫害是影响林木生长最为重要、发生最为频繁的生物灾害之一。虫害主要表现在导致林木生长不良、枝叶残缺不全，或者出现坏死斑点（块），发生畸形、凋萎和腐烂等，降低树木生长质量，使之失去栽培价值和绿化效果，严重时会引起整株或整片林木死亡，造成重大的生态和经济损失。因此在珍贵树种培育过程中，虫害监测与防治是一项至关重要的生产管理措施。危害红豆树、楠木、赤皮青冈及南方红豆杉的害虫种类繁多，发生和危害情况较为复杂。据初步统计能取食红豆树等珍贵树种的害虫有 100 余种，重要的种类约 20 种，依据其危害部位主要有食叶害虫、枝干害虫、食根害虫和种实害虫 4 大类。本章就红豆树、楠木、赤皮青冈及南方红豆杉的主要害虫种类、形态特征、发生规律及综合防控的原则和技术等予以介绍。

7.1 害虫种类

7.1.1 红豆树

根据林间及苗圃地调查和文献资料查阅，危害红豆树的害虫约有 25 种，隶属于 5 目18 科，其中以半翅目昆虫种类最为丰富，其次为鳞翅目昆虫，两者占种类总数的68.00%，种类最少的是等翅目昆虫，仅 1 种（表 7-1）。从危害部位来看，危害枝、干的害虫种类最多，达到 14 种，其次是食叶害虫。从危害程度上看（浙江苗圃及种植基地），最为主要的害虫有堆砂蛀蛾 *Linoclostis gonatias* Meyrick（黄思琪和吴文娟，2020）和国槐小卷蛾 *Cydia trasias*（Meyrick）2 种。

表 7-1 红豆树害虫种类及危害程度

目	科	种名	危害程度	危害部位
直翅目 Orthoptera	蝗科 Acrididae	疣蝗 *Trilophidia annulata*（Thunberg）	+	叶
		中华小稻蝗 *Oxya chinensis*（Thunberg）	−	叶
		短角异斑腿蝗 *Xenocatantops brachycerus*（Willemse）	++	叶
		棉蝗 *Chondracris rosea*（De Geer）	−	叶
	蝼蛄科 Gryllotalpidae	东方蝼蛄 *Gryllotalpa orientalis* Burmesiter	+	根、苗茎

（续表）

目	科	种名	危害程度	危害部位
半翅目 Hemiptera	广蜡蝉科 Ricaniidae	八点广翅蜡蝉 *Ricania speculum*（Walker）	+	枝、干
		圆纹宽广蜡蝉 *Pochazia guttifera* Walker	−	枝、干
	蛾蜡蝉科 Flatidae	碧蛾蜡蝉 *Geisha distinctissima*（Walker）	−	枝、干
		褐缘蛾蜡蝉 *Salurnis marginella*（Guérin Meneville）	−	枝、干
	叶蝉科 Cicadellidae	大青叶蝉 *Tettigella viridis*（Linnaeus）	+	枝
		假眼小绿叶蝉 *Empoasca vitis*（Gothe）	−	枝
	蝉科 Cicadidae	绿草蝉 *Mogannia hebes* Walker	−	枝、干
	蚜科 Aphididae	茶蚜 *Toxoptera aurantii* Boyer de Fonscolombe	+	枝
	蝽科 Pentatomidae	麻皮蝽 *Erthesina fullo*（Thunberg）	−	枝、干
鳞翅目 Lepidoptera	毒蛾科 Lymantriidae	戟盗毒蛾 *Porthesia kurosawai* Inoue	+	叶
		棉古毒蛾 *Orgyia postica*（Walker）	+	叶
	蓑蛾科 Psychidae	螺纹蓑蛾 *Clania crameri* Westwood	+	叶
	刺蛾科 Limacodidae	褐边绿刺蛾 *Parasa consocia* Walker	+	叶
	尺蛾科 Geometridae	油桐尺蠖 *Buzura suppressaria* Guenee	+	叶
	木蛾科 Xyloryctidae	堆砂蛀蛾 *Linoclostis gonatias* Meyrick	+++	枝、梢
	卷蛾科 Tortricidae	国槐小卷蛾 *Cydia trasias*（Meyrick）	+++	枝、梢
	木蠹蛾科 Cossidae	咖啡木蠹蛾 *Zeuzera coffeae* Niether	++	枝、干
鞘翅目 Coleoptera	小蠹科 Scolytidae	光滑材小蠹 *Xyleborus germanus*（Blandford）	+	枝、干
	丽金龟科 Rutelidae	铜绿丽金龟 *Anomala corpulenta* Motschulsky	+	根、苗茎
等翅目 Isoptera	白蚁科 Termitidae	黑翅土白蚁 *Odontotermes formosanus*（Shiraki）	+	枝、干

注：−表示有发生，但基本不造成危害；+表示危害率＜10%；++表示10%≤危害率＜30%；+++表示危害率≥30%。下同。

7.1.2 楠木

能够危害浙江楠和闽楠等珍贵楠木的害虫约有 46 种，隶属于 5 目 28 科（林曦碧，2020；张琴等，2021），其中以半翅目和鳞翅目昆虫种类最为丰富，各 15 种，两者约占楠木害虫种类总数的 65.22%，种类最少的是等翅目昆虫，仅 1 种（表 7-2）。从危害部位来看，食叶害虫种类最多，有 27 种，约占比 58.70%，其次是 21 种危害枝、干的害虫，约占比 45.65%。依据林间调查和国内外楠木害虫发生情况报道，最为主要的楠木害虫有黄胫侎缘蝽 Mictis serina Dallas、樟巢螟 Orthaga achatina（Butler）、棉花弧丽金龟 Popillia mutans Newman、楠鳞毛肖叶甲 Hyperaxis phoebicola Tan 和黑翅土白蚁 Odontotermes formosanus Shiraki 5 种（宋海天等，2021）。

表 7-2　楠木害虫种类及危害程度

目	科	种名	危害程度	危害部位
直翅目 Orthoptera	蝗科 Acrididae	短角异斑腿蝗 Xenocatantops brachycerus（Willemse）	+	叶
		疣蝗 Trilophidia annulata（Thunberg）	−	叶
半翅目 Hemiptera	网蝽科 Tingididae	斑脊冠网蝽 Stephanitis aperta Horvath	−	叶
		维脊冠网蝽 Stephanitis exigua Horvath	−	叶
		樟脊冠网蝽 Stephanitis macaona Drake	++	叶
	缘蝽科 Coreidae	黄胫侎缘蝽 Mictis serina Dallas	+++	枝、嫩梢
	广蜡蝉科 Ricaniidae	八点广翅蜡蝉 Ricania speculum（Walker）	+	枝、干
		圆纹宽广翅蜡蝉 Pochazia guttifera Walker	−	枝、干
		眼纹广翅蜡蝉 Euricania ocellus（Walker）		枝、干
	蛾蜡蝉科 Flatidae	碧蛾蜡蝉 Geisha distinctissima（Walker）	−	枝、干
	蝉科 Cicadidae	黑蚱蝉 Cryptotympana atrata Fabricius	−	枝、干
	蜡蚧科 Coccidae	红蜡蚧 Ceroplastes rubens Maskell	−	枝、干
	盾蚧科 Diaspididae	乌桕白轮蚧 Aulacaspis thoracica（Robinson）	+	枝、干、叶
		蛇眼臀网盾蚧 Pseudaonidia duplex（Cockerell）	+	枝、干、叶
		桑白盾蚧 Pseudaulacaspis pentagona（Targioni-Tozzetti）	+	枝、干
	粉虱科 Aleyrodidae	黑刺粉虱 Aleurocanthus spiniferus（Quaintance）	+	叶
	蝽科 Pentatomidae	麻皮蝽 Erthesina fullo（Thunberg）	−	枝、干

（续表）

目	科	种名	危害程度	危害部位
鳞翅目 Lepidoptera	凤蝶科 Papilionidae	青凤蝶 *Graphium Sarpedon*（Linnaeus）	+	叶
	蛱蝶科 Nymphalidae	白带螯蛱蝶 *Charaxes bernardus*（Fabricius）	–	叶
	毒蛾科 Lymantriidae	乌桕黄毒蛾 *Euproctis bipunctapex*（Hampson）	++	叶
		棉古毒蛾 *Orgyia postica*（Walker）	+	叶
	蓑蛾科 Psychidae	茶蓑蛾 *Clania minuscula* Butler	++	叶
		大蓑蛾 *Clania variegata*（Snellen）	–	叶
		螺纹蓑蛾 *Eumeta crameri*（Westwood）	+	叶
	灯蛾科 Arctiidae	花布灯蛾 *Camptoloma interiorata*（Walker）	–	叶
	螟蛾科 Pyralidae	樟巢螟 *Orthaga achatina*（Butler）	+++	叶
	刺蛾科 Limacodidae	丽绿刺蛾 *Parasa lepida*（Cramer）	+	叶
	尺蛾科 Geometridae	三角尺蛾 *Trigonoptila latimarginaria* Leech	+	叶
	木蛾科 Xyloryctidae	肉桂木蛾 *Thymiatris loureiriicola* Liu	+	枝、梢
	卷蛾科 Tortricidae	茶长卷蛾 *Homona coffearia* Meyrick	++	叶、梢
		褐黄卷蛾 *Archips capsigeranus*（Kennel）	–	叶、梢
	蝙蝠蛾科 Hepialidae	闽鸠蝙蛾 *Phassus minanus* Yang	++	根、干
鞘翅目 Coleoptera	象甲科 Curculionidae	乌桕长足象 *Alcidodes erro*（Pascoe）	–	叶
	卷象科 Attelabidae	棕长颈卷叶象 *Paratrachelophorus nodicornis* Voss	+	枝、干
	小蠹科 Scolytidae	瘤胸材小蠹 *Ambrosiodmus rubricollis*（Eichhoff）	+	枝、干
		光滑材小蠹 *Xyleborus germanus*（Blandford）	+	枝、干
		坡面材小蠹 *Xyleborus interjectus* Blandford	+	枝、干
	丽金龟科 Rutelidae	棉花弧丽金龟 *Popillia mutans* Newman	+++	根、苗茎、叶
		中华弧丽金龟 *Popillia quadriguttata* Fabricius	++	根、苗茎、叶
	叶甲科 Chrysomelidae	樟萤叶甲 *Atysa cinnamomic* Chen	++	叶
		楠鳞毛肖叶甲 *Hyperaxis phoebicola* Tan	+++	叶
		樟粗腿萤叶甲 *Sastracella cinnamomea* Yang	++	叶

（续表）

目	科	种名	危害程度	危害部位
鞘翅目 Coleoptera	天牛科 Cerambycidae	星天牛 *Anoplophora chinensis* Forstor	+	枝、干
		桑天牛 *Apriona germari*（Hope）	+	枝、干
		梨眼天牛 *Bacchisa fortunei*（Thomson）	−	枝、干
等翅目 Isoptera	白蚁科 Termitidae	黑翅土白蚁 *Odontotermes formosanus* Shiraki	+++	枝、干

7.1.3 赤皮青冈

危害赤皮青冈的害虫约有 31 种，隶属于 6 目 23 科，其中以鳞翅目昆虫种类最多，有 11 种（曹亮明等，2019）；其次是鞘翅目昆虫，有 9 种，两者共占赤皮青冈害虫种类总数的 64.52%；种类最少的是等翅目昆虫，仅 1 种（表 7-3）。从危害部位来看，食叶害虫种类最多，有 13 种，其次是危害枝、干的害虫，达 15 种。依据林间调查和国内外文献报道，危害赤皮青冈最为主要的害虫有栎掌舟蛾 *Phalera assimilis* Bremer & Grey 和二斑栎实象 *Curculio bimaculatus* Faust 2 种。

表 7-3 赤皮青冈害虫种类及危害程度

目	科	种名	危害程度	危害部位
直翅目 Orthoptera	蝗科 Acrididae	短角异斑腿蝗 *Xenocatantops brachycerus*（Willemse）	+	叶
	蝼蛄科 Gryllotalpidae	东方蝼蛄 *Gryllotalpa orientalis* Burmesiter	+	根、苗茎
半翅目 Hemiptera	广蜡蝉科 Ricaniidae	八点广翅蜡蝉 *Ricania speculum* Walker	+	枝、干
		圆纹宽广翅蜡蝉 *Pochazia guttifera* Walker	+	枝、干
	蝉科 Cicadidae	黑蚱蝉 *Cryptotympana atrata* Fabricius	−	枝、干
	盾蚧科 Diaspididae	青冈齐盾蚧 *Chionaspis saitamensis* Kuwans	−	枝、干
	盘蚧科 Lecanodiaspididae	白生盘蚧 *Crescoccus candidus* Wang	−	叶、枝、梢
	蝽科 Pentatomidae	麻皮蝽 *Erthesina fullo*（Thunberg）	−	枝、干

（续）

目	科	种名	危害程度	危害部位
鳞翅目 Lepidoptera	毒蛾科 Lymantriidae	栎舞毒蛾 *Lymantria mathura* Moore	+	叶
	蓑蛾科 Psychidae	螺纹蓑蛾 *Eumeta crameri*（Westwood）	+	叶
	灯蛾科 Arctiidae	花布灯蛾 *Camptoloma interiorata*（Walker）	+	叶
	舟蛾科 Notodontidae	栎掌舟蛾 *Phalera assimilis* Bremer & Grey	+++	叶
		栎纷舟蛾 *Fentonia ocypete* Bremer	+	叶
		黄二星舟蛾 *Lampronadata cristata* Butler	+	叶
	枯叶蛾科 Lasiocampidae	栎黄枯叶蛾 *Trabala vishnou gigantina*（Yang）	+	叶
	大蚕蛾科 Saturniidae	银杏大蚕蛾 *Dictyoploca japonica* Butler	–	叶
	尺蛾科 Geometridae	栓皮栎波尺蛾 *Larerannis filipievi* Wehril	+	叶
	卷蛾科 Tortricidae	栗黑小卷蛾 *Cydia glandicolana*（Danilevsky）	++	种实
	木蠹蛾科 Cossidae	咖啡木蠹蛾 *Zeuzera coffeae*（Nietner）	++	枝、干
鞘翅目 Coleoptera	象甲科 Curculionidae	青冈象 *Curculio megadens* Pelsue & Zhang	+	种实
		二斑栎实象 *Curculio bimaculatus*（Faust）	+++	种实
	丽金龟科 Rutelidae	剪枝栎实象 *Cyllorhynchites ursulus*（Roelofs）	+	种实、枝
		斑喙丽金龟 *Adoretus tenuimaculatus* Waterhouse	+	根、苗茎、叶
	吉丁虫科 Buprestidae	青冈吉丁虫 *Agrilus* sp.	+	干
		栎旋木柄天牛 *Aphrodisium sauteri* Matsushita	+	枝、干
	天牛科 Cerambycidae	星天牛 *Anoplophora chinensis* Forstor	+	干
		云斑白条天牛 *Batocera lineolata*（Hope）	+	干
	锹甲科 Lucanidae	中华大扁锹 *Serrognathus titanus*（Saunders）	–	干
膜翅目 Hymenoptera	瘿蜂科 Cynipidae	栎叶瘿蜂 *Trichagalma glabrosa* Pujade-Villar & Wang	+	叶
		栎瘿蜂 *Dryocosmus* sp.	+	枝
等翅目 Isoptera	白蚁科 Termitidae	黑翅土白蚁 *Odontotermes formosanus*（Shiraki）	++	干

7.1.4 南方红豆杉

依据林间调查和国内外文献报道，危害南方红豆杉的害虫有12种，隶属于6目11科，主要危害南方红豆杉叶和枝干，其中最为主要的害虫有红豆杉蚜虫、红豆杉叶螨和黑翅土白蚁（表7-4）。

表7-4 南方红豆杉楠木害虫种类及危害程度

目	科	种名	危害程度	危害部位
直翅目 Orthoptera	蝗科 Acrididae	短角异斑腿蝗 *Xenocatantops brachycerus*（Willemse）	+	叶
半翅目 Hemiptera	广翅蜡蝉科 Ricaniidae	八点广翅蜡蝉 *Ricania speculum* Walker	+	枝、干
		圆纹宽广翅蜡蝉 *Pochazia guttifera* Walker	−	枝、干
	蜡蚧科 Loccidae	红蜡蚧 *Ceroplastes rubens* Maskell	−	枝、干
	蚧科 Coccoidae	桧柏木坚蚧 *Parthenolecanium fletcheri* Cockerell	−	叶、枝
	蚜科 Aphididae	红豆杉蚜虫	++	叶、枝
	蝽科 Pentatomidae	麻皮蝽 *Erthesina fullo*（Thunberg）	−	枝、干
鳞翅目 Lepidoptera	蓑蛾科 Psychidae	茶袋蛾 *Clania minuscula* Butler	+	叶
	蝙蝠蛾科 Hepialidae	一点蝠蛾 *Phnassus signifer sinensis* Moore	−	干
鞘翅目 Coleoptera	金龟科 Scarabaeidae	无斑弧丽金龟 *Popillia mutans* Newman	+	叶、根
等翅目 Isoptera	白蚁科 Termitidae	黑翅土白蚁 *Odontotermes formosanus*	++	枝、干
真螨目 Acariformes	叶螨科 Tetranychidae	红豆杉叶螨	++	叶

注：危害南方红豆杉的蚜虫和叶螨种类很多，无法具体到种。

7.2 主要害虫的鉴别特征、发生规律及防治技术

7.2.1 堆砂蛀蛾 *Linoclostis gonatias* Meyrick

7.2.1.1 危害特征

堆砂蛀蛾以幼虫为害红豆树的枝梢（苗期可危害主干），初孵幼虫咬破嫩皮钻入新梢，

蛀食成 5~8cm 长的坑道，幼虫藏于坑道内取食。坑道有明显的蛀孔，幼虫取食时，排泄物、木屑与幼虫所吐丝黏合堆于蛀孔周围，形成堆砂状。随着虫体的增大，表皮被蛀食范围逐渐加深，红豆树枝干受害后逐渐枯萎，主干被蛀食后出现流胶现象，严重时树干枯死或蛀空后遇大风折断（林雄毅，2018）。

7.2.1.2 形态特征

堆砂蛀蛾成虫体长 7~10mm，翅展 16~18mm。体翅密布白色鳞毛并具缎质光泽，前后翅缘毛为银白色。雌虫触角丝状，雄虫触角羽毛状。

卵球形，直径约 0.8mm，呈乳黄色，孵化前呈黄褐色。

初孵幼虫淡黄白色，头红褐色。老熟幼虫长约 15mm，头暗褐色，前胸背板黑褐色，中胸红褐色，后胸及腹部白色，各节有红褐色和黄褐色斑纹，前后断续相连成纵线。各节上有 6 个黑点，排成 2 列，前列 4 个，后列 2 个。头、后胸及腹部背面有凸起细网纹；腹部第 5~7 节后缘各有 1 列小齿；腹末有三角形突起 1 对。

蛹长 6~8mm，黄褐色。

7.2.1.3 发生规律及生活习性

堆砂蛀蛾 1 年发生 1 代，以老熟幼虫在被害枝内越冬。翌年 4 月下旬至 5 月上旬开始化蛹，6 月上中旬始见成虫羽化，高峰期出现在 6 月下旬至 7 月中旬，成虫羽化 2~3d 后即可产卵，6 月上中旬幼虫开始孵化，直到 7 月下旬，孵化高峰期为 6 月下旬。

成虫有趋光性，多在夜间活动。卵多散产于嫩叶背面。初孵幼虫先咀食叶片表皮及叶肉，3 龄后爬至梢顶附近的枝干分叉处或疤痕处，先剥食皮层，后蛀入枝内形成 3~5cm 长的虫道，取食的同时在虫道外枝干上吐丝将虫粪和木屑黏结成虫巢。幼虫在虫巢掩护下剥食树皮，也可拖带虫巢到未被害处剥食皮层，咬食叶片，受惊时立即退回虫道内。幼虫老熟后，在虫道内吐丝作茧化蛹。

7.2.1.4 防治方法

①堆砂蛀蛾危害特征明显，受害严重的红豆树，冬季修剪虫枝，将蛀害后的枝条剪下集中烧毁。

② 6—7 月成虫羽化期，在林地空旷处设置黑光灯诱杀。

③被害虫枝上有明显虫粪堆，可用铁丝入蛀孔刺杀幼虫，或用 2.5%高效氰戊菊酯乳油原液等药剂注入蛀洞内进行防治。

④6 月下旬至 7 月中旬，在幼虫孵化盛期在枝干上喷洒 2.5%溴氰菊酯乳油 2000~3000倍液。

7.2.2 国槐小卷蛾 *Cydia trasias*（**Meyrick**）

7.2.2.1 危害特征

国槐小卷蛾以幼虫钻蛀危害红豆树嫩枝、梢和叶芽。初孵幼虫多自嫩枝顶芽处侵入，后沿嫩枝向下蛀食危害，被害处常见胶状物中混有虫粪。随虫体增大逐渐由顶芽向下转移至羽状复叶叶柄基部，吐丝拉网后在叶柄基部蛀食，并将脱下的头壳与粪便、碎屑缀合起来堵住虫孔，随后侵入嫩枝中央髓部取食，形成 2~5cm 长的虫道，被害处排出黑褐色粪末，受害枝上叶片萎蔫干枯脱落，树冠上出现秃梢（郭雯等，2010）。

7.2.2.2 形态特征

国槐小卷蛾成虫体长 5~7mm，翅展 12~15mm。雄蛾全身灰黑色，头、胸被蓝紫色鳞片，有金属光泽；触角丝状，各节由灰白色鳞片和绒毛形成环状带；前翅灰褐色至灰黑色，前缘有 1 条黄白线，从翅基部起往翅缘渐宽，端半部的前缘有 7~10 个黑色短斜纹，其中有 2 条蓝紫色线向外缘斜伸；亚缘线附近的 4 个黑点形成 1 条间断、弯折的黑线；后翅烟灰色，均匀，缘毛长而稀，灰白色；足黑褐色。雌蛾体色较浅，身体较雄蛾粗壮，腹面黄褐色，腹部末端较尖细（董立坤等，2009）。

卵椭圆形，长约 0.7mm。初产呈乳白色，后变为橘黄色，孵化前为黄褐色。卵壳表面有不规则花纹。

初孵幼虫淡黄白色，头黑褐色，体稀布有短刚毛。老熟幼虫体长 10~14mm，体黄白色，圆筒形，头部深褐色，腹部淡黄或乳白色，有透明感。前胸盾淡黑褐色，气门近圆形，黑色。腹足趾钩为双序全环，臀足为双序半环。

蛹长 6~8mm，纺锤形，初期黄色，后期黄褐色，羽化前全体黑褐色，腹部末端圆钝，具臀刺 8 根。

7.2.2.3 发生规律及生活习性

国槐小卷蛾在我国南方地区 1 年发生 3 代，以幼虫在蛀空或树皮裂缝等处越冬。次年 2 月下旬日均温升至 10℃以上开始活动取食，4 月上旬成虫开始羽化、交尾、产卵，盛期在 4 月下旬至 5 月上旬。4 月中下旬第 1 代幼虫孵化，6 月下旬第 1 代成虫开始羽化。第 2 代幼虫于 7 月上旬侵入寄主蛀食，8 月上、中旬出现第 2 代成虫羽化高峰。第 3 代幼虫在 8 月中旬出现孵化高峰，10 月中旬幼虫开始停止取食，在枝条蛀道内进入越冬状态。

成虫羽化时间以上午最多，飞翔力较强，成虫白天一般不活动，多静伏在树干、枝条和叶背等处。傍晚活动剧烈，沿树冠周围飞翔，求偶交配。雌成虫将卵产在红豆树叶片背面，其次产在小枝或嫩梢伤疤处。初孵幼虫寻找叶柄基部蛀食危害，并吐丝将脱下的头壳与粪便、碎屑缀合起来堵住蛀孔，为害处常见胶状物中混杂有虫粪。幼虫有迁移为害习性，一头幼虫可造成几个复叶脱落。老熟幼虫在孔内吐丝作薄茧化蛹。

7.2.2.4 防治方法

①剪除有虫枝，集中销毁；加强树木养护管理，疏除过密枝、病虫枝，通风透光，增强树木生长势；改变树种单一格局，实现多树种混交种植结构。

②利用成虫趋光性，林间悬挂黑光灯、杀虫灯和性信息素诱捕器诱杀成虫。

③据成虫发生期监测，集中在 5 月上旬、6 月下旬、8 月中旬幼虫孵化高峰期喷洒

25%灭幼脲Ⅲ号、2.5%高效氯氰菊酯乳油 1500~2000 倍液（张文胜，2023）。

④在卵发生期释放寄生性天敌肿腿蜂，可以破坏卵壳取食卵粒，按照 3∶1 人工释放肿腿蜂。

7.2.3　黄胫侎缘蝽 *Mictis serina* Dallas

7.2.3.1　危害特征

黄胫侎缘蝽若虫和成虫为害浙江楠、闽楠、香樟等樟科植物嫩枝和叶片，造成嫩枝及叶片失色、脱落，生长受阻，树势衰弱。同时，黄胫侎缘蝽传播楠木枝枯病。病原菌通过黄胫侎缘蝽为害的伤口侵入，产生褐色病斑，发病处枝条褐斑皮层通常肿胀、开裂、坏死，受害部位枝膨大明显，且易风折；发病部位以上枝叶逐渐黄化、枯萎（林昌礼和舒金平，2018）。

7.2.3.2　形态特征

黄胫侎缘蝽成虫体长 22~33mm，宽 10~12mm，体棕褐色，触角 4 节，褐色，末节黄褐色或橙色；前胸中央有一纵向黑褐色细刻纹，侧角稍向外扩展，并微上翘；小盾片三角形，两侧角处具小凹陷，末端有一淡黄色长形小斑；前翅膜质深褐色，长及腹末；足细长，各足腿节呈棒状、黑褐色，后足腿节长于胫节，末端内侧有一三角形刺突，胫节距明显，各足胫节乌黄色；成虫腹部第 3 节腹板后缘两侧各具 1 短刺突，第 3 腹板与第 4 腹板相交处中央形成分叉状大突起。第 2、3 节腹板相交处横向形成一个突起。

卵椭圆形，长 3~5mm，呈巧克力色，被有一层灰色粉状物。

若虫共 5 龄：1 龄若虫体长 4~6mm，体淡黄褐色，触角长于体长，基部 3 节有毛，第 4 节端部色淡；2 龄体长 6~8mm，腹部宽圆呈球形；3 龄体长约 9mm，翅芽出现；4 龄体长 12~20mm，翅芽伸达第 1 腹节；5 龄体长 19~23mm，翅芽伸达第 3 腹节。

7.2.3.3　发生规律及生活习性

黄胫侎缘蝽在浙江 1 年发生 2 代，世代重叠明显，以成虫在枯枝落叶和草丛中越冬。翌年 4 月中旬成虫开始活动，5 月中下旬开始交配，6 月下旬为交配高峰期。第 1 代成虫 6 月下旬始见，10 月下旬终现，8 月中下旬为害严重。越冬代成虫危害期为 9 月上旬至 10 月上旬，11 月中旬以后成虫陆续蛰伏越冬。

黄胫侎缘蝽主要产卵于叶片背面的主脉上，链状排列，一般为 7~16 粒排列。若虫和成虫刺吸未木质化的嫩芽和嫩梢的汁液，天气炎热时常隐藏于叶下。1~3 龄若虫活动能力较弱，基本停于枝梢不活动，取食部位较稳定，少量转梢危害。高龄若虫和成虫活动能力强，取食量增加，日为害 3~6 枝嫩梢，早、晚温度低时不活跃，若虫及成虫主要为害时间在夏天 8∶00~10∶00 及 16∶00~18∶00。

7.2.3.4　防治方法

①黄胫侎缘蝽主要的寄主为樟科植物，其次为青冈、苦槠等壳斗科树种，因此应尽量

减少与以上树种混交，选择生育期基本一致的非寄主植物如木荷、红豆树、红豆杉等树种混交。

②结合林木抚育管理劈除樟科灌木、小乔木，特别是乌樟和绒楠，合理修枝，增加林分透光度；增施磷肥、钾肥，使嫩枝尽早木质化，增强树体抗虫能力。

③高发期，喷施 1.8% 阿维菌素或 2.5% 高效氯氰菊酯乳油 1500~2000 倍液。

7.2.4 樟巢螟 *Orthaga achatina*（Butler）

7.2.4.1 危害特征

樟巢螟以幼虫群聚结巢食叶的方式进行为害，严重时，整株树会出现不见树叶、只见虫巢的现象，导致树木无法进行光合作用，树势逐渐减弱，最终可能造成树木死亡。

樟巢螟昼伏夜出，具有趋光性。成虫将卵块产于嫩叶的背面，或缀合在叶片之间。每个卵块有虫卵 10~100 粒，卵期 8~10d。卵孵化成幼虫后，幼虫进行群集食叶为害，低龄幼虫取食叶片，高龄幼虫会吐丝缀合小枝和叶片，有时会有几十头甚至上百头幼虫聚集在叶片之间取食。虫龄越高的幼虫，其缀合叶片的数量也会越多，最终会将新梢、叶片缀合成团，形成鸟巢状的虫巢。不同龄期的幼虫会同时聚集在虫巢中，虫巢外布满了幼虫排出的虫粪。幼虫将近老熟时会在虫巢内打造出 1 条丝质隧道。被害树木中，新嫩叶芽较多的幼树受害最为严重，新枝芽被蚕食殆尽。

7.2.4.2 形态特征

樟巢螟成虫体长 7~15mm，翅展 20~30mm，身体灰褐色，头部淡黄色，触角黑褐色，下唇须外侧黑褐色，内侧白色，向上举弯曲超过头顶，末端尖锐；前翅基部暗黑褐色，内横线黑褐色呈斑纹状，外横线曲折波浪状，沿中脉向外突出；翅前缘 2/3 处有 1 个乳头状肿瘤，外缘黑褐色，缘毛褐色，基部有一排黑点；后翅除外缘形成褐色带外，其余暗灰色。

卵扁平椭圆形，直径 0.6~0.8mm，卵壳布有点状纹。卵粒不规则堆叠一起成卵块。

初孵幼虫灰褐色，2 龄后渐变棕色。老熟幼虫体长 20~30mm，深褐色；头部及前胸背板红褐色，体背有 1 条褐色宽带，其两侧各有 2 条黄褐色线，每节背面有细毛 6 根。

茧呈长椭圆形，长 10~15mm，黄褐色，白色薄丝状。蛹长 8~12mm，红褐色或棕褐色，腹节有刻点，腹末有臀棘 6 根（其中长而粗 2 根，短而细 4 根）（林育红等，2018）。

7.2.4.3 生活习性

樟巢螟 1 年发生 2 代，以老熟幼虫结薄茧后在浅土层中越冬。土中越冬老熟幼虫 4 月中旬后陆续化蛹。5 月上旬越冬代成虫开始羽化，成虫羽化后 1~2d 进行交尾，大约交尾 7d 后开始产卵。5 月下旬幼虫开始结虫苞取食，6 月上中旬结苞高峰。6 月下旬老熟幼虫入土或在虫苞中化蛹。第 1 代成虫 7 月初始见，直至 8 月初终现。第 1 代幼虫 8—9 月为害，9 月底至 10 月上旬老熟，陆续下树入土结茧越冬。

大多数成虫多在晚上羽化出土，高峰期出现在 20：00~23：00，少数在白昼。成虫出土后，先在地面或树干基部作短暂停留或爬行，后飞至枝叶繁茂处静伏栖息。成虫有较强趋光性，白昼静伏于枝叶繁茂的树冠、杂草丛或其他灌木丛中。

成虫偏好产卵于枝叶繁茂处的叶片背面，以数片叶紧贴处卵最多。产卵时段主要是傍晚和夜间。初孵幼虫在 1h 内就可取食，群集啃食叶肉，然后吐丝缀叶结苞，随着虫龄的增大和取食量的增加，虫苞也随之增大。3 龄后，部分幼虫开始迁移转入其他虫苞内，或结新虫苞。虫苞内幼虫数量不一，数条至几十条不等。幼虫早、晚爬出虫苞啃叶取食，一旦叶片凋萎枯黄，便不再食。幼虫老熟后，吐丝下垂或爬行下树入土作茧化蛹。越冬代有部分老熟幼虫留在虫苞内结茧化蛹，第 1 代全部下树入土结茧越冬。

7.2.4.4　防治方法

①利用老熟幼虫在浅土层中越冬习性，冬及初春，可用人工树下深耕，挖出虫茧，使之暴露于土面冻死或被禽鸟捕食。

②对幼苗及低矮树，可用人工摘除枝叶虫苞，集中销毁。根据幼虫主要是在虫苞内活动取食或取食后即刻返回虫苞的习性，用竹篦将高枝上的虫苞梳散，使幼虫随虫苞掉落于地被禽鸟捕食（韩志超等，2019）。

③4 月中下旬，将含麦麸的绿僵菌或白僵菌用细土配制成含孢量约 $1.0×10^8$ 个/g 的菌土，均匀撒于楠木树冠下周围土层，施菌量为 300kg/hm²。5 月下旬至 6 月上旬，于傍晚时分将浓度约为 $1.0×10^8$ 个/mL 的白僵菌或绿僵菌孢子悬液，用喷雾器喷洒。

④危害严重时，于初孵幼虫群集期，喷施 10%氯虫苯甲酰胺悬浮剂、20%阿维灭幼脲及 2.5%高效氰戊菊酯乳油 1500~2000 倍液。

⑤保护和利用赤眼蜂 *Trichogramma* sp. 、甲腹茧蜂 *Chelonus* sp. 、黄色白茧蜂 *Phanerotoma flava* Ashmead 等樟巢螟寄生蜂（龙永彬等，2017）。

7.2.5　棉花弧丽金龟 *Popillia mutans* Newman

7.2.5.1　危害特征

棉花弧丽金龟以成虫群集为害楠木花、嫩枝及叶片，致受害花畸形或死亡，叶片干枯脱落。幼虫（蛴螬）取食腐殖质或楠木细根，造成树势衰弱。棉花弧丽金龟为害期长，发生量大。

7.2.5.2　形态特征

棉花弧丽金龟成虫体长 9~15mm，宽 5~7mm，墨绿、蓝黑或蓝色，具强烈蓝色光泽；头顶密布粗刻点，触角 9 节，棒状部 3 节；唇基近半圆形，刻点呈脐纹状；前胸背板隆拱明显，小盾片短阔三角形，盘区光滑，侧缘中部外扩呈弧状；鞘翅蓝紫色，短阔，后方明显收狭，小盾片后侧具 1 对深显横沟，背面具 6 条浅缓刻点沟，第 2 条短，后端略超过中点；臀板外露隆拱，上密布刻点，并有 2 块白斑；腹部两侧各节有白色毛斑区；足黑色粗壮，前足胫节外缘 2 齿。

卵近球形，乳白色，临近孵化时颜色加深。

幼虫体长 23~26mm，乳白色，蛴螬型（弯曲呈"C"形），头黄褐色，体多皱褶，背面有圆形开口的骨化环，环内密布细毛；刺毛列由长针毛组成，每列毛 5~7 根，尖端相交，后方略岔开，为钩毛区所包围。

蛹为裸蛹，呈乳黄色，后端橙黄色。

7.2.5.3 生活习性

棉花弧丽金龟 1 年发生 1 代，以 3 龄幼虫在深土中越冬。翌年 4 月幼虫开始活动，取食腐殖质或植物细根。5 月开始化蛹，7—8 月为成虫发生盛期。成虫白天活动喜食寄主的花器和嫩叶。10 月后幼虫陆续向深土层移动并越冬。

成虫具有趋光性，白天活动，9：00~11：00 和 15：00~18：00 为活动盛期，也是交配危害盛期。交配多在植物花上，为背伏式。交配一般持续约 30min。成虫具有假死性，受惊后立刻收足坠落。卵单产在 1~2cm 深的表土层，单粒卵形成圆形卵室。成虫喜欢取食各种植物的花蕊，也取食楠木嫩叶。幼虫孵化后先取食卵壳和土壤中的腐殖质，一周后取食楠木嫩根。

7.2.5.4 防治方法

①秋季深翻土地，杀死蛴螬或使土壤中的蛴螬被天敌啄食。

②成虫数量较多时，可以喷施 0.36% 苦参碱水剂 1000 倍液、25% 灭幼脲 3 号悬浮剂 800 倍液，或 10% 氯氰菊酯乳油 1500 倍液，或 5% 高效氯氰菊酯乳油 1500~2000 倍液进行防治。

③利用药剂处理土壤，用 50% 辛硫磷乳油每亩施 200~250g，加水 10 倍喷于 25~30kg 细土上拌匀制成毒土，顺垄条施，随即浅锄，或将该毒土撒于种沟或地面，随即耕翻或混入厩肥中施用，或用 5% 辛硫磷颗粒剂，或 5% 地亚农颗粒剂，每亩 2.5~3kg 处理土壤。

7.2.6 楠鳞毛肖叶甲 *Hyperaxis phoebicola* Tan

7.2.6.1 危害特征

楠鳞毛肖叶甲成虫取食楠木嫩梢和叶片，对闽楠和浙江楠的嫩梢和新叶为害最严重。发生时数头至数十头群集为害，使嫩叶千疮百孔，破碎不堪；严重的将新梢咬折，整体倒垂，甚至咬断嫩梢掉落地面。

7.2.6.2 形态特征

成虫体长 6~8mm，体宽 3~4mm；虫体黑色无光泽，体表密布灰黄色鳞片，鞘翅上另具稀疏的灰白色短硬竖毛；腹面中部为白色长毛；触角丝状，长于体长的一半，触角前后两端棕色，中间数节棕黑色；头顶中央具一纵沟纹；额在复眼之间有一个三角形凹注；前胸宽稍大于长，两侧近平行，呈柱形；鞘翅基部宽于前胸，翅面具规则的纵脊，脊上鳞片较脊间更为密集；足黑红色至褐红色，前、后足腿节较中足的粗长，腹面各具一个小尖齿（宋海天等，2022）。

卵散产，黄白色，椭圆形，卵壳上无饰纹，长约 0.50mm，宽约 0.30mm。

7.2.6.3 发生规律及生活习性

该虫 1 年发生 1 代，以老熟幼虫在地下越冬。3 月中旬前后开始出现，4 月初为为害高峰期，5 月下旬至 6 月上旬为成虫末期。成虫在寄主上取食并随机产卵，卵常与粪便混在一起，连接处有膜状的附着物。产在叶片正面等处的卵，待附着物干燥后，最终在风力的作用下掉落到地表。幼虫孵化后钻入土中营土栖生活，取食植物根部。以老熟幼虫在土室内越冬，次年春天老熟幼虫化蛹，3 月羽化破开土室钻出土表，再上到嫩梢、嫩叶上取食、交配。产卵量多时可达百粒以上。

7.2.6.4 防治方法

①利用成虫假死的习性，可在成虫发生期将成虫震落至网兜或袋子内，集中杀死。6 月至翌年 2 月松土翻土，除直接杀死土中的幼虫和蛹外，也利于天敌捕食或寄生。

②发生严重的林分，可用 2.5% 溴氰菊酯乳油 2000～3000 倍液、50% 马拉硫磷乳油 2000～2500 倍液，或 0.36% 苦参碱水剂 1000 倍液、25% 灭幼脲 3 号悬浮剂 1000 倍液等进行喷雾，可有效杀死成虫。在成虫出土前使用 40% 辛硫磷乳油 1000 倍液喷洒表土层或毒土处理，有助于灭杀新出土成虫（宋海天等，2022）。

③撒施白僵菌、绿僵菌粉剂等，对楠鳞毛肖叶甲的控制作用较好。

④采用混种方式，改变营林结构，也有助于减轻楠鳞毛肖叶甲的发生和危害。

7.2.7 黑翅土白蚁 *Odontotermes formosanus* Shiraki

7.2.7.1 危害特征

黑翅土白蚁啃食楠木根部，致使苗木枯萎。同时，黑翅土白蚁取食树木的树皮、韧皮部及浅木质层，严重时致楠木枯萎死亡。

7.2.7.2 形态特征

黑翅土白蚁有翅成虫体长 10～15mm，翅黑褐色，翅长 20～26mm。头顶及胸、腹背面为深褐色，头部和腹部腹面为棕黄色，前胸背板前宽后窄，后缘中央向前方凹入。

兵蚁体长 5～7mm，头部暗深黄色，腹部淡黄或灰白色，头部背面为卵形，中后段最宽，前端略窄；上颚镰刀形，左上颚前方有一显著的齿，右上颚内缘有一微小齿；前胸背板前缘窄，向上斜翘起，后部较宽；前部和后部在两侧的交角处各有一斜向后方的裂沟。

工蚁体长 4～5mm，头黄色，近圆形，胸腹部灰白色；头顶中央有一圆形下凹的肉；前胸背板与侧缘和后缘连成弧形；后唇基显著隆起，中央有缝。

蚁后体长 60～90mm，体宽 10～15mm。色较深，腹部白色，膨大，腹部上呈现褐色斑块。蚁王头呈淡红色，周身色泽较深，胸部残留翅基，与有翅分飞时变化不大（覃天乔，2012）。

7.2.7.3　生活习性

黑翅土白蚁活动有很强的季节性，11月下旬开始转入地下活动，12月除少数工蚁或兵蚁仍在地下活动外，其余全部集中到主巢。次年3月初，气候转暖，开始出土为害。刚出巢的白蚁活动力弱，泥被、泥线大多出现在蚁巢附近。连续晴天，才会远距离取食。5—6月形成第1个为害高峰期。7—8月气候炎热，以早晚和雨后活动频繁。入秋的9月后逐渐形成第2个为害高峰期。10—11月为贮粮高峰期。

7.2.7.4　防治方法

①寻巢灭蚁，可以通过分析地形特征、为害状、地表气候、蚁路、群飞孔等判断白蚁巢位。确定蚁巢位置后，追挖时，先从泥被、泥线或分群孔顺着蚁道追挖，便可找到主道和主巢。

②每年4—6月为有翅繁殖蚁的婚飞期，利用有翅繁殖蚁的趋光性，采用黑光灯或其他灯光诱杀。

③一般在黑翅土白蚁活动较频繁的季节（4—10月）施药，收效较快。35%氯丹EC（有机氯杀虫剂）防治黑翅土白蚁效果好，喷洒 $0.04 \sim 0.1 \mathrm{g/mL}$ 杀虫剂3d后死亡率达100%（王军，2022）。

④使用金龟子绿僵菌、球孢白僵菌等菌粉进行生物防治。

7.2.8　栎掌舟蛾 *Phalera assimilis* Bremer & Grey

7.2.8.1　危害特征

栎掌舟蛾幼虫食叶进行为害，把赤皮青冈叶片啃食成缺刻状，严重时将叶片吃光，残留叶柄，影响林木光合，阻碍生长。

7.2.8.2　形态特征

栎掌舟蛾属鳞翅目舟蛾科，成虫雄虫翅展 $42 \sim 47 \mathrm{mm}$，雌虫翅展 $52 \sim 63 \mathrm{mm}$。头顶淡黄色，触角丝状；胸背前半部黄褐色，后半部灰白色，有2条暗红褐色横线；前翅灰褐色，银白色光泽不显著，前缘顶角处有一略呈肾形的淡黄色大斑，斑内缘有明显棕色边，基线、内线和外线呈黑色锯齿状，外线沿顶角黄斑内缘伸向后缘；后翅淡褐色，近外缘有不明显浅色横带（郭文霞等，2022）。

卵球形，淡黄色，直径 $0.8 \sim 1.1 \mathrm{mm}$，孵化前黄褐色。

幼虫共5龄。老熟幼虫体长 $50 \sim 60 \mathrm{mm}$，头棕褐色，身体黑褐色，前胸盾板与臀板黑色；体被较密的灰白色至黄褐色长毛，自前胸至尾端有8条橙红色纵线，其中以气门上线较粗，各体节有数条橙红色横纹，中间有1条较明显橙红色横带；胸足3对，腹足俱全。

蛹纺锤形，深褐色，长 $20 \sim 28 \mathrm{mm}$，末端具臀棘6根，呈放射状排列。

7.2.8.3　生活史及生活习性

栎掌舟蛾1年发生2代，以蛹在树下土壤中越冬。越冬代成虫次年5月下旬至6月中旬羽化，5月下旬至6月中旬末产卵，6月上旬至6月下旬末越冬代幼虫孵化，7月上旬至7月下旬越冬代幼虫入土化蛹。7月下旬初至8月上旬第1代成虫羽化；7月下旬初至8月上旬出现第1代卵；7月下旬末至8月中旬末，第1代幼虫孵化；9月上旬至9月下旬末第1代幼虫入土化蛹越冬。

成虫多在夜间羽化，高峰期集中在21：00~24：00，白天不羽化。成虫白天栖息于树冠内叶下、树干及灌木杂草丛中，静伏不动。成虫交尾、产卵等活动均发生在夜间，具有强趋光性。交尾后的雌成虫在日暮后开始在枝叶间寻找合适的产卵场所，卵产在青冈等植物叶背面靠叶缘处，成单层整齐排列。卵孵化后，1龄幼虫仅取食叶片正面叶肉，残留叶脉和反面表皮，不取食时在反面昂首翘尾。2龄后从叶缘开始取食全叶，仅留主脉。1~3龄幼虫有吐丝下垂习性，受惊后吐丝下垂，随风飘荡，转移为害。4龄后分散为害，食量显著提升，吃光一株叶片，群集下树转移为害其他植株。4龄幼虫不吐丝下垂，具假死性，受惊落地，不久后爬行上树。老熟幼虫下树树干基周围1m左右范围的浅层土内入土化蛹，化蛹深度与土壤质地相关（赵良桥，2009）。

7.2.8.4 防治方法

①成虫羽化期，利用成虫趋光性，应用杀虫灯诱杀。

②利用老熟幼虫下树入土化蛹特性，当幼虫发育至4龄左右，在被害株树干1m处涂上毒环（可用绿色威雷、噻虫啉或高效氰戊菊酯微胶囊剂）杀灭幼虫（郭文霞等，2022）。

③保护大山雀 Parus major、画眉 Garrulax canorus、灰喜鹊 Cyanopica cyana 及黑卵蜂 Pelenomus sp.、赤眼蜂 Pichogxamma sp.、家蚕追寄蝇 Exorista sokillans Wiedemann，蚕饰腹寄蝇 Crossocomia yeleina Walker 等天敌。

④在幼虫3龄期前喷施50000IU/mg苏云金杆菌可湿粉杀虫剂（用药量300~500g/亩）或1~2亿孢子/mL青虫菌乳剂（用药量300~500mL/亩）。

⑤3龄幼虫期前喷施2.5%溴氰菊酯乳油2000~3000倍液、50%马拉硫磷乳油2000~2500倍液，或0.36%苦参碱水剂1000倍液、25%灭幼脲3号悬浮剂1000倍液等杀灭幼虫。

7.2.9 二斑栗实象 *Curculio bimaculatus*（Faust）

7.2.9.1 危害特征

二斑栗实象以幼虫和成虫为害赤皮青冈的种实，其成虫产卵于种实中，低龄幼虫初期在种实表面不同方向蛀食，形成褐色虫道，排泄白色虫粪，随后向果内蛀食，导致种实丧失生理功能。成虫通常在夜间出土啃食嫩叶，对树木成长也可造成一定的伤害。

7.2.9.2 形态特征

二斑栗实象成虫为卵圆形，体长7~9mm，黑色有光泽；前胸背板宽略大于长，最宽处在中部，由 3 条不明显的白色鳞片组成纵纹；鞘翅呈肩角圆形，两侧向后收窄，在端部形成尖圆形，鞘面被锈褐色鳞片覆盖，在中部覆有 1 对黑白相间（前半部为黑色、后为白色）斑纹，鞘翅末端有或明或暗的黑带；喙细长，弯曲成弓形，有刻点；足长，腿节下方有明显的尖齿。雌虫喙较长且接近于体长，触角生于喙基 1/3 处，雄虫喙仅为体长的 1/2，并且触角着生于喙前端 1/3 处（顾俊杰等，2024）。

卵椭圆形，长 1.5mm，乳白色。

幼虫体长 11~13mm，乳白色或淡黄色，头部褐色，疏生短毛，气门明显，体多横皱，前后两端向下弯曲。

蛹灰白色，体长 10~12mm。初孵化时乳白色，逐渐变深直至深褐色。

7.2.9.3 发生规律及生活习性

二斑栗实象 1 年发生 1 代，以老熟幼虫在浅层土壤中作土室越冬，翌年 4 月中旬开始化蛹，5 月初为化蛹高峰期。成虫羽化期为 5 月中旬至 7 月中旬，6 月中旬为羽化盛期。成虫出土补充营养后即进行交尾。6 月上旬开始产卵，6 月下旬为产卵盛期，延至 8 月下旬。7 月下旬卵开始孵化，8 月下旬为孵化高峰期。幼虫 10 月上旬咬破果皮陆续入土，10 月中旬为入土高峰期，延至 11 月上旬。幼虫在土中生活的时间长达 6 个月。

成虫产卵于幼果内，产卵孔周围果皮颜色变深。成虫有假死现象，白天能短距离飞行，夜间出土取食及交尾产卵，可取食嫩叶。初孵幼虫在幼果表面蛀食，虫道浅褐色，其中充满白色虫粪，随后向果内蛀食，整个果实被蛀食一空，完全失去利用价值。

7.2.9.4 防治方法

①采收后的栎实及时用 60~65℃温水浸种 15min 进行处理从而杀死实内幼虫。

②冬、春季节翻耕堆积场地四周土壤，破坏越冬土室，杀死越冬幼虫，若对翻动的地面喷洒 1 次 50%辛硫磷乳油 1∶600 倍液，效果可达 90%以上（裴建国，2011）。

③成虫期为最佳防治时机。采用 1%绿色威雷微胶囊剂，或 1.8%噻虫啉微胶囊剂，或 2.5%高效氰戊菊酯微胶囊剂 800~1000 倍液喷洒杀死取食、产卵的成虫。

④10 月中旬至 11 月下旬幼虫入土期，喷施粉拟青霉菌可湿性粉剂，含孢量 125 亿/g，施用量 22.5kg/hm^2。

参考文献

安林辉，孔凡贵，双德良，等，2019. 浙江楠幼龄林施肥试验初探 [J]. 湖北林业科技，48（2）：21-24.

曹亮明，魏可，李雪薇，等，2019. 我国栎类植物蛀干蛀果害虫及其天敌多样性研究进展 [J]. 植物保护学报，46（6）：1174-1185.

陈国兴，2011a. 赤皮青冈种子雨及幼苗建立研究 [D]. 福州：福建农林大学.

陈国兴，2011b. 福建（建瓯）赤皮青冈种子雨特征 [J]. 福建林学院学报，31（2）：161-164.

陈利生，方学军，陈琳，等，2004. 官山自然保护区野生闽楠林调查 [J]. 江西林业科技（2）：1-5+41.

陈易展，刘蔚漪，张玉薇，等，2018. 南方红豆杉濒危现状分析与保护对策 [J]. 林业勘察设计，38（3）：66-69.

楚秀丽，付艳茹，严巍，2021. 珍稀植物红豆树资源保育及精细化培育研究进展 [J]. 中国野生植物资源，40（10）：61-65.

楚秀丽，刘青华，范辉华，等，2014. 不同生境、造林模式闽楠人工林生长及林分分化 [J]. 林业科学研究，27（4）：445-453.

楚秀丽，严巍，张杰，2023. 珍稀濒危楠木类树种资源保育现状及应用前景 [J]. 中国野生植物资源，42（S1）：101-107.

董立坤，黄祖国，范霞，等，2009. 国槐小卷蛾 Cydia trasias（Meyrick，1928）新寄主记述及寄主范围测定 [J]. 安徽农业科学，37（18）：8518-8522.

高丽，李洪林，杨波，2009. 花榈木胚轴愈伤组织的诱导及植株再生 [J]. 安徽农业科学，37（33）：16271-16273.

葛永金，王军峰，方伟，等，2012. 闽楠地理分布格局及其气候特征研究 [J]. 江西农业大学学报，34（4）：749-753+761.

顾俊杰，熊忠平，杨斌，2024. 二斑栗实象的生物学特性及研究进展 [J]. 湖北植保（1）：8-10+24.

桂平，2018. 珍稀观赏树种红豆树组织培养技术研究 [D]. 贵阳：贵州大学.

郭文霞，曹亮明，张彦龙，2022. 中国栎类主要害虫及防治研究进展 [J]. 陆地生态系统与保护学报，2（4）：60-68.

郭雯，王艳，侯军铭，等，2010. 国槐小卷蛾的生物学特性及防治措施 [J]. 河北林业科技（6）：101.

韩志超，凌利宏，夏得月，2019. 樟树樟巢螟的发生及防治 [J]. 现代农业科技（19）：111-112.

何浩志，李艳，吴际友，等，2014. 遮阳网遮光度对赤皮青冈大田播种育苗的影响 [J]. 中南林业科技大学学报，34（1）：69-71+102.

贺心茹，李英杰，曹祖荣，等，2023. 浙江楠多胚现象及其多胚苗生长发育初步研究 [J]. 长江大学学报（自然科学版），20（4）：102-107.

贺宗毅，张德利，李卿，等，2017. 我国红豆杉药材人工培植研究及思考 [J]. 中国药业，26（17）：1-5.

胡根长，周红敏，刘荣松，等，2010. 红豆树轻基质容器育苗试验 [J]. 林业科技开发，24（6）：103-106.

胡青素，吴应齐，叶邦志，等，2013. 红豆树扦插繁殖技术初探 [J]. 湖南农业科学（18）：21-23.

黄碧华，2017. 浙江楠组培繁育丛芽技术 [J]. 福建林业（1）：45-48.

黄嘉迪，2023. 南方红豆杉种子后熟过程的生理特性及其胚离体培养 [D]. 长沙：中南林业科技大学.

黄思琪，吴文娟，2020. 浅析红豆树栽培技术及病虫害防治 [J]. 现代园艺，43（20）：32-33.

景美清，李志辉，杨模华，等，2012. 赤皮青冈种子质量与萌发特性研究 [J]. 中国农学通报，28（34）：27-30.

康永武，罗宁，欧建德，2017. 造林密度对南方红豆杉人工林生长性状的影响 [J]. 西南林业大学学报（自然科学），37（3）：47-52.

孔亭，王建，熊宇，2022. 红豆树种子萌发试验与育苗技术研究 [J]. 种子科技，40（18）：1-3.

黎恢安，曹基武，刘春林，等，2014. 南方红豆杉生长规律研究 [J]. 湖北农业科学，53（1）：110-113.

李冬林，金雅琴，向其柏，2004a. 浙江楠苗期生长节律 [J]. 浙江林学院学报（3）：117-120.

李冬林，金雅琴，向其柏，2004b. 珍稀树种浙江楠的栽培利用研究 [J]. 江苏林业科技（1）：23-25.

李峰卿，王秀花，楚秀丽，等，2020. 缓释肥 N/P 比及加载量对 5 种珍贵树种 1 年生苗生长和养分库构建的影响 [J]. 南京林业大学学报（自然科学版），44（1）：72-80.

李峰卿，王秀花，楚秀丽，等，2017. 缓释肥 N/P 养分配比及加载量对 3 种珍贵树种大规格容器苗生长的影响 [J]. 林业科学研究，30（5）：743-750.

李峰卿，周志春，谢耀坚，2017. 3 个小流域红豆树天然居群的遗传多样性和遗传分化 [J]. 分子植物育种，15（10）：4263-4274.

李峰卿，2017. 红豆树天然居群遗传多样性和交配系统分析 [D]. 北京：中国林业科学研究院.

李军，王秀花，楚秀丽，等，2017. 轻基质配比对 3 种珍贵树种 2 年生容器苗生长及氮和磷吸收的影响 [J]. 浙江农林大学学报，34（6）：1044-1050.

李俊，王珺，张晓勉，等，2022. 不同造林方式对浙江楠幼苗生长的影响 [J]. 安徽林业科技，48（2）：22-26.

李苏珍，温莉娜，2014. 南方红豆杉一年生苗木生长规律及相关关系研究 [J]. 浙江林业科技，34（4）：76-78.

李艳红，张立娟，朱文博，等，2021. 全球变化背景下南方红豆杉地域分布变化 [J]. 自然资源学报，36（3）：783-792.

李珍，王素娟，刘纯玲，等，2012. 紫楠及浙江楠种子萌发特性研究 [J]. 北方园艺（7）：58-60.

连细春，2015. 红豆树人工幼龄林施肥效应 [J]. 福建林业科技，42（2）：81-83.

林昌礼，舒金平，2018. 楠木黄胫侎缘蝽生物学特性和为害情况初报 [J]. 中国植保导刊，38（1）：48-51+16.

林卉，2018. 不同造林技术对闽楠幼龄林生长影响的研究 [D]. 福州：福建农林大学.

林曦碧，2020. 福建省红叶石楠害虫调查及其 4 种新害虫 [J]. 防护林科技（10）：18-21.

林小青，周俊新，曹祖宁，2021. 鄂西红豆树生长规律研究 [J]. 广东蚕业，55（12）：24-27.

林雄毅，2018. 红豆树堆砂蛀蛾的为害特点与防治措施 [J]. 福建热作科技，43（2）：39-40.

林育红，秦长生，赵丹阳，等，2018. 樟巢螟的生物学特性及触杀性药剂筛选 [J]. 林业与环境科学，34（5）：42-47.

刘成功，陈黎，李燕，等，2015. 南方红豆杉种子休眠特性及催芽技术研究 [J]. 西南林业大学学报，35（3）：25-29.

刘丽华，王立新，赵昌平，等，2009. 光温敏二系杂交小麦恢复系遗传多样性和群体结构分析 [J]. 中国生物化学与分子生物学报，25（9）：867-875.

刘沁月，罗梅秀，马良，等，2017. 赤皮青冈人工混交林物种多样性与种间竞争研究 [J]. 湖南林业科技，44（2）：38-44+55.

刘沁月，2017. 不同干扰度下赤皮青冈空间分布格局与种间竞争研究 [D]. 福州：福建农林大学.

刘庆云，朱臻荣，白苑利，等，2015. 造林密度对南方红豆杉生长效应的影响 [J]. 西部林业科学，44（4）：126-129+136.

刘志雄，费永俊，2011. 我国楠木类种质资源现状及保育对策 [J]. 长江大学学报（自然科学版），8（5）：221-223+2.

龙永彬，赵丹阳，秦长生，2017. 樟巢螟发生现状及防治对策 [J]. 林业与环境科学，33（1）：107-110.

罗良儿，2016. 密度对闽楠人工林生长和土壤肥力的影响研究 [J]. 绿色科技（9）：42-44.

罗芊芊，楚秀丽，李峰卿，等，2020. 5 年生南方红豆杉生长和分枝性状家系变异与选择 [J]. 林业科学研究，33（1）：136-143.

骆文坚，金国庆，何贵平，等，2010. 红豆树等 6 种珍贵用材树种的生长特性和材性分析 [J]. 林业科学研究，23（6）：809-814.

欧建德，吴志庄，2016. 南方红豆杉苗龄型对苗木质量与造林成效的影响 [J]. 东北林业大学学报，44（11）：10-12.

欧建德，吴志庄，2017. 南方红豆杉修枝后生长与干形动态表现 [J]. 浙江农林大学学报，34（1）：104-111.

欧建德，2023. 权干现象对南方红豆杉树冠形态、生长和形质的影响 [J]. 南京林业大学学报（自然科学版），47（2）：87-94.

欧阳天林，代丽华，周志春，2020. 珍贵树种赤皮青冈培育技术研究进展 [J]. 南方林业科学，48（2）：66-68+74.

欧阳泽怡，李志辉，欧阳硕龙，等，2023. 基于 Maxent 和 ArcGIS 的赤皮青冈在中国的潜在适生区预测 [J]. 中南林业科技大学学报，43（2）：19-26.

欧阳泽怡，欧阳硕龙，吴际友，等，2021. 珍贵用材树种赤皮青冈研究进展 [J]. 湖南林业科技，48（6）：74-79.

欧阳泽怡，2020. 赤皮青冈的扦插方法 [J]. 林业与生态（3）：35.

裴建国，2011. 栎实象生物学特性及防治措施研究 [J]. 安徽农学通报（下半月刊），17（8）：121-122+141.

乔栋，2016. 花榈木组织培养技术研究 [D]. 贵阳：贵州大学.

邱德有，李如玉，李铃，1998. 红豆杉及南方红豆杉体细胞胚胎发生的研究 [J]. 林业科学（6）：52-56.

邱浩杰，孙杰杰，徐达，等，2020. 末次盛冰期以来红豆树在不同气候变化情景下的分布动态 [J]. 生态学报，40（9）：3016-3026.

茹文明，2006. 濒危植物南方红豆杉生态学研究 [D]. 太原：山西大学.

宋海天，龚辉，陈建忠，等，2021. 中国楠木害虫名录 [J]. 武夷科学，37（1）：42-61.

宋海天，龚辉，张根水，等，2022. 福建省近年林业新害虫（Ⅳ）：楠鳞毛肖叶甲 [J]. 福建林业（4）：31-33.

孙启武，王磊，张小平，等，2009. 皖南山区南方红豆杉种群动态研究 [J]. 林业科学研究，22（4）：579-585.

覃天乔，2012. 桉树林黑翅土白蚁的危害与治理 [J]. 热带林业，40（1）：40-42.

汤行昊，林秀琴，范辉华，等，2017. 不同地形条件下闽楠幼林生长情况研究［J］. 防护林科技（9）：4-6.

汤后良，李苏珍，毛向阳，等，2007. 野生浙江楠资源及播种栽培技术［J］. 安徽农业科学（17）：5159+5205.

汤文彪，2008. 红豆树苗木分级造林与造林时效的试验［J］. 科技信息（科学教研）（21）：350+381.

田苏奎，焦洁洁，袁位高，等，2016. 赤皮青冈、闽楠、木荷造林对比试验［J］. 浙江林业科技，36（3）：53-55.

童童，2016. 红豆树杉木混交林生长效果探析［J］. 绿色科技（3）：17-19.

汪樱桃，2013. 南方红豆杉栽培技术［J］. 安徽林业科技，39（1）：68-69+72.

王黄倚君，汤行昊，吴俊杰，等，2021. 不同种源闽楠种子特征研究［J］. 南方林业科学，49（4）：5-9+26.

王军，2022. 安康市香樟树主要病虫害及其防治方法［J］. 南方农业，16（12）：32-34.

王良衍，应震，赵绮，等，2015. 浙江楠纯林与异龄混交林群落结构比较［J］. 福建林业科技，42（1）：50-54.

王明彬，韦小丽，韦忆，等，2024. 川黔地区濒危植物红豆树种群结构与数量动态特征［J］. 广西植物，44（1）：179-192.

王生华，2012. 闽楠人工林生长与干形形质分析［J］. 福建林业科技，39（1）：58-62.

王小东，刘鹏，刘美娟，等，2018. 中国红豆属植物生物与生态学特征研究现状［J］. 植物科学学报，36（3）：440-451.

王秀花，张东北，吴小林，等，2019. 容器规格和养分加载对珍贵树种容器苗生长的影响［J］. 西北林学院学报，34（3）：118-124+138.

王艳娟，2015. 赤皮青冈组织培育技术研究［D］. 长沙：中南林业科技大学.

王艺，王秀花，吴小林，等，2013a. 缓释肥加载对浙江楠和闽楠容器苗生长和养分库构建的影响［J］. 林业科学，49（12）：57-63.

王艺，王秀花，张丽珍，等，2013b. 不同栽培基质对浙江楠和闽楠容器苗生长和根系发育的影响［J］. 植物资源与环境学报，22（3）：81-87.

王艺，张蕊，冯建国，等，2012. 不同种源南方红豆杉生长差异分析及早期速生优良种源筛选［J］. 植物资源与环境学报，21（4）：41-47.

王运昌，陈聪，王德州，等，2015. 不同催芽方式对红豆树种子萌发的影响［J］. 广东林业科技，31（3）：65-68.

魏强辉，2019. 闽楠六个不同种源种子特性及苗期生长特性的研究［D］. 长沙：中南林业科技大学.

吴大荣，1997. 福建省罗卜岩自然保护区闽楠种群种子雨研究［J］. 南京林业大学学报（1）：58-62.

吴大荣，1998. 罗卜岩保护区闽楠等优势植物种群竞争研究初步［J］. 南京林业大学学报（3）：38-41.

吴杰，汤欢，黄林芳，等，2017. 红豆杉属植物全球生态适宜性分析研究［J］. 药学学报，52（7）：1186-1195.

吴丽君，李志辉，杨模华，等，2015. 赤皮青冈幼苗叶片解剖结构对干旱胁迫的响应［J］. 应用生态学报，26（12）：3619-3626.

吴显坤，谢春平，汤庚国，等，2015. 祁门浙江楠种群结构与数量动态研究［J］. 四川农业大学学报，33（3）：258-264.

吴小林，张东北，楚秀丽，等，2014. 赤皮青冈容器苗不同基质配比和缓释肥施用量的生长效应［J］. 林业科学研究，27（6）：794-800.

夏鑫, 范海兰, 洪伟, 等, 2007. 南方红豆杉群落物种的多样性 [J]. 东北林业大学学报 (11): 23-26.

向其柏, 1974. 桢楠属一新种: 浙江楠 [J]. 植物分类学报, 12 (3): 295-298.

肖德卿, 邓章文, 罗芊芊, 等, 2021. 幼龄红豆树生长和形质性状家系变异分析 [J]. 林业科学研究, 34 (3): 152-157.

肖遥, 楚秀丽, 王秀花, 等, 2015. 缓释肥加载对 3 种珍贵树种大规格容器苗生长和 N、P 库构建的影响 [J]. 林业科学研究, 28 (6): 781-787.

肖遥, 张蕊, 楚秀丽, 等, 2017. 24 个产地南方红豆杉在两试验点的生长差异及其选择 [J]. 林业科学研究, 30 (2): 342-348.

谢春平, 吴显坤, 薛晓明, 等, 2020. 浙江楠适生区与气候环境关系的分析 [J]. 四川农业大学学报, 38 (3): 264-271.

谢健, 2011. 赤皮青冈种群的生存分析 [J]. 福建林学院学报, 31 (3): 254-256.

徐世松, 2004. 浙江楠种群生态及引种栽培研究 [D]. 南京: 南京林业大学.

徐肇友, 陈焕伟, 楚秀丽, 等, 2017. 红豆树截干时间和截干高度对穗条生长的影响 [J]. 江苏林业科技, 44 (4): 13-17.

徐振东, 2016. 湖北利川楠木种群生态及群落特征研究 [D]. 荆州: 长江大学.

杨礼旦, 2021. 不同地类造林对闽楠幼林的影响 [J]. 安徽农业科学, 49 (7): 115-117.

杨孟晴, 邵慰忠, 徐永宏, 等, 2023. 3 年生赤皮青冈家系生长和形质性状变异与选择 [J]. 林业科学研究, 36 (4): 31-40.

余榕然, 2015. 不同类型南方红豆杉苗木生长及成活率研究 [J]. 安徽农业科学, 43 (14): 196-197+208.

余学贵, 2022. 不同坡向和坡位对鄂西红豆树生长的影响 [J]. 安徽农学通报, 28 (1): 47+129.

岳红娟, 仝川, 朱锦懋, 等, 2010. 濒危植物南方红豆杉种子雨和土壤种子库特征 [J]. 生态学报, 30 (16): 4389-4400.

张琴, 戴羚, 华锦欣, 等, 2021. 杭州市楠木类珍贵苗木主要病虫害调查及防控方法 [J]. 浙江农业科学, 62 (7): 1387-1390.

张蕊, 周志春, 金国庆, 等, 2009. 南方红豆杉种源遗传多样性和遗传分化 [J]. 林业科学, 45 (1): 50-56.

张文胜, 2023. 国槐小卷蛾和刺槐蚜的发生规律与防治措施 [J]. 现代园艺, 46 (20): 53-54+194.

张奕民, 2019. 容器规格和苗龄对赤皮青冈造林成效的影响 [J]. 福建林业 (6): 35-38.

张宗勤, 杨建英, 吴耀武, 1998. 南方红豆杉组织培养及紫杉醇的产生 [J]. 西北植物学报 (4): 15-19.

赵良桥, 2009. 栎掌舟蛾发生规律观察与防治技术 [J]. 湖北林业科技 (2): 66+68.

赵颖, 何云芳, 周志春, 等, 2008. 浙闽五个红豆树自然保留种群的遗传多样性 [J]. 生态学杂志 (8): 1279-1283.

郑天汉, 2007. 红豆树生物生态学特征研究 [D]. 福州: 福建农林大学.

周善森, 刘伟, 袁位高, 等, 2012. 不同立地条件下红豆树容器苗与裸根苗造林对比试验 [J]. 浙江林业科技, 32 (1): 34-38.

周生财, 2013. 三种楠木资源调查及优株子代苗期测定 [D]. 杭州: 浙江农林大学.

周佑勋, 段小平, 肖东玉, 2006. 樟树、檫树、闽楠种子的休眠和萌发特性 [J]. 中南林学院学报, (05): 79-84.

周志春, 2019a. 红豆寄相思宝剑赠英雄 [J]. 浙江林业 (3): 22-23.

周志春，2019b. 生态好树种：赤皮青冈 [J]. 浙江林业 （12）：20-21.

朱国华，周善森，冯建国，等，2015. 红豆树容器苗造林多因子对比试验初报 [J]. 南方林业科学，43 （1）：17-21.

朱慧男，2016. 秦岭太白山南方红豆杉种群特征及其与生境因子关系研究 [D]. 杨凌：西北农林科技大学.

朱品红，2014. 赤皮青冈居群遗传多样性与遗传结构分析 [D]. 长沙：中南林业科技大学.

邹秀红，2002. 福建永春闽楠天然林植物区系和物种多样性研究 [J]. 亚热带植物科学 （3）：23-26.